高职高专汽车类专业规划教材

汽车检测与故障诊断技术

主　编　杨志平
副主编　何　杰　张君智
主　审　王海峰

西南交通大学出版社
·成都·

图书在版编目（CIP）数据

汽车检测与故障诊断技术 / 杨志平主编. —成都：
西南交通大学出版社，2014.9（2016.7 重印）
高职高专汽车类专业规划教材
ISBN 978-7-5643-3386-7

Ⅰ. ①汽… Ⅱ. ①杨… Ⅲ. ①汽车－故障检测－高等
职业教育－教材②汽车－故障诊断－高等职业教育－教材
Ⅳ. ①U472.9

中国版本图书馆 CIP 数据核字（2014）第 204621 号

高职高专汽车类专业规划教材

汽车检测与故障诊断技术

主编　杨志平

责 任 编 辑	李晓辉
助 理 编 辑	赵雄亮
封 面 设 计	原谋书装
出 版 发 行	西南交通大学出版社 （四川省成都市二环路北一段 111 号 西南交通大学创新大厦 21 楼）
发 行 部 电 话	028-87600564　028-87600533
邮 政 编 码	610031
网　　　址	http://www.xnjdcbs.com
印　　　刷	成都中铁二局永经堂印务有限责任公司
成 品 尺 寸	185 mm×260 mm
印　　　张	21.75
字　　　数	538 千字
版　　　次	2014 年 9 月第 1 版
印　　　次	2016 年 7 月第 2 次
书　　　号	ISBN 978-7-5643-3386-7
定　　　价	39.80 元

高职高专汽车类专业规划教材

编写委员会

主　任　姜聪文

副主任　王海涛　　王海峰

成　员　（以姓氏笔画为序）

白仕珑　　刘　英　　许迎春　　何　杰

张君智　　张建才　　张建臻　　李小燕

李香桂　　杨志平　　杨罗成　　罗晓军

范文金　　徐彩琴　　蒋永敏　　鲁俊生

翟爱霞　　霍守成

前 言

在我国汽车工业快速发展的同时，汽车维修行业也在蓬勃而迅速地发展。随着汽车保有量的迅猛增加，汽车的故障诊断与检测就显得尤为重要，高素质的汽车故障诊断与检测人才的短缺问题也变得日益突出。在国家大力发展职业教育的背景下，全国各地职业技术院校、职业技能培训机构大量涌现，汽车维修已成为重要专业。本书以《高等职业教育汽车运用与维修专业领域技能型紧缺人才培养指导方案》为依据，结合行业发展要求和高职教育特点以及现有的教学设备编写而成。

本教材在编写过程中特别注重新技术的应用。例如，在"发动机的故障诊断"项目中，对电控燃油喷射发动机的故障特点、诊断与排除方法做了全面论述；在"汽车底盘的故障诊断项目"中，加大了自动变速器和 ABS 故障诊断等内容的比重。为加强能力培养，还注重了知识的应用性和实用性，将传授理论知识和培养实践操作能力有机地结合在一起。

本书共 14 个项目，以捷达、宝来、奥迪、桑塔纳、丰田凌志 LS400 车型为主，介绍了汽车故障诊断的基本知识、发动机的故障诊断、汽车底盘的故障诊断、汽车电器系统的故障诊断、汽车空调及安全气囊系统的故障诊断等内容，具有较强的理论性和实践性。本书可作为高职类专业学生的教材，也可作为汽车制造、维修、运输、营销行业从业人员和交通管理部门工程技术人员以及广大汽车爱好者的参考书。

本书由杨志平担任主编，由何杰、张君智担任副主编，由王海峰担任主审。其中，项目一、项目二、项目十及项目十一由杨志平编写；项目三至项目七由张君智编写；项目八、项目九、项目十二由何杰编写；项目十三和项目十四由李世良编写；各章复习思考题由杨志平编写。

在本书的编写过程中，编者参考了大量的著作、文献和相关资料，在此对相关作者、编者和同行表示真诚的感谢。

由于编者水平所限，书中难免存在不妥之处，恳请读者批评指正。

编 者

2014 年 7 月

前　言

目 录

第一篇 汽车性能与检测技术

第二篇　汽车故障诊断技术

第一篇 汽车性能与检测技术

项目一　汽车使用性能与检测

学习目标：

（1）了解汽车常用使用性能的含义；

（2）熟悉汽车性能的评价指标；

（3）了解国内外汽车检测技术的发展；

（4）掌握汽车检测参数标准；

（5）掌握检测参数的选择原则；

（6）了解国内检测站的类型与布局。

模块一　汽车使用性能与检测概述

一、汽车使用性能指标

汽车使用性能是指汽车在一定的使用条件下，汽车以最高效率工作的能力。它是决定汽车利用效率和方便性的结构特征表征。

评价汽车工作效率的指标是汽车的运输生产率和成本，基于运输生产率、成本与汽车结构之间的内在联系的研究可以确定汽车的主要使用量标。汽车常用的使用性能有动力性、燃料经济性、制动性、操作稳定性、废气排放、行驶平顺性和通过性等。

1. 汽车的动力性

汽车的动力性表示汽车克服行驶阻力，达到高的平均行驶速度的能力。它主要用三方面的指标来评定：最高车速、加速能力和爬坡能力。

2. 汽车的燃油经济性

汽车的燃油经济性表示汽车以尽量少的燃料消耗量经济行驶的能力。它的评价指标主要有：等速百千米燃料消耗量，等速百吨千米燃料消耗量，循环行驶试验工况百千米燃料消耗量。

3. 汽车的制动性

汽车的制动性表示汽车能在短时间内迅速降低车速直至停车并保持方向稳定的能力。制动效能是汽车制动性最基本的评价指标，另外的评价指标还有制动效能的恒定性和制动时汽车的方向稳定性。

4. 汽车的操纵稳定性

汽车的操纵稳定性包含着互相联系的两个内容，一个是操纵性，另一个是稳定性。操纵性表示汽车能及时而准确地按照驾驶员的指令行驶的能力；稳定性是指汽车抵抗外界干扰保持稳定行驶的能力。

有时将汽车的制动性和操纵稳定性合称为行驶安全性。

5. 汽车的通过性

汽车的通过性表示汽车能以足够高的平均速度通过各种坏路和障碍物的能力。它主要通过最小离地间隙、接近角、离去角、最小转弯半径等几何参数来表示。

6. 汽车的舒适性

汽车的舒适性是表示汽车行驶时对驾乘人员身心影响的程度。它主要取决于汽车的行驶平顺性、噪声、空气调节和居住性等。

另外，汽车排放的废气和产生的噪声严重地影响了人类的生存环境，影响人类的健康。因此，监督并检查汽车废气污染物的浓度和噪声级，已成为汽车检测项目中不可缺少的部分。

二、汽车检测相关知识

汽车在使用过程中，随着行驶里程的增加，汽车的技术状况逐渐变差，会出现动力性下降、经济性下降、排放污染物增加、使用可靠性降低、故障率上升等现象，严重时汽车不能正常运行。

汽车的技术状况是指定量测得的、表征某一时刻汽车外观和性能的参数值的总和。

分析和研究汽车的技术状况，及时检测和诊断影响汽车技术状况的原因，排除汽车故障，是提高汽车完好率、延长汽车使用寿命的重要措施。

汽车检测是指为确定汽车技术状况或工作能力进行的检查和测量。

汽车诊断是指在不解体（或仅拆卸个别小件）条件下，为确定汽车技术状况或查明故障部位、故障原因，进行的检测、分析和判断。

（一）汽车检测的分类

1. 安全环保检测

对汽车实行定期和不定期安全运行和环境保护方面的检测，其目的是在汽车不解体的情况下，对安全和公害实施监控，要求有符合要求的外观容貌和规定范围内的环境污染。

2. 综合性能检测

对汽车实行定期和不定期综合性能方面的检测，目的是在汽车不解体的情况下，对运行车辆工作能力和技术状况进行检查，查明故障或隐患的部位和原因，确保车辆具有良好的安全性、可靠性、动力性、经济性和排气净化性。同时，对车辆实行定期综合性能检测，也是实行"定期检测、强制维护、视情修理"修理制度。

（二）检测参数

1. 检测参数概念

参数是表明某一种重要性质的量。检测参数是表征汽车、总成及机构技术状况的量。在检测诊断汽车技术状况时，需要采用一种与结构参数有关而又能表征技术状况的间接指标（量），该间接指标（量）称为检测参数。

2. 汽车检测参数的类型

（1）工作过程参数：汽车、总成、机构工作过程中输出的一些可供测量的物理量和化学量。汽车不工作时，工作过程参数无法测得。

（2）伴随过程参数：伴随工作过程输出的一些可测量。在汽车不工作或工作后已停驶较长时司的情况下，无法检测该参数。

（3）几何尺寸参数：提供总成、机构中配合零件之间或独立零件的技术状况。

汽车使用性能与检测技术主要讨论的是对汽车的工作过程进行检测。

3. 检测参数的选择原则

（1）灵敏性：检测对象的技术状况在从正常状态到进入故障状态之前的整个使用期内，检测参数相对于技术状况参数的变化率。选用灵敏度高的检测参数检测汽车的技术状况时，可使检测的可靠性提高。

（2）单值性：汽车技术状况参数从开始值变化到终了值的范围内，检测参数的变化不应出现极值；否则，同一检测参数将对应两个不同的技术状况参数，给检测技术状况带来困难。

（3）稳定性：在相同的测试条件下，多次测得同一诊断参数的测量值，具有良好的一致性（重复性）。检测参数的稳定性越好，其测量值的离散度（或方差）越小。

（4）信息性：检测参数对汽车技术状况具有的表征性。表征性好的检测参数能表明、揭示汽车技术状况的特征和现象，反映汽车技术状况的全部信息。所以，检测参数的信息性越好，包含汽车技术状况的信息量越大，得出的检测结论越可靠。

（5）经济性：获得检测参数的测量值所需要的检测作业费用的多少，包括人力、工时、场地、仪器、设备和能源消耗等项费用。经济性高的检测参数，所需要的检测作业费用低。

4. 检测参数与测量条件和测量方法是不可分割的整体

不同的检测条件和不同的检测方法可以得出不同的检测参数值。检测条件一般有温度条件、速度条件、负荷条件等，汽车多数检测参数的测得需要在一定的温度条件下进行。除了温度条件外，速度条件和负荷条件也很重要。对检测参数的检测方法也有规定，没有规范的测量条件和测量方法，就无法统一尺度，因而测得的检测参数值也就无法评价汽车的技术状况。所以，要把检测参数及其测量条件、测量方法看成是一个不可分割的整体。

（三）检测参数标准

1. 概　念

检测参数标准是对汽车检测的方法、技术要求和限值等的统一规定。它仅是对检测参数限值的统一规定，是检测标准的一部分，有时也简称为检测标准。

2. 类　型

（1）国家标准：由某行业部委提出，由国家技术监督局发布，全国各级各有关单位和个人都要贯彻执行，具有强制性和权威性。

（2）行业标准：也称为部委标准，是部级或国家委员会级制定并发布的标准，在部、委系统内或行业系统内贯彻执行，一般冠以"中华人民共和国××行业标准"的名字，也在一定范围内具有强制性和权威性，有关单位和个人也必须贯彻执行。

（3）地方标准：省级、市地级、县级制定并发布的标准，在地方范围内贯彻执行，也在一定范围内具有强制性和权威性，所属范围内的单位和个人必须贯彻执行。省、市地、县三级除贯彻执行上级标准外，可根据本地具体情况制定地方标准或率先制定上级没有制定的标准。地方标准中的限值可能比上级标准中的限值要求还严。

（4）企业标准：包括汽车制造厂推荐的标准、汽车运输企业和汽车维修企业内部制定的标准、检测仪器设备制造厂推荐的参考性标准三种类型。

3. 组　成

（1）初始值：相当于无故障新车和大修车检测参数值的大小，往往是最佳值，可作为新车和大修车的检测标准。当检测参数测量值处于初始值范围内时，表明检测对象技术状况良好，无需维修便可继续运行。

（2）许用值：检测参数测量值在此值范围内时，汽车技术状况虽发生变化但尚属正常，无需修理（但应按时维护）即可继续运行。超过此值时，勉强许用，但应及时安排维修，否则汽车"带病"行车，故障率上升，可能使用不到下一个检测周期。

（3）极限值：检测参数测量值超过此值后，汽车技术状况严重恶化，必须立即停驶修理。

可以看出，将测得的检测参数测量值与检测参数标准值比较，就可得知汽车技术状况，并做出相应的决断。检测参数标准的初始值、许用值和极限值，可能是一个单一的数值，也可能是一个范围。

4. 制定或修正

检测参数标准的制定与修正，既要有利于汽车技术状况的提高，又要以经济状况为基础，进行综合考虑，检测参数标准的制定与修正是个比较复杂的过程，一般采用统计法、经验法、试验法或理论计算法完成。统计法是通过找出相当数量的在用汽车在正常状况下检测参数的分布规律（如正态分布），然后经综合考虑而确定的、能使大多数在用汽车合格的标准。

（四）诊断周期

1. 概　念

检测周期是汽车检测的间隔期，以行驶里程或使用时间表示。检测周期的确定，应满足技术和经济两方面的条件，以获得最佳检测周期。最佳检测周期是能保证车辆的完好率最高而消耗的费用最少的检测周期。

2. 制定最佳检测周期应考虑的因素

（1）汽车技术状况：汽车新旧程度、行驶里程、技术状况等级不同，甚至在汽车使用性能、结构特点、故障规律、配件质量不一等情况下，制定的最佳检测周期显然也不会一样。新车或大修车、行驶里程较少的车、技术状况等级为一级的车，其最佳检测周期长，反之则短。

（2）汽车使用条件：包括气候条件、道路条件、装载条件、驾驶技术、是否拖挂、燃润料质量等条件。凡是气候恶劣、道路状况极差、经常超载、驾驶技术不住、拖挂行驶、燃润料质量得不到保障的汽车，其最佳检测周期短，反之则长。

（3）经济性：包括检测诊断、维护修理、停驶损耗的费用。若使检测诊断、维护修理费用降低，则应使最佳诊断周期延长，但汽车因故障停驶的损耗费用会增加。停驶损耗的费用和最佳诊断周期是一对矛盾，要认真处理。

3. 最佳检测周期

大量统计资料表明，实现单位里程费用最小和技术完好率最高，两者是可以求得一致的。汽车二级维护前检测的最佳检测周期在 10 000～15 000 km 范围内，依据各地条件不同而选定。大修前的检测一般在大修间隔里程即将结束时结合二级维护前的检测进行。

模块二　汽车检测技术发展概况

一、国外汽车检测技术发展概况

汽车检测技术是从无到有逐步发展起来的，早在 20 世纪 50 年代，一些工业发达国家就形成以故障诊断和性能调试为主的单项检测技术并生产了单项检测设备。20 世纪 60 年代初期，进入我国的汽车检测试验设备有美国的发动机分析仪、英国的发动机点火系故障诊断仪和汽车道路试验速度分析仪等，这些都是国外早期发展的汽车检测设备。20 世纪 60 年代后期，国外汽车检测诊断技术发展很快，并且大量应用电子、光学、理化与机械相结合的光机电、理化机电一体化检测技术。例如，非接触式车速仪、前照灯检测仪、车轮定位仪、排气分析仪等都是光机电、理化机电一体化的检测设备。

进入 20 世纪 70 年代以来，随着计算机技术的发展，出现了汽车检测诊断、数据采集处理自动化、检测结果直接打印等功能的汽车性能检测仪器和设备。在此基础上，为了加强汽车管理，各工业发达国家相继建立了汽车检测站和检测线，使汽车检测制度化。

概括地讲，工业发达国家的汽车检测在管理上已实现了"制度化"；在检测基础技术方面已实现了"标准化"；在检测技术上向"智能化、自动化"方向发展。

1. 制度化

在德国，汽车的检测工作由交通部门统一领导，在全国各地建有由交通部门认证的汽车检测场（站），负责新车的登记和在用车的安全检测，修理厂维修过的汽车也要经过汽车检测场的检测，以确定其安全性能和排放是否符合国家标准。

在日本，汽车的检测工作由运输省（相当于交通部）统一领导。运输省在全国设有"国家检车场"和经过批准的"民间检测场"，代替政府执行车检工作。其中，"国家检测场"主要负责新车登记和在用车安全检测；"民间检测场"通常设在汽车维修厂内，经政府批准并受政府委托对汽车进行安全检测。

2. 标准化

工业发达国家的汽车检测有一整套的标准。判断受检汽车技术状况是否良好，是以标准中规定的数据为准则，检查结果是以数字显示，有量化指标，以避免主观上的误差。国外比较重视安全性能和排放性能的检测，例如，美国规定，修理过的汽车必须经过严格的排放检测方能出厂。

除对检测结果有严格、完整的标准以外，国外对检测设备也有标准规定，例如，检测设备的检测性能、具体结构、检测精度等都有相应标准；对检测设备的使用周期、技术更新等也有具体要求。

检测制度、技术的标准化不仅提高了检测效率，也保证了检测质量。

3. 智能化、自动化检测

随着科学技术的进步，国外汽车检测设备在智能化、自动化、精密化、综合化方面都有新的发展，应用新技术开拓新的检测领域，研制新的检测设备。

随着计算机技术的发展，出现了汽车检测诊断、控制自动化、数据采集自动化、检测结果直接打印等功能的现代综合性能检测技术和设备。例如，国外生产的汽车制动检测仪、全自动前照灯检测仪、发动机分析仪、发动机诊断仪、计算机四轮定位仪等检测设备，都具有较先进的全自动功能。进入 20 世纪 80 年代后，计算机技术在汽车检测领域的应用进一步向深度和广度发展，已出现集检测工艺、操作、数据采集和打印、存储、显示等功能于一体的检测系统软件，使汽车检测线实现了全自动化，这样不仅可避免人为的判断错误，提高检测准确性；而且可以把受检汽车的技术状况储存在计算机中，既可作为下次检验参考，又可供处理交通事故时参考。

二、我国汽车检测技术发展概况

我国从 20 世纪 60 年代开始研究汽车检测技术，为满足汽车维修需要，研发了发动机气缸漏气量检测仪、点火正时灯等检测仪器。

20 世纪 70 年代，我国大力发展了汽车检测技术，研制开发了反力式汽车制动试验台、惯性式汽车制动试验台、发动机综合检测仪、汽车性能综合检验台（具有制动性检测、底盘测功、速度测试等功能）等。

　　20 世纪 80 年代，随着国民经济的发展，科学技术的各个领域都有了较快的发展，汽车检测及诊断技术也随之得到快速发展，加之我国的汽车制造业和公路交通运输业发展迅猛，对汽车检测诊断技术和设备的需求也与日俱增。我国机动车辆保有量迅速增加，随之而来的是交通安全和环境保护等社会问题。交通部主持研制开发了汽车制动试验台、侧滑试验台、轴（轮）重仪、速度试验台、灯光检测仪、发动机综合分析仪、底盘测功机等。我国在"六五"期间重点推广了汽车检测和诊断技术。

　　20 世纪 80 年代初，交通部在大连市建立了国内第一个汽车检测站，从工艺上提出将各种单台检测设备安装连线，构成功能齐全的汽车检测线，其检测纲领为 30 000 辆次/年。

　　继大连检测站之后，作为"六五"科技项目，交通部先后要求 10 多个省市、自治区交通厅（局）筹建汽车检测站的任务。20 世纪 80 年代中期，汽车监理由公安部主管，公安部在交通部建设汽车检测站的基础上，进行了推广和发展，仅 1990 年年底统计，全国已有汽车检测站 600 多个，形成了全国性的汽车检测网。

　　交通部在 1990 年和 1991 年分别发布第 13 号令《汽车运输业车辆技术管理规定》和第 29 号令《汽车运输业车辆综合性能检测站管理办法》以后，全国又掀起了建设汽车综合性能检测站的高潮。到 1997 年，全国已建立汽车综合性能检测站近千家，其中 A 级站 140 多家。

　　为了配合汽车检测工作，国内已发布并实施了有关汽车检测的国家标准、行业标准、计量检定规程等 100 多项。从汽车综合性能检测站建站到汽车检测的具体检测项目，都基本做到了有法可依。

　　我国汽车综合性能检测技术的发展方向为：我国汽车综合性能检测经历了从无到有、从小到大，从引进技术、检测设备到自主研究开发并推广应用，从单一性能检测到综合检测的过程，并且取得了很大的进步。尤其是检测设备的研制生产得到了快速发展，缩小了与先进国家的差距。如今汽车检测中通用的制动试验台、侧滑试验台、底盘测功机等，国内已能自给自足，而且结构形式多样。我们虽然已经取得了很大的进步，但与世界先进水平相比，还有一定距离。我国汽车检测技术要赶超世界先进水平，就应该在汽车检测技术基础、汽车检测设备智能化和汽车检测管理网络化等方面进一步研究和发展。

1. 汽车检测技术基础规范化

　　在我国检测技术发展过程中，普遍重视硬件技术，忽略或轻视了难度大、投入多、社会效益明显的检测方法、限值标准等基础性技术的研究。随着检测手段的完善，与硬件相配套的检测技术软件将进一步完善。

　　今后我国应重点开展下述汽车检测技术基础研究：

　　（1）制定和完善汽车检测项目的检测方法和限值标准，如驱动轮输出功率、底盘传动系的功率损耗、滑行距离、加速时间和距离、发动机燃料消耗率、悬架性能、可靠性等；

　　（2）制定营运汽车技术状况检测评定细则，统一规范全国各地的检测要求和操作技术；

　　（3）制定用于综合性能检测站的大型检测设备的形式认证规则，以保证综合性能检测站履行其职责。

2. 汽车检测设备智能化

　　目前国外的汽车检测设备已大量应用光、机、电一体化技术，并采用计算机测控，有些检测设备具有专家系统和智能化功能，能对汽车技术状况进行检测，并能诊断出汽车故障发生的部位和原因，引导维修人员迅速排除故障。

我国目前的汽车检测设备在采用专家系统和智能化诊断方面与国外相比还存在较大差距。例如，四轮定位检测系统、电喷发动机综合检测仪等，还主要依靠进口。今后我们要在汽车检测设备智能化方面加快发展速度。

3. 汽车检测管理网络化

目前我国的汽车综合性能检测站部分已实现了计算机管理系统检测，虽然计算机管理系统采用了计算机测控，但各个站的计算机测控方式千差万别，即使采用了计算机网络系统技术的，也仅仅是在一个站内部实现了网络化。

随着技术和管理的进步，今后汽车检测将实现真正的网络化（局域网），从而做到信息资源共享、硬件资源共享、软件资源共享。在此基础上，利用信息高速公路将全国的汽车综合性能检测站联成一个广域网，使上级交通管理部门可以即时了解各地区车辆状况。

模块三　汽车检测站

汽车检测站是综合运用现代检测技术，对汽车实施不解体检测的机构。它具有现代的检测设备和检测方法，能在室内检测出车辆的各种参数并诊断出可能出现的故障，为全面、准确评价汽车的使用性能和技术状况提供可靠的依据。汽车检测站不仅是车管机关或行业对汽车技术状况进行检测和监督的机构，而且已成为汽车制造企业、汽车运输企业、汽车维修企业中不可缺少的重要组成部分。

一、汽车检测站的任务和类型

1. 检测站的任务

按我国交通部第 29 号令《汽车运输业车辆综合性能检测站管理办法》的规定，汽车检测站的主要任务如下：

（1）对在用运输车辆的技术状况进行检测诊断。

（2）对汽车维修行业的维修车辆进行质量检测。

（3）接受委托，对车辆改装、改造、报废及其有关新工艺、新技术、新产品、科研成果等项目进行检测，提供检测结果。

（4）接受公安、环保、商检、计量和保险等部门的委托，为其进行有关项目的检测，提供检测结果。

2. 检测站的类型

按不同的分类方法，汽车检测站可分为不同的类型。

（1）按服务功能分类。

按服务功能分类，汽车检测站可分为安全检测站、维修检测站和综合检测站三种。

安全检测站是国家的执法机构，不是营利型企业。它按照国家规定的车检法规，定期检测车辆中与安全和环保有关的项目，以保证汽车安全行驶，并将污染降低到允许的限度。这种检测站对检测结果往往只显示"合格"、"不合格"两种，而不作具体数据显示和故障分析，因而检测速度快，生产效率高。检测合格的车辆凭检测结果报告单办理年审签证，在有效期内准予车辆行驶。安全检测站一般由车辆管理机关直接建立，或由车辆管理机关认可的汽车运输企业、汽车维修企业等单位建立，也可多方联合建立。

维修检测站主要是从车辆使用和维修的角度，担负车辆维修前、后的技术状况检测。它能检测车辆的主要使用性能，并能进行故障分析与诊断。它一般由汽车运输企业或汽车维修企业建立。

综合检测站既能担负车辆管理部门的安全环保检测，又能担负车辆使用、维修企业的技术状况诊断，还能承接科研或教学方面的性能试验和参数测试。这种检测站检测设备多，自动化程度高，数据处理迅速、准确，因而功能齐全，检测项目广度、深度大。

（2）按规模大小分类。

按规模大小分类，汽车检测站可分为大、中、小三种类型。

大型检测站检测线多，自动化程度高，年检能力大，且能检测多种车型；中型检测站至少有两条检测线；小型检测站主要指那些服务对象单一的检测站，如规模不大的安全检测站和维修检测站。

（3）按自动化程度分类。

按检测线的自动化程度分类，汽车检测站可分为手动式、半自动式和全自动式三种类型。

手动检测站由人工手动控制检测过程，从各单机配备的指示装置上读数，笔录检测结果或由单机配备的打印机打印检测结果，因而工作人员多、检测效率低、读数误差大，多适用于维修检测站。

全自动检测站利用计算机控制系统，除车辆的外观检查工位仍需人工检查外，能自动控制其他所有工位上的检测过程，使设备的启动与运转、数据采集、分析判断、存储、显示和集中打印报表等全过程实现自动化。由于全自动检测站自动化程度高、检测效率高、能避免人为的判断错误，因而获得广泛应用，目前国内外的安全检测站多为这种形式。

半自动检测站的自动化程度或范围介于手动和全自动检测站之间，一般是在原手动检测站的基础上将部分检测设备（如侧滑试验台、制动试验台、车速表试验台等）与计算机联网以实现自动控制，而另一部分检测设备（如烟度计、废气分析仪、前照灯检测仪、声级计等）仍然手动操作。当计算机联网的检测设备因故不能进行自动控制时，各检测设备仍可手动使用。

（4）综合检测站按职能分类。

综合检测站按职能分类，可分为A级站、B级站和C级站三种类型，其职能如下：

A级站：能全面承担检测站的任务，即能检测车辆的制动、侧滑、灯光、转向、前轮定位、车速、车轮动平衡、底盘输出功率、燃料消耗、发动机功率和点火系状况以及异响、磨损、变形、裂纹、噪声、废气排放等状况。

B级站：能承担在用车辆技术状况和车辆维修质量的检测，即能检测车辆的制动、侧滑、灯光、转向、车轮动平衡、燃料消耗、发动机功率和点火系状况以及异响、变形、噪声、废气排放等状况。

C级站：能承担在用车辆技术状况的检测，即能检测车辆的制动、侧滑、灯光、转向、车轮动平衡、燃料消耗、发动机功率以及异响、噪声、废气排放等状况。

二、汽车检测站的组成

1. 各类汽车检测站的组成

汽车检测站主要由一条至数条检测线组成。对于独立而完整的检测站，除检测线外，还应包括停车场、清洗站、泵气站、维修车间、办公区和生活区等设施。

（1）安全检测站。一般由一条至数条安全环保检测线组成。有两条以上安全环保检测线时，一般一条为大、小型汽车通用自动检测线，另一条为小型汽车的专用自动检测线，有的还配备一条新规检测线（对新车登录、检测之用）和一条柴油车排烟检测线。

（2）维修检测站。一般由一条至数条综合检测线组成。

（3）综合检测站。一般由安全环保检测线和综合检测线组成，可以各为一条，也可以各为数条。国内交通系统建成的检测站大多属于综合检测站。

2. 汽车检测线的工位布置

不管是安全环保检测线，还是综合检测线，它们都由多个检测工位组成，布置形式多为直线通道式，即检测工位按一定顺序分布在直线通道上，有利于流水作业。

（1）安全环保检测线。手动和半自动的安全环保检测线一般由外观检查（人工检查）工位、侧滑制动车速表工位、灯光尾气工位三个工位组成，全自动安全环保检测线可以由三工位、四工位或五工位组成。五工位一般是汽车资料输入及安全装置检查工位、侧滑制动车速表工位、灯光尾气工位、车底检查工位、综合判定及主控制室工位。图1-1所示为国产五工位全自动安全环保检测线。

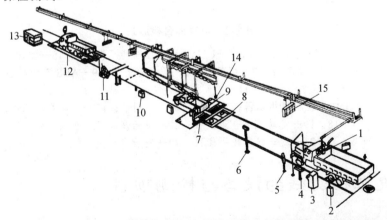

图1-1 国产五工位全自动安全环保检测线

1—进线指示灯；2—烟度计；3—汽车资料登录计算机；4—安全装置检查不合格项目输入键盘；
5—烟度计检验程序指示器；6—电视摄像机；7—制动试验台；8—侧滑试验台；
9—车速表试验台；10—废气分析仪；11—前照灯检测仪；12—车底检查工位；
13—主控制室；14—车速表检测申报开关；15—检验程序指示器

（2）综合检测线。综合检测站分为 A、B、C 三种类型。A 级站在国内一般设置两条检测线，一条为安全环保检测线，主要承担车管部门对车辆进行年审的任务；另一条为综合检测线，主要承担对车辆技术状况的检测诊断。综合检测线一般有两种类型：一种是全能综合检测线，设有包括安全环保检测线主要检测设备在内的比较齐全的工位，这种检测线的检测设备多，检测项目齐全，与安全环保检测线互不干扰，因而检测效率相对较高，但建站费用也高；另一种是一般综合检测线，设置的工位不包括安全环保检测线的主要检测设备，主要由底盘测功工位组成，能承担除安全环保检测项目以外项目的检测诊断，必要时车辆须开到安全环保检测线上才能完成有关项目的检测，国内已建成的综合检测站有相当多是属于这种类型，与全能综合检测线相比，一般综合检测线设备少，建站费用低，但检测效率也低。

图 1-2 所示为综合检测线，是一种接近全能的综合检测线。它由发动机测试及车轮平衡工位、底盘测功工位、车轮定位及车底检查工位组成，除制动性能不能检测外，安全环保检测线上的其他检测项目均能在该线上检测。

B 级站和 C 级站的综合检测线不包括底盘测功工位。

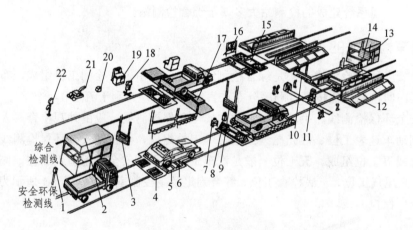

图 1-2 双线综合检测站

1—进线指示灯；2—进线控制室；3—L 工位检验程序指示器；4、15—侧滑试验台；
5—制动试验台；6—车速表试验台；7—烟度计；8—排气分析仪；9—ABS 工位检验程序指示器；
10—HX 工位检验程序指示器；11—前照灯检测仪；12—地沟系统；13—主控室；
14—P 工位检验程序指示器；16—前轮定位检测仪；17—底盘测功工位；
18、19—发动机综合测试仪；20—机油清净性分析仪；
21—就车式车轮平衡仪；22—轮胎自动充气机

三、汽车检测线的设备与检测项目

1. 安全环保检测线

以图 1-1 所示五工位全自动安全环保检测线为例，其主要检测项目、设备及其用途见表 1-1。在表列设备中，侧滑试验台、轴重计或轮重仪、制动试验台、车速表试验台、前照灯检测仪、排气分析仪、烟度计、声级计和检测手锤为检测设备。

表 1-1 全自动安全环保检测线检测项目、主要设备及其用途

检测工位	主要检测项目	设备名称	设备用途
汽车资料输入及安全装置检查工位（L工位）	汽车上部的灯光和安全装置等项目的外观检查	进线指示灯	控制进线车辆，绿灯进，红灯停
		汽车资料登录计算机	登录汽车资料，并发送给主控制计算机
		工位测控计算机	担负工位检测过程监控、数据采集处理等项工作
		检验程序指示器	指示工位检测程序，下达操作指令，显示检测结果，引导车辆前进
		轮胎自动充气机	按设定的轮胎气压自动充气
		轮胎花纹测量器	测量轮胎花纹深度
		检测手锤	检查各连接件、车架等是否松动或开裂
		不合格项目输入键盘	将车上、车下外观检查中的不合格项目报告主控制计算机
		监察电视及摄像机	供主控制室监察地沟或整个检测线的工作情况
侧滑制动车速表工位（ABS工位）	侧滑检测轴重检测制动检测车速表检测	侧滑试验台	检测转向轮侧滑量
		轴重计或轮重仪	检测各轴轴重
		制动试验台	检测各轮拖滞力、制动力和驻车制动力
		车速表试验台	检测车速表指示误差
		车速表检测申报开关或遥控器	当试验车速达 40 km/h 时按下此开关或遥控器，计算机采集此时的实际车速数据
		光电开关	当车轮遮挡光电开关时，光电开关产生的信号输入计算机，报告车辆到位，计算机安排检测开始
		反光镜	供驾驶员观察车轮到达试验台或停车线的位置
灯光尾气工位（HX工位）	前照灯检测排气检测喇叭声级检测	前照灯检测仪	检测前照灯发光强度和光轴偏斜量
		排气分析仪	检测汽油车排气中的 CO 和 HC 浓度
		烟度计	检测柴油车排气中的自由加速烟度
		声级计	检测喇叭声级
		停车位置指示器	指引汽车在灯光尾气工位停车线上准确停车
车底检查工位（P工位）	车辆底部外观检查	地沟内举升平台	使地沟内的检测人员在高度上处于较有利的工作位置
		对讲话筒及扬声器	用于地沟上下的通话联系
		地沟内报警灯或报警器	报告车辆到达车底检查工位
综合判定及主控制室工位	对各工位检测结果进行综合判定后，打印检测结果报告单	主控制计算机	安排检测程序，对照检测标准，综合判定并存储、打印检测结果
		打印机	打印检测结果报告单
		控制台	主控制计算机、键盘、显示器、打印机、监察电视等均安放在控制台上，是全线的控制中心
		主控制键盘	当计算机系统出现故障不能使用时，可通过主控制键盘对各工位实施控制，以不间断检测工作
		稳压电源和不间断电源	稳定电压，不间断供电

2．综合检测线

以外观检查及车轮定位工位、制动工位和底盘测功工位组成的三工位全能综合检测线为例，其主要设备及其用途见表 1-2，与表 1-1 所列相同的设备未列出。

表 1-2　全能综合检测线主要设备及其用途

序　号	设备名称	设备用途
1	地沟上举升器	举起车辆，使车轮离地
2	就车式车轮平衡机	就车检测车轮不平衡量，并通过配重使车轮平衡
3	声发射探伤仪	在不解体情况下探测零件的裂纹和损伤
4	四轮定位仪或车轮定位检测仪	检测车轮前束值、车轮外倾角和主销后倾角、主销内倾角及前轮最大转向角度值
5	转向盘自由转动量检测仪	检测转向盘自由转动量
6	转向盘转向力检测仪	检测转向盘转向力
7	传动系游动角度检测仪	检测传动系自由转动量
8	底盘间隙检测仪	检测轮毂轴承、转向节主销、纵横拉杆和钢板弹簧销等处的间隙
9	底盘测功试验台	检测驱动车轮的输出功率或驱动力，模拟道路行驶，做各种性能试验，进行动态检测诊断等
10	发动机综合参数测试仪	对发动机的功率、气缸压力、点火正时、供油正时、点火技术状况、供油系技术状况、电控系统和异响等进行检测、分析和判断
11	电控系统检测仪	包括读码器、解码器、扫描器、专用诊断仪、示波器、分析仪、信号模拟器和综合测试仪等，用于对汽车电控系统的检测和诊断
12	电器综合测试仪	检测电器设备的技术状况
13	气缸压力测试仪或气缸压力表	检测气缸压缩压力
14	气缸漏气量（率）测试仪	检测气缸的漏气量或漏气率
15	真空表或真空测试仪	检测进气管负压值，用于评价气缸密封性
16	油耗计	检测燃油消耗量
17	五气体分析仪	检测排气中的 CO、HC、NO_X、CO_2、O_2
18	机油清净性分析仪	分析机油的清净性程度
19	发动机无负荷测功仪	对发动机进行无负荷加速测功
20	发动机异响分析仪	诊断发动机异响
21	传动系异响分析仪	诊断传动系异响
22	温度计或温度仪	检测各总成温度及发动机排气温度

（1）外观检查及车轮定位工位。

① 主要设备：轮胎自动充气机、轮胎花纹测量器、检测手锤、地沟内举升平台、地沟上举升器、就车式车轮平衡机、声发射探伤仪、侧滑试验台、四轮定位仪或车轮定位检测仪、转向盘自由转动量检测仪、转向盘转向力检测仪、传动系游动角度检测仪、底盘间隙检测仪等。

② 检测项目：车上车底外观检查、就车检测调整车轮不平衡量、对转向节枢轴等安全机件进行探伤、检测前轮侧滑量和最大转向角、检测前轮和后轮定位参数、检测转向盘自由转动量和转向盘转向力、检测传动系游动角度、检测轮毂轴承等处的松旷量等。

（2）制动工位。

① 主要设备：轴重计或轮重仪、制动试验台等。

② 检测项目：检测各轴轴重、检测各轮制动拖滞力和制动力及按制动曲线分析制动过程、检测驻车制动力等。

（3）底盘测功工位。

① 主要设备：底盘测功试验台、发动机综合参数测试仪、电控系统检测仪、电器综合测试仪、气缸压力测试仪或气缸压力表、气缸漏气量（率）测试仪、真空表或真空测试仪、油耗计、五气体分析仪、烟度计、声级计、机油清净性分析仪、发动机无负荷测功仪、发动机异响分析仪、传动系异响分析仪、温度计等。

② 检测项目：本工位能模拟汽车道路行驶，因而可组织较多的检测设备同时或交叉对汽车发动机、底盘、电气设备和车身等进行动态综合检测诊断。配备的设备越多，能检测诊断的项目也越多。

四、汽车检测站的工艺路线流程

汽车进入检测站后，在检测线上只有按照规定的检测工艺路线和程序流动，才能完成整个检测过程。

1. 检测站工艺路线流程

对于一个独立而完整的检测站，汽车进站后的工艺路线流程如图 1-3 所示。

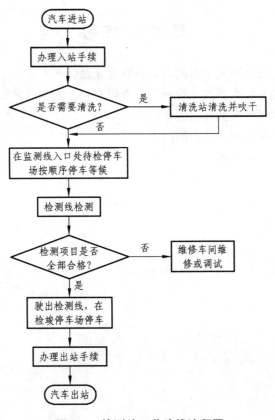

图 1-3 检测站工艺路线流程图

2. 检测线工艺路线流程

检测线的工位布置是固定的，进线检测的汽车按工位顺序流水作业。以三工位全能综合检测线为例，其工艺路线流程如图 1-4 所示。

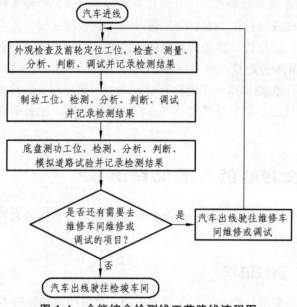

图 1-4　全能综合检测线工艺路线流程图

思考与练习

1. 汽车的使用性能包括哪几个方面，其具体含义是什么？
2. 什么是汽车检测？什么是汽车诊断？二者间有何区别和联系？
3. 简述影响汽车技术状况变化的因素。
4. 简述制定最佳诊断周期应考虑的因素。
5. 简述检测站的组成和任务。

项目二　汽车动力性能与检测

学习目标：

（1）掌握汽车动力性指标的概念和内涵；

（2）掌握汽车行驶阻力的组成和降低行驶阻力的措施；

（3）了解发动机检测的类型与方法；

（4）学会发动机稳态测功和动态测功的原理、步骤；

（5）能用常规方法判断汽车各元件性能的好坏。

模块一　汽车动力性

一、汽车的动力性指标

1. 汽车的最高车速

汽车的最高车速是指汽车以厂定最大总质量状态在风速≤3 m/s 的条件下，在干燥、清洁、平坦的混凝土或沥青路面上，汽车能够达到的最高稳定行驶速度。

2. 汽车的加速能力

汽车的加速能力是指在行驶中迅速增加行驶速度的能力，通常用汽车加速时间来评价。

加速时间是指汽车以厂定最大总质量状态在风速≤3 m/s 的条件下，在干燥、清洁、平坦的混凝土或沥青路面上，由某一低速加速到某一高速所需的时间，汽车加速时间分为原地起步加速时间与超车加速时间两种。

原地起步加速时间是指汽车由低挡起步，并以最大的加速度逐步换至最高挡，达到某一距离或车速所需的时间。一般常用原地起步行驶，以 0→400 m 距离所需的时间秒数来表明汽车原地起步加速能力；也有用原地起步从 0→100 m/s 行驶速度所需的时间来表明汽车原地起步加速能力。

超车加速时间是指用高挡由某一较低车速全力加速至某一高速所需的时间。因为超车时汽车与被超车辆并行，容易发生交通安全事故，所以，超车加速能力越强，并行行驶时间就越短，行驶就越安全。超车加速能力采用较多的是用高档由 30～40 km/h 全力加速行驶至某一高速所需的时间来表示。还有用车速-加速时间关系的加速曲线来全面反映汽车加速能力的。

3. 汽车的最大爬坡度

汽车的上坡能力是用满载时汽车在良好路面上的最大爬坡度来表示的。常用每百米水平距离内坡道的升高与百米之比值来表示。

最大爬坡度是指一挡时的最大爬坡度。爬坡能力是一个很重要的指标，它的最大爬坡度要求达到 60%（即 30°）或更高。货车在各种路面上行驶，要求具有足够的爬坡能力，一般在30%（即 16.5°）左右；轿车主要行驶在良好路面上，车速高，加速快，不要求它的爬坡能力，但实际上它的低挡加速能力强，所以爬坡能力也强。

二、汽车的驱动力

为了确定汽车的动力性，确定汽车沿行驶方向的运动状况，我们需要掌握沿汽车行驶方向作用于汽车的各种外力，即驱动力与行驶阻力。根据这些力的平衡关系，就可估算汽车的最高车速、加速性能和最大爬坡度。汽车的驱动力经常受以下因素的影响：

1. 发动机的速度特性

节气门全开或高压油泵供油齿杆处于最大供油量位置时，发动机发出的功率、转矩与发动机转速之间的关系曲线，称为发动机的外特性。随着转速的增加，发动机发出的转矩和功率都增加，在最大转矩转速时，具有最大转矩。转速再增加时，转矩有所下降，但功率仍然增加，在最大功率转速下，发出最大功率。此后转速再增加时，功率下降。

如果发动机转速经常过高，其寿命会下降。因此，在许多货车发动机上，取其最高限制转速称为标定转速，其相应的功率称为标定功率。在转速接近标定转速的范围内，随着转速的增加，其功率增加很少；在转速大于标定转速时，功率反而下降。

有两种方法控制发动机的转速不超过标定转速：一是在汽油机上装限速器（相当于柴油机上的调速器）；二是在汽车说明书上规定最高车速，在最高车速挡上，只要车速不超过规定的最高车速，发动机的转速就不会超过标定转速。所以，发动机外特性曲线上的部分，可以不考虑。

发动机外特性曲线是在不带风扇、空气滤清器、消声器、废气净化器、发电机、无空气压缩机等条件下测出的。带全部附件时测出的曲线，称为使用外特性曲线。汽油机使用外特性的最大功率比外特性的最大功率大约小 15%，转速为 0.5 时，功率约小 2%～6%。货车柴油机使用外特性的最大功率比外特性约小 5%，轿车与轻型汽车约小 10%。

外特性是在各种稳定工况下测得的，在节气门全开的加速工况下，某瞬时转速的功率和转矩均小于外特性稳定转速下的值，一般要小 5%～8%。这是由于加速时供气，特别是供油的滞后燃油，在进气管壁的附着层加厚，混合气成分较稀，发动机热状况跟不上所引起的。由于对变工况下发动机的特性研究不够，且与稳态数值相差不大，所以在汽车动力性计算中，加速能力仍按稳态工况下的使用外特性来计算。

2. 传动系的机械效率

发动机所输出的功率在经传动系传至驱动轮的过程中，有部分功率消耗于克服传动系各机构中的阻力。

传动系的功率损失由传动系中的变速器、传动轴、万向节、主减速器等部件的功率损失所组成。其中，变速器和主减速器的功率损失较大，其他部件的功率损失较小。

传动系功率损失分为机械损失和液力损失两类。传动系机械损失是齿轮传动副、轴承、油封等处的摩擦损失。机械损失与啮合齿轮的对数、传递的转矩等因素有关。液力损失是消耗于润滑油的搅动、润滑油与旋转零件之间的表面摩擦等功率损失。液力损失与润滑油的品质、温度、箱体内的油面高度以及齿轮等旋转零件的转速有关。

传动效率因受到多种因素的影响而有所变化，但对汽车进行初步的动力性分析时，可把传动效率看作一个常数。采用有级机械变速器传动系的轿车，其传动效率可取为 0.9～0.92；货车、客车可取为 0.82～0.85；越野汽车可取为 0.80～0.85。

3. 车轮半径

车轮装有充气轮胎，在不同情况下具有不同的半径。自由半径是按规定气压充好气时的半径。静力半径是充好气并在车重作用下，轮心到地面的距离。

三、汽车的行驶阻力

1. 滚动阻力

（1）产生。

滚动阻力是当车轮在路面上滚动时，由于两者间的相互作用和相应变形所引起的能量损失的总称。

车轮滚动时，轮胎与路面的接触区域产生相互作用力，轮胎和支承路面发生相应的变形。由于轮胎和支承面的相对刚度不同，它们的变形特点也不同。

当弹性轮胎在混凝土路、沥青路等硬路面上滚动时，轮胎的变形是主要的。这时，轮胎由于有内部摩擦产生弹性迟滞损失，使轮胎变形时，损耗了一部分能量。

一般而言，车轮滚动的能量损失由三部分组成，即消耗于轮胎变形和路面变形的能量损失以及轮胎与支承面间的摩擦损失。

（2）弹性迟滞损失。

车轮在硬路面上的滚动损失绝大部分是轮胎变形的能量损失，由于轮胎橡胶、帘布等材料内的分子摩擦损失以及内胎与外胎、轮胎与轮辋、橡胶与帘布层等轮胎各组成物间的机械摩擦损失。车轮在软路面上的滚动损失大部分是消耗于土壤的变形损失，即土壤变形时其微粒间的机械摩擦损失。

（3）影响滚动阻力系数的因素。

滚动阻力系数与路面的种类、行驶车速以及轮胎的构造、材料、气压等有关。

① 轮胎的结构、材料和气压。在保证轮胎具有足够的强度和使用寿命的条件下，采用较少的帘布层、较薄的胎体以及采用较好的轮胎材料均可减少轮胎滚动时的迟滞损失，减小滚动阻力系数。子午线轮胎的滚动阻力系数较低。在软路面上行驶的汽车，采用大直径宽轮缘的轮胎，使其与路面的接触面积增加，减小路面变形，因而可获得较小的滚动阻力系数。

轮胎的充气压力对滚动阻力系数数值影响很大。在硬路面上行驶的汽车，为了提高汽车的行驶平顺性及车轮与道路的附着性能,多采用低压轮胎。轮胎气压降低,轮胎在滚动过程中的变形加大,迟滞损失增加,因而低压轮胎比高压轮胎有较高的滚动阻力系数。在软路面上行驶的汽车,降低轮胎气压可增大轮胎与地面的接触面积,降低轮胎对地面的单位压力,减小土壤变形,轮辙深度变浅,因而由于土壤变形而引起的滚动阻力减小,滚动阻力系数较小。但过多地降低轮胎气压,会导致轮胎变形过大,由于轮胎变形而引起的滚动阻力急速增长,亦可导致滚动阻力系数增加。故在软路面上行驶的轮胎,对于一定的使用条件有一最佳轮胎气压值。

②行驶速度。行驶速度较低时,滚动阻力系数无显著变化。但在高速行驶时,由于轮胎质量的惯性影响,迟滞损失随变形速度的提高而加大,滚动阻力系数迅速增长。当车速达到某一临界车速时,轮胎会发生驻波现象,即由于轮胎变形速度提高,轮胎来不及恢复原形而使轮胎周缘不再是圆形而呈明显的波浪形。出现驻波后,不但滚动阻力系数显著增加,轮胎的温度也很快增加到 100 ℃ 以上,胎面与轮胎帘布层脱落,会出现爆胎现象。

滚动阻力系数与径向载荷有一定关系,载荷增加使轮胎变形增加,加大迟滞损失,因而滚动阻力系数也增加。但影响很小,所以可以认为滚动阻力系数不随径向载荷的大小而变化。

③路面状况。混凝土路面、沥青路面、碎石路面、土路、沙地、雪地、冰道等路面类型和干燥、潮湿、有无尘土和雪等表层、高低凹凸不平程度等表面状态以及道路粒度、多孔度、抗压强度、抗剪强度等物理性质都会影响路面有无变形、变形的大小和性质。不仅如此,在不同路面上,不同的轮胎型式、结构、材料、尺寸、气压和不同的行驶车速、受力情况对滚动阻力系数的影响也不相同。所以,不同路面,尤其是在各种因素的综合影响下,所有的滚动阻力系数能在很大的范围内变动,即使同一种轮胎沿各种类型路面滚动时的滚动阻力系数差别也很大。所以在汽车工程的实际应用中,滚动阻力系数可近似地按路面类型取用,而忽略其他因素的影响。

2. 空气阻力

(1) 产生。

汽车在空气介质中运动,空气介质本身也有运动,这均将对汽车的运动产生阻力。汽车直线行驶时受到的空气作用力在行驶方向上的分力称为空气阻力。

(2) 分类。

① 摩擦阻力。由于空气的黏性在车身表面产生的切向力在行驶方向上的分力。

② 压力阻力。作用在汽车外形表面上的法向压力在行驶方向上的分力分为形状阻力、干扰阻力、内循环阻力和诱导阻力四部分。形状阻力是由汽车形状引起的阻力,与车身主体形状有关;干扰阻力是车身表面上一些如把手、后视镜、引水槽、驱动轴等突起物而引起的阻力;内循环阻力为发动机冷却系统以及车身通风等所需要的空气在华体内部流动时形成的阻力;诱导阻力是汽车行驶时的空气升力在行驶方向上的分力。

一般在轿车中,形状阻力占 58%,干扰阻力占 14%,内循环阻力占 12%,诱导阻力占 7%,摩擦阻力占 9%。

空气阻力系数值可由道路试验、风洞试验等方法求得。迎风面积 A 是汽车在其纵轴的垂直平面上投影的面积,这个面积可直接在投影面上测得,亦常用汽车的轮距与汽车的高度之乘积近似地表示。以近似法求得的面积,对轿车来说常较实际面积大 5%~10%,而对于货车则常小 5%~10%,计算时应加以校正。

3. 道路阻力

汽车上坡行驶时，汽车重力沿坡道的分力称为汽车上坡阻力。

由于坡度阻力与滚动阻力都是与道路有关的阻力，而且都和汽车重力成正比，所以可把这两种阻力合在一起考虑，称为道路阻力，用 F_ψ 表示。

$$F_\psi = G \cdot \psi$$

式中，G 为汽车重力；ψ 为道路阻力系数。

4. 加速阻力

汽车加速行驶时，需要克服汽车质量加速运动时的惯性力，这就是加速阻力。汽车的质量包括平移质量和旋转质量两部分，加速时平移质量产生惯性力，旋转质量（主要是曲轴、飞轮、离合器总成和所有车轮）产生惯性力偶矩。为了计算方便，通常把旋转质量的惯性力偶矩转化为平移质量的惯性力，计算时，用系数 σ 作为计入旋转质量惯性力偶矩的汽车质量换算系数。因此，汽车加速时的加速阻力为汽车运动时需要克服运动中所遇到的各种阻力。汽车在水平道路上等速行驶时必须克服来自汽车赖以行驶的地面滚动阻力和来自汽车周围的空气阻力。当汽车在坡道上上坡行驶时，还必须克服汽车重力沿坡道的分力，称为坡度阻力。汽车加速行驶时需要克服的惯性力，称为加速阻力。在上述各种阻力中，滚动阻力和空气阻力在任何行驶条件下都是存在的。克服这两个阻力所消耗的能量是纯消耗，不能回收利用。但坡度阻力和加速阻力并不是这样，它们可分别在下坡和滑行时重新利用。坡度阻力在上坡行驶时存在，在水平道路上行驶时不存在。加速阻力在汽车加速行驶时存在，等速行驶时不存在。

四、影响汽车动力性的主要因素

1. 发动机特性

发动机特性受其结构型式的影响，不同种类的发动机有不同的特性。

活塞式发动机的汽车在车速低时后备功率小，能提供的驱动力也小，这是因为该发动机在低转速时功率较小，若不配备变速器，只能通过很小的坡度。汽车上配备的发动机的功率越大，则汽车的动力性越好，但功率过大，会使经济性降低。为了评价汽车的动力性能，可用汽车的比功率作为指标。比功率是发动机最大功率 Pe_{max} 与汽车总质量 m 之比，即 Pe_{max}/m，也称功率利用系数，其值大小因汽车型式的不同而异。

汽车发动机的转矩特性对汽车动力性有很大影响。低速发动机，其转矩变化较大，适应性系数稍高，在低速范围内，具有较大的转矩，但转速低将导致功率下降，降低了高速行驶时的汽车动力性。高速发动机转矩变化较小，适应性系数稍低，但选择了适当的传动系后，可以使转矩随转速增加而下降缓慢，这样可以保证汽车在任一挡位的全部速度变化范围内均有良好的加速性。这对高速汽车尤为重要，使其具有良好的超车能力，保证高速行驶。所以现在汽车发动机多向高速方向发展。

2. 传动系参数

传动系对汽车动力性的影响取决于主减速器传动比、变速器挡数与传动比等。

3. 汽车总质量

汽车总质量对汽车的动力性有很大影响。除了空气阻力以外，所有运动阻力都与汽车总质量有关。在其他条件相同的情况下，汽车总质量增加，则汽车动力性能下降。所以，减轻汽车自重，会改善汽车的动力性。对具有相同载质量的不同汽车，其自重较小者，总质量亦较小，因而动力性较好。对于自重占汽车总质量比例较大的轿车，减轻自重所得的效果亦显著。在货车中，为了提高运货量，采用挂车，则汽车总质量增加，汽车动力性变差，即汽车带上挂车后的平均行驶速度将有所降低，但由于运货量增加，让运输生产率增加，对汽车运输仍是有利的。

4. 使用因素

汽车的动力性还在不同程度上受到汽车运行条件的影响，如道路、气候、海拔高度、驾驶技术、技术维护与调整、交通规则与运输组织等。在汽车使用过程中，应加强维护，采用正确的驾驶方法、合理的运输组织，充分发挥汽车的动力性能，以提高运输速度与运输生产率。

五、汽车行驶的附着条件

增大驱动力的办法是有限度的，它只有在驱动轮与路面不发生滑转时才有效。在一定的轮胎与路面条件下，当驱动力增大到一定程度时，驱动轮将出现滑转现象，增大驱动轮的转矩，只能使驱动轮加速旋转，地面切向反作用力并不增加。这表明汽车行驶还要受轮胎与路面附着条件的限制。

1. 附着力

地面对轮胎切向反作用力的极限值（无侧向力作用时）称为附着力 F_φ。在硬路面上，它与地面对驱动轮的法向反作用力成正比，附着系数表示轮胎与路面的接触强度。在硬路面上它主要反映轮胎与路面的摩擦作用；在松软路面上则与轮胎和路面的摩擦作用及土壤的抗剪强度有关。

2. 附着系数的理解

在坚硬路面上，附着系数反映了轮胎与路面的摩擦作用，但是，附着系数与光滑表面间的摩擦系数不同。在硬路面上，路面的坚硬微小凸起能嵌入变形的胎面中；增加了轮胎与地面的接触强度（或称结合强度），对轮胎在接地面积内的相对滑动有较大的阻碍作用，轮胎与地面间的上述作用，通常就称为附着作用。

在松软路面上，如车轮在比较松软的干土路面上滚动时，土壤的变形比轮胎的变形大，轮胎胎面花纹的凸起部分嵌入土壤，这时附着系数的数值不仅取决于轮胎与土壤间的摩擦作用，同时还取决于土壤的抗剪强度。因为只有当嵌入轮胎花纹沟槽的土壤被剪切脱开基层时，轮胎在接地面积内才产生相对滑动，车轮发生滑转。

显而易见，如果驱动轮产生滑转，汽车将不能行驶。为了避免驱动轮产生滑转现象，汽车行驶还必须满足附着条件。

3. 汽车行驶的附着条件

$$驱动力\ F_t \leqslant 附着力\ F_\varphi$$

六、汽车的驱动与附着条件

汽车行驶首先要满足驱动条件，即汽车本身具有产生足够驱动力的必要条件，这就要求汽车发动机能产生足够大的转矩或功率。汽车传动系有一定的传动比，以保证计算的驱动力足够大，足以克服各种行驶阻力，但是该条件只是汽车行驶的必要条件，并不充分，也就是说，汽车行驶只满足驱动条件是不够的。推动汽车行驶的驱动力是地面对驱动轮的切向反作用力，是地面作用于汽车的外力。当驱动轮被架空而离开地面时，无论发动机产生多大转矩，汽车都是不能行驶的，为了保证汽车正常行驶，轮胎与地面必须有良好的附着性能，即附着力足够大，地面才能在附着力的限制下对驱动轮作用足够的切向反作用。换言之，附着力并不是地面对车轮作用的一个力，而是限制驱动力大小的一个界限。在附着力的限制之内，驱动力才能真正发挥出来。

七、影响附着系数的因素

1. 路面的种类和状况

松软土壤的抗剪强度较低，其附着系数较小。潮湿、泥泞的土路，其土壤表层因吸水量多，抗剪强度更差，附着系数下降很多，是汽车越野行驶困难的原因之一。

坚硬路面的附着系数较大，因为在硬路面上，轮胎的变形远较路面的变形为大，路面的坚硬微凸起部分嵌入轮胎的接触表面，使接触强度增大。路面被污物（细沙、尘土、油污、泥）覆盖时，路面的凹凸不平被填充，或路面潮湿时有水起润滑作用，都会使附着力下降20%～60%，甚至更多。路面的结构对排水能力也有很大影响。路面的宏观结构应有一定的不平度，因而具有自动排水的能力；路面的微观结构应是粗糙的而且有一定的尖锐棱角，以穿透水膜直接与胎面接触。轮胎花纹对值的影响也较大。具有细而浅花纹的轮胎，在硬路面上有较好的附着能力；具有宽而深花纹的轮胎，在软路面上使附着能力有所提高。增加胎面的纵向条纹，在干燥的硬路面上，由于接触面积减小，附着能力有所下降；但在潮湿的路面上有利于挤出接触面中的水分，改善附着能力。

2. 轮胎的结构

现代胎面花纹为了提高轮胎的抓地能力，胎面上有纵向曲折大沟槽，胎面边缘上有横向沟槽，使轮胎在纵向、横向均有较好的抓地能力，又提高了在潮湿路面上的排水能力。胎面上大量的细微花纹，由于胎面在接地过程中的微小滑动，可进一步擦去接触面间的水膜，这样轮胎接地面积后部就可以与路面直接接触，因而能提供足够的附着力。轮胎的磨损也会影响附着能力，随着胎面花纹深度减小，附着能力将显著下降。

3. 轮胎气压

降低轮胎气压，可使硬路面上附着能力略有增加，所以采用低压胎可获得较好的附着性能。在松软路面上，降低轮胎气压，则轮胎与土壤的接触面积增加，胎面凸起部分嵌入土壤的数目也增多，因而附着系数显著提高。如果同时增加车轮轮辋的宽度，则效果更好。对于潮湿的路面，适当提高轮胎气压，使轮胎与路面的接触面积减小，有助于挤出接触面间的水分，使轮胎得以与路面较坚实的部分接触，因而可提高附着系数。

4. 汽车行驶速度

在硬路面上提高行驶速度时，由于路面微观凹凸构造来不及与胎面完善地嵌合，所以附着系数有所降低。在潮湿的路面上提高行驶速度时，由于接触面间的水分来不及排出，所以附着系数显著降低。在软土壤上，由于高速车轮的动力作用容易破坏土壤的结构，所以提高行驶速度对附着系数将产生极不利的影响。只有在结冰的路面上，车速高时，与轮胎接触的冰层受压时间短，因而在接触面间不容易形成水膜，故附着系数略有提高；但要特别注意，在冰路上提高行驶速度会使行驶稳定性变差。因长期使用已经磨损和风化的路面附着系数也会降低。例如，使用 15 年的路面，由于压实和磨光的结果，附着系数比新建时下降 20%～30%。

综上所述，附着系数受一系列因素的影响，而且有许多因素的变化又很大。在一般动力性计算中只取附着系数的平均值。

模块二　　发动机性能检测

发动机是汽车动力的来源。由于其结构复杂，工作条件又很不稳定，经常在转速与负荷变化的条件下运转，某些零件还在高温及高压等恶劣条件下工作，因而故障率较高，往往成为检测与诊断的重点对象。

发动机技术状况变化的主要外观症状有：动力性下降，燃料与润滑油消耗量增加，启动困难，漏水、漏油、漏气、漏电以及运转中有异常响声等。检测的项目与方法如下：

一、发动机功率检测

发动机输出的有效功率是指发动机输出轴上发出的功率，是发动机的一项综合性指标。通过检测，可掌握发动机的技术状况，确定发动机是否需要大修或鉴定发动机的维修质量。发动机功率的检测可分为稳态测功和动态测功。

稳态测功是指在发动机试验台上由测功器测试功率的方法。通过测量发动机的输出转矩和转速，由下式计算出发动机的有效功率：

$$P_e = \frac{M_e \cdot n}{9550}$$

式中　P_e—发动机功率，kW；

　　　n—发动机转速，r/min；

　　　M_e—发动机输出扭矩，N·m。

动态测功是指发动机在低速运转时，突然全开节气门或置油门齿杆位置为最大，使发动机加速运转，用加速性能直接反映最大功率。这种方法不加负荷，可在实验台上进行，也可就车进行，但测量精度比稳态测功要差。

（一）发动机台架测功试验

在实验台上测量发动机输出功率的测试设备有转速仪、水温表、机油压力表、机油温度表、气象仪器（湿度计、大气压力计、温度计）、计时器、燃料测量仪及测功器等。

测功器作为发动机的负载，实现对测定工况的调节，模拟汽车实际行驶时外界负载的变化，同时测量发动机的输出转矩和转速，即可算出发动机的功率。

测功器是发动机性能测试的重要设备，主要的类型有水力式、电力式和电涡流式。水力测功器是利用水作为工作介质，调节制动力矩。电力测功器是通过改变定子磁场的激磁电压产生制动力矩。电涡流测功器是利用电磁感应产生涡电流而形成制动作用。这里仅就电涡流测功器的结构和工作原理作一介绍。

1. 电涡流测功器的结构与工作原理

（1）电涡流测功器的结构。

电涡流测功器因结构形式不同，分为盘式和感应子式两类。现在应用最多的是感应子式电涡流测功器。

图 2-1 所示为感应子式电涡流测功器的结构图。制动器由转子和定子组成，制成平衡式结构。转子为铁制的齿状圆盘。定子的结构较为复杂，由激磁绕组、涡流环、铁芯组成。电涡流测功器吸收的发动机功率全部转化为热量，测功器工作时，冷却水对测功器进行冷却。

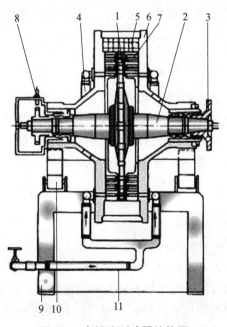

图 2-1 电涡流测功器结构图

1—转子；2—转子轴；3—连接盘；4—冷却水管；5—激磁绕组；6—外壳；
7—冷却水腔；8—转速传感器；9—底座；10—轴承座；11—进水管

（2）电涡测功器的工作原理。

当激磁绕组中有直流电通过时，在由感应子、空气隙、涡流环和铁芯形成的闭合磁路中产生磁通。当转子转动时，空气隙发生变化，则磁通密度也发生变化。在转子齿顶处的磁通密度大，齿根处磁通密度小，由电磁感应定律可知，此时将产生感应电势，力图阻止磁通的变化，于是在涡流环上感应出涡电流，涡电流的产生引起对转子的制动作用，涡流环吸收发动机的功率，产生的热量由冷却水带走。

2. 测试过程

（1）将发动机安装在测功器台架上，使发动机曲轴中心线与测功器转轴中心线重合。

（2）安装仪表并接上电器线路及接通各种管路。

（3）检查调整气门间隙、分电器的断电器触点间隙、火花塞电极间隙及点火提前角，紧固各部螺栓螺母。

柴油机要检查调整喷油器的喷油提前角、喷油压力、喷油锥角及喷雾情况。

（4）记录当时气压和气温。

（5）启动发动机，操纵试验仪器，观察仪表工作情况，记录下数据，根据记录数据计算并绘制出 P_e、M_e、g_e 曲线。

（二）在用发动机的无负荷测功

从汽车上卸下发动机时，将耗费时间和劳力，并增加汽车的停歇时间。另外，配合件的拆装，不仅会导致原走合面的改变，并且会造成密封件和连接件的损坏，同时将大大缩短机构的工作寿命。在用发动机无负荷测功，可以在不拆卸发动机的情况下，快速测定发动机的功率。

1. 发动机无负荷测功的原理

发动机无负荷测功仪不需外加载装置，其测量原理为：对于某一结构的发动机，它的运动件的转动惯量可以认为是一定值，这就是发动机加速时的惯性负载，因此，只要测出发动机在指定转速范围内急加速时的平均加速度，即可得知发动机的动力性能。或者说通过测量某一定转速时的瞬时加速度，就可以确定出发动机的功率大小。瞬时加速度愈大，则发动机功率愈大。

2. 发动机无负荷测功方法

进行无负荷测功时，首先使发动机与传动系分离，并使发动机的温度与转速达到规定值，然后把传感器装入离合器壳的专用孔中，快速打开节气门（汽油机），使发动机加速，此时功率表便可显示被测发动机的功率。为了取得较准确的测量值，可重复试验几次，取平均值。

测试时的加速方法，对汽油机有两种：一种是通过快速打开节气门加速；另一种是在发动机运转时切断点火电路，待发动机转速下降后再接通点火电路加速。后一种加速方法排除了化油器加速泵的附加供油作用，因而可以检查化油器的调整质量。

无负荷测功仪可以测定发动机的全功率，也可测定某一气缸的功率（断开某一缸的点火或高压油路测得的功率和全功率比较，二者之差即为该缸的单缸功率）。各单缸功率进行对比，可判断各缸技术状况（主要是磨损情况）。

3. 检测结果分析

根据测定结果进行分析，对发动机技术状况做出判断。

在用车发动机功率不得低于原额定功率的 75%，大修后发动机功率不得低于原额定功率的 90%。

（1）若发动机功率偏低，则一般为燃料供给系调整状况不佳。点火系技术状况不佳时，应对油、电路进行调整；若调整后功率仍低，应结合气缸压力和进气歧管真空度的检查，判断是否是机械部分故障。

（2）对个别气缸技术状况有怀疑时，可对其进行断火后再测功，从功率下降的大小，诊断该缸的工作情况。

也可利用在单缸断火情况下测得的发动机转速下降值，来评价各缸的工作情况。工作正常的发动机，在某一转速下稳定空转时，发动机的指示功率与摩擦功率是平衡的。此时，若取消任一气缸的工作，发动机转速都会有相同的下降值。要求最高与最低下降值之差不大于平均下降值的 30%。如果转速下降值低于一定规定值，说明断火之缸工作不良。转速下降值愈小，则单缸功率愈小；当下降值等于零时，单缸功率也等于零，即该缸不工作。

发动机单缸功率偏低，一般系该缸高压分火线或火花塞技术状况不佳、气缸密封性不良、气缸上油（机油）等原因造成，应调整或检修。

（3）发动机功率与海拔高度有密切关系，无负荷测功仪所测结果是实际大气压力下的发动机功率，如果要校正到标准大气压下的功率，应乘以校正系数。

二、气缸密封性的检测

气缸密封性是表征发动机技术状况的重要参数。气缸密封性与气缸体、气缸盖、气缸垫、活塞、活塞环和进排气门等零件的技术状况有关。在发动机使用过程中，由于这些零件磨损、烧蚀、结焦或积碳，导致气缸密封性下降，使发动机功率下降，燃油消耗率增加，使用寿命大大缩短。

在不解体的条件下，检测气缸密封性的常用方法有：测量气缸压缩压力，测量曲轴箱窜气量，测量气缸漏气量或气缸漏气率，测量进气管负压等。在就车检测时，只要进行其中的一项或两项，就能确定气缸密封性的好坏。

（一）气缸压缩压力的检测

检测活塞到达压缩终了上止点时，气缸压缩压力的大小可以表明气缸的密封性。检测方法有两种：用气缸压力表检测和用气缸压力测试仪检测。

1. 用气缸压力表检测

气缸压力表如图 2-2 所示。由于用气缸压力表检测气缸压缩压力（以下简称气缸压力）具有价格低廉、仪表轻巧、实用性强和检测方便等优点，因而在汽车维修企业中应用十分广泛。

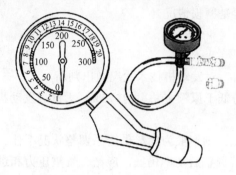

图 2-2 气缸压力表

（1）检测方法。发动机正常运转时，使水温达 75 ℃ 以上。停机后，拆下空气滤清器，用压缩空气吹净火花塞或喷油器周围的灰尘和脏物，然后卸下全部火花塞或喷油器，并按气缸次序放置。对于汽油发动机，还应把分电器中央电极高压线拔下并可靠搭铁，以防止电击和着火，然后把气缸压力表的橡胶接头插入被测缸的火花塞孔内，扶正压紧。节气门和阻风门置于全开位置，用启动机转动曲轴 3～5 s（不少于四个压缩行程），待压力表头指针指示并保持最大压力后停止转动。取下气缸压力表，记下读数，按下单向阀使压力表指针回零。按上述方法依次测量各缸，每缸测量次数不少于两次。

就车检测柴油机气缸压力时，应使用螺纹接头的气缸压力表。如果该机要求在较高转速下测量，则除受检气缸外，其余气缸均应工作。其他检测条件和检测方法同汽油机。

（2）诊断参数标准。气缸压缩压力标准值一般由制造厂提供。根据 GB/T15746.2—2011《汽车修理质量检查评定标准 发动机大修》附录 B 的规定：大修竣工发动机的气缸压力应符合原设计规定，每缸压力与各缸平均压力的差，汽油机不超过 8%，柴油机不超过 10%。

常见几种车型发动机气缸压缩压力的标准值见表 2-1。

表 2-1 常见几种车型气缸压缩压力值

发动机型号	压缩比	气缸压缩压力值（kPa）	各缸压力差（kPa）
奥迪 1001.8L	8.5	新车：800～1 000 极限：650	不大于 300
捷达 EA827	8.5	900～1 100	不大于 300
桑塔纳 AJR1.8L	9.3	1 000～1 350	300
富康 TU3	8.8	1 200	300
解放 CA6102	7.4	930	
东风 EQ6100	6.75	833	
五十铃 4JB1	18.2	3 100	

（3）结果分析。测得结果如高于原设计规定，可能是由于燃烧室积炭过多、气缸衬垫过薄或缸体与缸盖结合平面经多次修理加工过甚造成。测得结果如低于原设计规定，则可向该缸火花塞或喷油器孔内注入适量机油，然后用气缸压力表重测气缸压力并记录。

① 如果第二次测出的压力比第一次高，说明气缸、活塞环、活塞磨损过大或活塞环对口、卡死、断裂及缸壁拉伤等原因造成了气缸不密封。

② 如果第二次测出的压力与第一次相近，说明进、排气门或气缸衬垫不密封。

③ 如果两次检测某相邻两缸压力均较低，说明该两缸相邻处的气缸衬垫烧损窜气。

2. 用气缸压力测试仪检测

（1）用压力传感器式气缸压力测试仪检测。用这种测试仪检测气缸压力时，须先拆下被测缸的火花塞，旋上仪器配置的压力传感器，用启动机转动曲轴 3～5 s，由传感器取出气缸的压力信号，经放大后送入 A/D 转换器进行模数转换，再送入显示装置即可获得气缸压力。

（2）用启动电流或启动电压降式气缸压力测试仪检测。通过测启动电源——蓄电池——的电压降，也可获得气缸压力。这是因为启动机工作时，蓄电池端电压的变化取决于启动机电流的变化。当启动电流增大时，蓄电池端电压降低，即启动电流与电压降成正比。启动电流与气缸压力成正比，因此启动时蓄电池的电压降与气缸压力也成正比，所以通过测蓄电池电压降可以获得气缸压力。用该测试仪检测气缸压力时，无需拆下火花塞。

（3）用电感放电式气缸压力测试仪检测。这是一种通过检测点火二次电感放电电压来确定气缸压力的仪器，仅适用于汽油机。汽油机工作中，随着断电器触点打开，二次电压随即上升，击穿火花塞间隙，并维持火花塞放电。火花放电电压也称为火花线，它属于点火系电容放电后的电感放电部分。电感放电部分的电压与气缸压力之间具有近乎直线的对应关系，因此各缸火花放电电压可作为检测各缸压力的信号，该信号经变换处理后即可显示气缸压力。

使用以上几种测试仪检测气缸压力时，发动机不应着火工作。汽油机可拔下分电器中央高压线并搭铁或按测试仪要求处理，柴油机可旋松喷油器高压油管接头断油，即可达到目的。

（二）曲轴箱窜气量的检测

检测曲轴箱窜气量，也是检测气缸密封性的方法之一。特别是在发动机不解体的情况下，可使用该方法诊断气缸活塞摩擦副的工作状况。

曲轴箱窜气量的检测一般采用专用气体流量计进行，如图 2-3 所示，具体检测步骤如下：

（1）打开电源开关，按仪器使用说明书的要求对检测仪进行预调。

（2）密封曲轴箱，即堵塞机油尺口、曲轴箱通风进出口等，将取样头插入机油加注口内。

（3）启动发动机，待其运转平稳后，仪表箱仪表的指示值即为发动机曲轴箱在该转速下的窜气量。

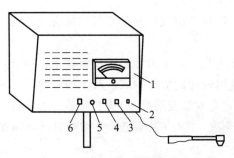

图 2-3　曲轴箱窜气量检测仪

1—指示仪表；2—预测按钮；3—预调旋钮；4—挡位开关；5—调零旋钮；6—电源开关

曲轴箱窜气量除与发动机气缸活塞组技术状况有关外，还与发动机转速和负荷有关。因此在检测时，发动机应加载，节气门全开（或柴油机最大供油量），在最大转矩转速（此时窜气量达最大值）下测试。发动机加载可在底盘测功机上实现，测功机的加载装置可方便地通过滚筒对发动机进行加载，以实现发动机在全负荷工况下从最大转矩转速至额定转速的任一转速下运转，因此，可用曲轴箱窜气量检测仪检测出各种工况下曲轴箱的窜气量。

对曲轴箱窜气量还没有制定出统一的国家诊断标准，有些维修企业自用的企业标准一般是根据具体车型逐渐积累资料制定的。由于曲轴箱窜气量还与缸径大小和缸数多少有关，很难把众多车型统一在一个诊断参数标准内。有些国家以单缸平均窜气量作为诊断参数。综合国内外情况，单缸平均窜气量值可参考以下标准：

汽油机：新机 2～4 L/min，达到 16～22 L/min 时需大修。

柴油机：新机 3～8 L/min，达到 18～28 L/min 时需大修。

曲轴箱窜气量大，一般是由气缸、活塞、活塞环磨损量大，使各部分间隙大，活塞环对口、结胶、积碳、失去弹性、断裂及缸壁拉伤等原因造成，应结合使用、维修和配件质量等情况来进行深入诊断。

（三）气缸漏气量和漏气率的检测

1. 气缸漏气量的检测

气缸的密封性可用检测气缸漏气量的方法进行评价。检测气缸漏气量时，发动机不运转，活塞处在压缩终了上止点位置，从火花塞孔处通入一定压力的压缩空气，通过测量气缸内压力的变化情况，来表征整个气缸组的密封性，即不仅表征气缸活塞摩擦副，还表征进排气门、气缸衬垫、气缸盖及气缸的密封性。该方法仅适用于对汽油机的检测。

国产 QLY-1 型气缸漏气量检测仪如图 2-4 所示。该仪器由调压阀、进气压力表、测量表、校正孔板、橡胶软管、快速接头和充气嘴等组成，此外，还须配备外部气源、指示活塞位置的指针和活塞定位盘。外部气源的压力相当于气缸压缩压力，一般为 600～900 kPa。压缩空气按箭头方向进入气缸漏气量检测仪，其压力由进气压力表 2 显示。随后，它经由调压阀、校正孔板、橡胶软管、快速接头和充气嘴进入气缸，气缸内的压力变化情况由测量表 3 显示。检测方法如下：

（1）先将发动机预热到正常工作温度，然后用压缩空气吹净缸盖，特别要吹净火花塞孔上的灰尘，拧下所有火花塞，装上充气嘴。

（2）将仪器接上气源，在仪器出气口完全密封的情况下，通过调节调压阀，使测量表的指针指在 392 kPa 位置上。

（3）卸下分电器盖和分火头，装上指针和活塞定位盘。指针可用旧分火头改制，仍装在原来的位置上。活塞定位盘用较薄的板材制成，其上按缸数进行刻度，并按分火头的旋转方向和点火次序刻有缸号。假定是 6 缸发动机，分火头顺时针方向转动，点火次序为 1-5-3-6-2-4，则活塞定位盘上每 60° 有一刻度，共有 6 个刻度，并按顺时针方向在每个刻度上分别刻有 1、5、3、6、2、4 的字样。

（4）摇转曲轴，先使第 1 缸活塞处于压缩终了上止点位置，然后转动活塞定位盘，使刻度"1"对正指针。变速器挂低速挡，拉紧驻车制动器，以保证压缩空气进入气缸后，不会推动活塞下移。

（5）把1缸充气嘴接上快速接头，向1缸充气，测量表上的读数，便反映了该缸的密封性。在充气的同时，可以从进气口、排气消声器口、散热器加水口和加机油口等处，察听是否有漏气声，以便找出故障部位。

（6）摇转曲轴，使指针对正活塞定位盘下一缸的刻度线，按以上方法检测下一缸漏气量。

（7）按以上方法和点火次序，检测其他各缸的漏气量。为使数据可靠，各缸应重复测量一次。

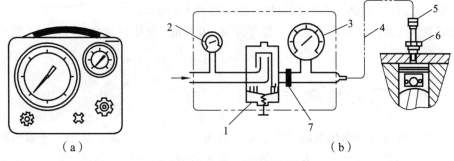

图2-4　气缸漏气量检测仪

1—调压阀；2—进气压力表；3—测量表；4—橡胶软管；5—快速接头；6—充气嘴；7—校正孔板

仪器使用完毕后，调压阀应退回到原来的位置。

对于解放和东风等国产发动机，在确认进排气门和气缸衬垫密封良好的情况下，若其测量读数值大于 246 kPa，则气缸活塞摩擦副的密封性可诊断为合格；若读数值小于 246 kPa，则需换环或镗缸换活塞。

2. 气缸漏气率的检测

气缸漏气率的检测，无论在使用的仪器、检测的方法，还是判断故障的方法上，都与气缸漏气量的检测是基本一致的，只不过气缸漏气量检测仪的测量表标定单位为 kPa 或 MPa，而气缸漏气率测量表的标定单位为百分数。一般说来，当气缸漏气率达 30%～40%时，如果能确认进排气门、气缸衬垫、气缸盖和气缸套等是密封的（可从各泄漏处有无漏气迹象确认），则说明气缸活塞摩擦副的磨损临近极限值，已到了需换环或镗磨缸的程度。

（四）进气管负压的检测

进气管负压（也称真空度）是进气管内的压力与大气压力的差值，发动机进气管负压的大小随气缸活塞组零件的磨损而变化，并与气门组零件的技术状况、进气管的密封性以及点火系和供油系的调整有关。因此，检测进气管负压，可以用来诊断发动机多种故障。

进气管负压用真空表检测，无须拆任何机件，而且快速简便，应用极广。一般发动机综合分析仪也具有进气管负压检测功能。

1. 测试条件及操作方法

（1）启动发动机，并使其以高于怠速的转速空转 30 min 以上，使发动机达到正常工作温度。

（2）将真空表软管接到进气歧管的测压孔上。

（3）变速器挂空挡，发动机怠速运转。

（4）读取真空表上的示值。

2. 诊断标准

根据 GB3799—83《汽车发动机大修竣工技术条件》的规定，大修竣工的四行程汽油机转速在 500～600 r/min 时，以海平面为准，进气管负压应在 57.33～70.66 kPa。波动范围：六缸汽油机一般不超过 3.33 kPa，四缸汽油机一般不超过 5.07 kPa。

进气管负压随海拔升高而降低，海拔每升高 1 000 m，负压约减少 10 kPa，检测应根据所在地的海拔高度进行折算。

三、点火系的检测与诊断

发动机在运行过程中出现的故障大多数都是由供油系和点火系引起的。一般情况下，发动机在运转中突然熄火并发动不着时，多为点火系故障；发动机在运转过程中逐渐熄火时，多为供油系故障。

点火系的主要故障有无火、缺火、乱火、火弱及点火正时失准等。点火系故障部位可分为低压线路和高压线路两部分。

点火系的故障可采用人工经验诊断法和仪器诊断法进行，这里主要讲述仪器诊断法。

（一）点火示波器的使用及波形分析

1. 点火示波器简介

示波器可显示电压随时间变化的波形，是一种多用途检测设备。示波器显示信号的速度比一般电子检测设备要快得多，是唯一能即时显示瞬态波形的仪器。

示波器一般由传感器（包括夹持器、测试探头和测针等）、中间处理环节和显示器等组成。

汽油机点火示波器是示波器的一种，专门用来检测诊断汽油机点火系的技术状况。使用汽车专用的点火示波器可以查看点火系统的工作波形，并根据点火的波形判断点火系统的故障。

当点火示波器连接在运转的汽油机点火系电路上时，示波器屏幕上将显示出点火系中电压随时间变化的曲线，即点火波形。示波器屏幕显示的波形，在垂直方向上表示电压，在水平方向上表示时间，基线的上方为正电压，下方为负电压。

2. 传统点火系点火波形分析

示波器可以显示发动机点火过程的三类波形：直列波、重叠波和高压波，通过所显示的波形与标准波形的比较，即可诊断出故障所在部位。

（1）直列波。

在进行测试时，先按图 2-5 所示将示波器的信号线和电源线接好，打开示波器电源，调整示波器上的上下、左右旋钮，使屏幕上的光点位于屏幕的中央；然后启动发动机，使发动机的转速保持在 1 500 r/min。调整各旋钮，使各气缸直列波形显示在坐标刻度内，其波形如图

2-6 所示。

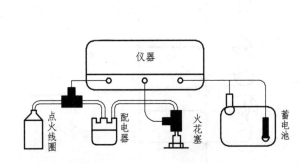

图 2-5   示波器与点火系的接线

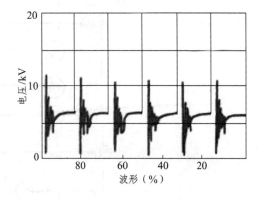

图 2-6   点火系直列波

发动机工作时，其次级电压的波形即为直列波，调整示波器的左右旋钮，使要观察的某一缸的波形位于屏幕标线的适当位置，此时屏幕上所显示波形如图 2-7 所示，此波形即为单缸直列波。此波形反映了点火系次级电压在点火工作过程中各个阶段的变化情况，波形各阶段的含义如下：

EA 段：断电器触点闭合，初级电流增长的阶段。*E* 点为触点闭合的瞬间，因触点闭合时初级电流的突然增加，在次级绕组中会出现一个小而向下的振荡波形（第二次振荡），随着初级电流变化率的减小，次级电压即成为一条水平线。

AB 段：触点断开、次级电压上升的阶段。*A* 点为触点断开的瞬间，*AB* 垂线表示点火线圈所产生的击穿电压。

BC 段：电容放电阶段的电压。

CD 段：电感放电阶段的电压。在电感放电的同时，伴随有高频震荡波的发射。

DE 段：火花消失后剩余能量所维持的低频震荡波（第一次振荡）。

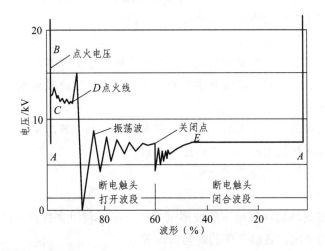

图 2-7   单缸直列波

如果示波器显示的波形与标准不同，说明点火系统中出现了故障。常见的故障波形如图 2-8 所示。

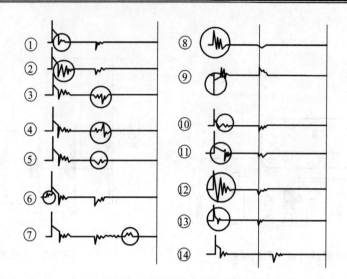

图 2-8　单缸直列波常见故障波形

第一次振荡波少，说明初级电路中的电阻过大。

第一次振荡波多，说明初级电路的电容量过大或点火系次极电路阻抗大。

第二次振荡波前出现小的多余波形，说明初级电路在接通瞬间，导通状况不够好，故出现小的多余波形。

第二次振荡波呈上下振荡形式，说明初级电路在接通瞬间有时断时通的情况，因而引起电压波动。

第二次振荡波小而少，说明点火线圈的阻抗过大，将这部分振荡波吸收。

初级电路在切断之前有小的多余波形，说明初级电路中有接触不良的部位，在初级电路切断之前，出现瞬间的接触不良，引起电压波动，出现多余波形。

初级电路导通阶段出现多余波形，说明初级电路中有接触不良的部位，在初级电路导通的时间内，由于接触不良引起电压波动而出现多余波形。

无点火线，说明高压线接触不良。

波形上下颠倒，说明点火线圈的初级绕组的两个接线柱的导线接反。

火花电压过低而且第一次振荡波基本消失，说明火花塞短路或漏电。

点火线变长，说明火花塞间隙过大。

点火线与第一次振荡界限分不清，说明火花塞的间隙无法被击穿。

点火线变短，说明初级电流小，点火能量小。

闭合时间短，说明初级电路的闭合角小。

（2）重叠波。

重叠波是将多缸发动机次级电压的波形重叠在一起。利用重叠波可以检查初级电路的闭合角，断电器凸轮的状况，各缸工作的均匀情况等。

检查时在上述单缸直列波的基础上调出各缸的直列波，并使发动机的转速保持在 1 000 r/min 左右，按下示波器的重叠波按键，调整各旋钮，使波形位于坐标刻度内。屏幕内出现的波形如图 2-9 所示。

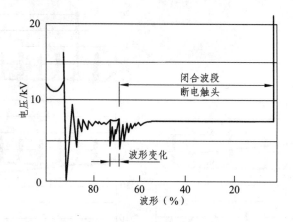

图2-9　重叠波

在标准重叠波中，初级电路导通时间（触点闭合的时间）所占的比例如下：四缸发动机为45%～50%；六缸发动机为63%～70%；八缸发动机为64%～71%。此外，要求闭合段波形的变化范围不应超过整个闭合段的5%。

图2-10所示为重叠波显示的故障波形。

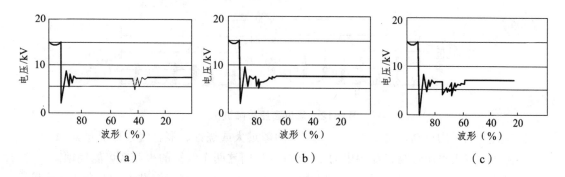

（a）　　　　　　　　　　（b）　　　　　　　　　　（c）

图2-10　故障重叠波

闭合波太短，说明断电器触点间隙过大或闭合角过小。

闭合波太长，说明断电器触点间隙过小或闭合角过大。

闭合段的变化大于5%，说明断电器凸轮不均匀或分电器轴与铜套磨损过大等。

（3）高压波。

多缸发动机各缸的次级点火电压同时显示在屏幕上，即为高压波，一般用于诊断次级电路故障。检查时，先将各缸直列波调出，发动机转速保持在1 500 r/min，按下kV键，调整上下、左右旋钮，把各缸波形调整到屏幕的坐标刻度上，高压波形底端与横坐标重合。高压波的标准波形如图2-11所示。

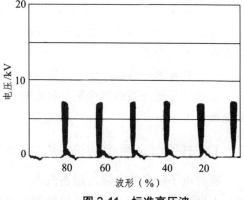

图2-11　标准高压波

高压波的常见故障波形如图2-12所示。

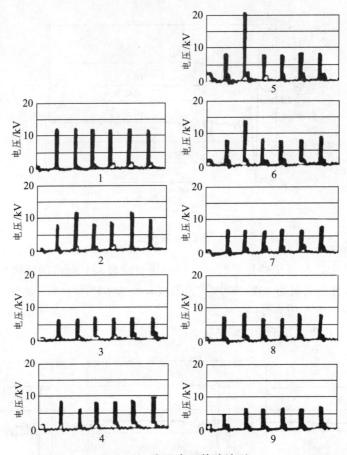

图 2-12 常见高压故障波形

各缸点火电压均过高，可是能由于火花塞间隙过大或烧蚀、混合气过稀引起。

个别气缸点火电压过高，如图中的 3、4 缸，说明这两个气缸的火花塞可能烧蚀。

全部气缸点火电压过低，原因可能是电源电压过低，火花塞间隙过小，混合气过浓等。

个别气缸点火电压过低，如图中的 3 缸，可能是因为该缸的火花塞间隙小或绝缘体损坏。

拔下某缸的高压线，电压应在 20～30 kV，否则说明高压线、分电器盖绝缘不良或点火线圈、电容器性能不良。

拔下某缸的高压线，电压低于 20 kV，说明点火线圈性能不好或分电器和高压线有漏电故障。

将发动机的转速提高到 2 500 r/min，各缸点火电压减小，保持在 5 kV 以上，说明点火系能在高速下正常工作。

发动机转速升高后，个别气缸的电压高于其他气缸，说明该缸火花塞的间隙过大。

发动机转速升高后，个别气缸的电压低于其他气缸，说明该缸火花塞的间隙过小、脏污或绝缘体绝缘不良。

3. 电子点火系点火波形的特点

随着电子技术的发展，现在汽车上广泛采用了电子点火系统。电子点火系统使得发动机的动力性和经济性大大提高，排放污染物值显著下降。电子点火系的点火波形与传统点火系波形成正比，波形类别、波形观测方法等均相同，不同之处如下：

点火波形上低频振荡波异常时，仅表示点火线圈的技术状况不良，而不是电容器的原因，因为电子点火系中无电容器。

点火波形上闭合点处和张开点处的波形虽然与传统点火系极为相似，但不是触点闭合和张开造成的，而是三极管或晶闸管的导通和截止电流造成的。

点火波形上波形闭合段的长度、形状与传统点火系波形不完全相同，甚至车型之间也略有差异，有的车型闭合段在发动机高速时加长，这属于正常现象。

有的电子点火系当点火波形闭合段结束时，先产生一条锯齿状的上升斜线，然后导出点火线，不像传统点火系点火波形那样，随着触点打开产生一条急剧上升的点火线。

（二）点火正时的检测与校正

发动机的点火正时是非常重要的，它直接影响汽车的动力性、燃料经济性和排气净化。检测点火正时的方法有人工法、正时灯法和缸压法等。

1. 人工法

拆下分电器盖，取下分火头，用手摇把摇转曲轴，使分电器凸轮将断电器触点完全打开，检查并调整触点间隙，使其保持在 0.35～0.45 mm。

拆下第 1 缸火花塞，摇转曲轴，若听到从火花塞孔发出排气声，说明第 1 缸已处于压缩行程；此时应在慢摇曲轴的同时，观察正时标记并使它们对齐，然后停止摇转并抽出摇把。

拆去分电器真空式调节器的连接管路，松开分电器壳与缸体之间的定位螺钉，有辛烷值调节器的应将其调整在"0"的位置上。

用手握住分电器壳，先顺分火头转动方向转动一个角度，使触点闭合，然后再逆分火头转动方向转动一个角度，使触点刚刚打开。

拧紧分电器壳定位螺钉，并连接好真空式调节器的管路。

插上分火头，扣上分电器盖，分火头指向的插孔即为第 1 缸高压线插孔。插上第 1 缸高压线，该线的另一端和第 1 缸火花塞连接；然后沿分火头转动方向按点火次序插上其他各缸高压线，并与对应的火花塞连接好。

启动发动机并走热，进行无负荷加速试验。当突然打开节气门时，发动机应加速良好。如果加速不良，且有较较严重的金属敲击声（爆震敲声缸），则为点火过早；如果加速不良且发闷，甚至排气管有"突、突"声，则为点火过迟。准确检查点火正时应进行路试。

路试时，应选择平坦、坚硬的直线道路或专用跑道，走热后以最高挡最低稳定车速行驶，然后突然将加速踏板踩到底，使汽车处于急加速状态。此时，若能听到发动机有轻微的爆震声，且瞬间消失，则为点火正时正确；若爆震声强烈，且较长时间不消失，则为点火时间过早；若听不到爆震声，且加速困难，甚至排气管有"突、突"声，则为点火时间过迟。

如点火时间过早，应顺分火头的旋转方向转动分电器外壳；如点火时间过迟，则应逆分火头旋转方向转动分电器外壳。

2. 正时灯法

正时灯是一种频率闪光灯，每闪光一次表示第 1 缸的火花塞发火一次，因此闪光与第 1

缸点火同步。它一般由闪光灯、传感器、中间处理环节和指示装置等组成。当正时灯对准发动机第1缸压缩终了上止点标记，并按实际跳火时间进行闪光时，若飞轮或曲轴传动带盘上的标记还未到达固定指针，即第 1 缸活塞还未到达压缩终了上止点，此时，可调整正时灯电位器，使闪光时机推迟至转动部分上的标记正好对准固定指针之时，那么推迟闪光的时间就是点火提前的时间，将其显示到表头上，便可读出要测的点火提前角。需要说明的是，有些表头指针的角度是分电器凸轮轴转角，对于四冲程发动机来说，换算成曲轴转角则要乘以 2。

　　测量时，将正时灯的电源线接到蓄电池的正负极柱上，再将传感器夹在第 1 缸分高压线上，并事先擦拭飞轮或曲轴带轮上第 1 缸压缩终了上止点标记，最好用粉笔或油漆将标记涂白。发动机怠速下稳定运转，打开正时灯并对准飞轮壳或机体前端面上的固定指针。调正时灯电位器，使飞轮或曲轴传动带盘上的标记逐渐与固定指针对齐，此时表头的读数即为发动机怠速运转时的点火提前角。

　　测出的点火提前角应与规定值进行对照。测完后，注意将正时灯及时关闭。

　　图 2-13 所示为一发动机测试仪上的正时灯，它不仅能用闪光法测出发动机的点火提前角，而且能测出发动机转速、触点闭合角以及电压、电阻等参数。

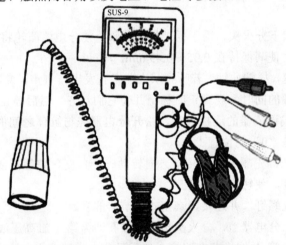

图 2-13　发动机测试仪上的正时灯

3. 用缸压法检测点火正时

　　用缸压法制成的点火正时仪，由缸压传感器、点火传感器、中间处理环节和指示装置等组成。如果仪器带有油压传感器，还可以检测柴油机供油提前角。国产 QFC-5 型和 WFJ-1 型等发动机综合测试仪，都带有缸压法检测点火（供油）正时的装置，其测量的基本原理是：采用缸压传感器找出某一缸压缩压力的最大点作为活塞上止点，同时用点火传感器（油压传感器）找出同一缸的点火（供油）时刻，两者之间的凸轮轴转角即为点火（供油）提前角，如图 2-14 所示。

　　用该仪器检测点火提前角时，应走热发动机，拆下任意一缸的火花塞，装上缸压传感器。在拆下的火花塞上插接点火传感器并接上原高压线，然后放置在机体上使之良好搭铁，启动发动机运转。由于被测缸不工作，因而缸压传感器采集的是气缸压缩压力信号，其压力最大点就是活塞压缩终了上止点。拆下的火花塞虽在缸外，但仍在跳火，其上的点火传感器可采集到点火开始信号。此时，通过按键或输入操作码，即可从指示装置得到怠速、规定转速或任意转速下的点火提前角及对应的转速。测得的点火提前角如不符合规定，应在正时仪监测情况下重新调整，直到符合要求。

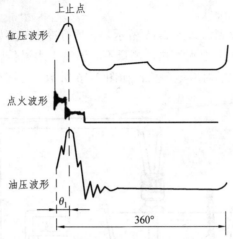

图 2-14 缸压法检测提前角的原理图

用缸压法和闪光法检测点火正时时，一般仅测得一个缸，可以认为各缸间的点火间隔是相等的，此时被测缸的点火提前角可认为是整台发动机的点火提前角。

电喷发动机点火提前角的检测：电控汽油喷射发动机是由电子控制器 ECU 控制点火系统，其点火提前角包括初始点火提前角、基本点火提前角和修正点火提前角三部分。电控汽油喷射发动机的点火提前角一般是不可调的，但需要检测，目的是当发现点火提前角不符合要求时，进一步确定是否是微处理器或传感器的存在故障。

电控汽油喷射发动机点火提前角的检测方法与传统发动机相同。

模块三 电控汽油喷射系统的检测

电子控制汽油喷射（EFI）系统是利用计算机代替传统的化油器装置控制燃油喷射。

电控系统中的各种传感器、各种开关信号以及电动汽油泵、喷油器等执行元件的性能对发动机运行的影响很大，也是故障多发的元器件。在使用和维修中经常需要对其进行检测。

一、传感器的检测

检测传感器信号是否正常可用万用表、示波器，也可用检测仪。这里主要介绍用万用表检测传感器的方法。

（一）水温传感器的检测

水温传感器安装在发动机冷却水通道上，与发动机冷却水直接接触，将发动机冷却水温度转变为电压信号传递给发动机控制单元（ECU）。

水温传感器与 ECU 之间有两条连线，一条是电压信号线，另一条是接搭铁线。水温传感器内部是一个负温度系数的热敏电阻，低温条件下传感器电阻值大，信号电压高；温度升高，传感器阻值减小，信号电压降低。

水温传感器电阻值的检测，如图 2-15 所示，在盛有冷水的容器中，放入温度计，再将水温传感器下部放入水中，逐渐把水加热，测量不同温度下水温传感器的电阻值。对应着不同的温度，水温传感器有固定的对应电阻值，如图 2-16 所示，与汽车制造商提供的电阻值进行对照，若不符合，则应更换。

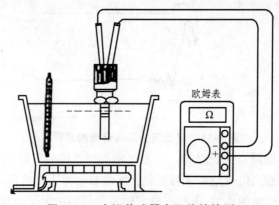

图 2-15 水温传感器电阻值的检测

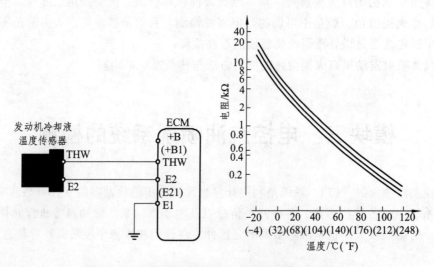

图 2-16 水温传感器的接线及特性曲线（丰田）

就车检测时，水温传感器的电阻值应与发动机温度下对应的电阻值相同。

把水温传感器装在发动机上，对应着不同的水温，在接线端（图 2-17 中的 THW 端），有对应的电压值。如丰田车 THW 与 E2 端在 80 ℃ 时的标准电压为 0.2～1.0 V。如果发动机 THW 与 E2 端子无电压（点火开关 ON），则应检查有关部件。

（二）进气温度传感器的检测

进气温度传感器也叫进气歧管空气温度传感器。有些进气温度传感器拧入进气歧管内，传感器的下端突出在进气歧管的某一个空气流道中。在某些汽车中，进气温度传感器安装在空气滤清器内，以检测这个位置的进气空气温度。进气温度传感器中也有一个负温度系数的热敏电阻，其阻值和电压降与水温传感器相近。

与检测水温传感器的方法一样，在盛有冷水的容器中检测进气温度传感器在不同温度下的电阻值，如果传感器没有显示出应有的电阻值，如图 2-17 所示，则应修理或更换。

把进气温度传感器装在发动机上，在传感器两个接线端之间用电压表测量电压降。对应任一温度，传感器都应有确定的电压降。表 2-2 是美国克莱斯勒公司提供的进气温度传感器温度与压降的对应关系。

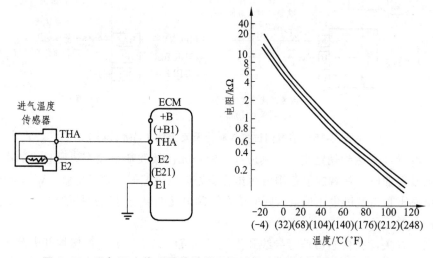

图 2-17　进气温度传感器的接线及温度与电阻的对应关系（丰田）

表 2-2　进气温度传感器温度与压降的对应关系（克莱斯勒）

温度（°C）	电压差（V）	温度（°C）	电压差（V）
-28.9	4.81	60	1.52
-17.8	4.70	71.1	1.15
-6.7	4.47	82.2	0.86
4.4	4.11	93.3	0.65
15.6	3.67	104.4	0.48
26.7	3.08	115.6	0.35
37.8	2.51	126.7	0.28
48.9	1.97		

（三）节气门位置传感器的检测

节气门位置传感器输出的模拟电压信号随节气门的开度而增大。旋转式节气门位置传感器包含一个电位器，其动臂由节气门轴带动旋转。

节气门位置传感器与控制单元之间以三根或四根导线连接。当点火开关接通时，控制单元通过其中一根导线向传感器送出一个稳定的 5 V 基准电压信号，另一根导线是传感器到控制单元的信号线，第三根是这两个器件之间的搭铁线。传感器的搭铁线一般为黑线或者带有彩色条纹的黑线。

1. 三线式节气门位置传感器检测

有故障的节气门位置传感器可能引发加速不圆滑、发动机熄火和怠速转速不当等故障。在传感器的两个接线端上连接好全套的测试仪器，如图 2-18 所示，电压读数应接近 5 V。

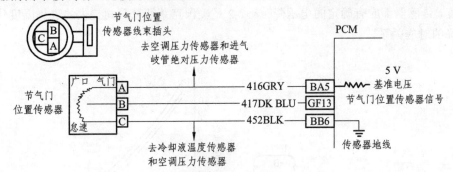

图 2-18　节气门位置传感器及其接线（GM 公司）

如果基准导线未达到规定电压，则应在控制单元的接线端上检查该段导线的电压；如果控制单元上量得的电压在规定值范围内而传感器处电压值偏低，则应检修 5 V 基准电压导线。如果控制单元上量得基准电压偏低，则应检查控制单元的供压导线和搭铁线。如果电线正常，则应检修控制单元。

接通点火开关，在传感器信号导线和搭铁线间连一只电压表。慢慢地开大节气门，观察电压表，读数应该平稳、逐渐地增大。怠速时，正常的节气门位置传感器上测出的读数应为 0.5～1 V，全开节气门应为 4～5 V。如果在节气门位置传感器上没有获得规定的读数或电压信号不稳定，应更换传感器。

测试节气门位置传感器电压信号时，可以使用指针式电压表，因为导线上电压的逐渐变化通过指针反应是十分明显的。

慢慢地开大节气门，检查节气门位置传感器电压信号，轻轻地拍一下传感器，并仔细观察电压表指针，如指针波动，则表明传感器有故障。

2. 四线式节气门位置传感器检测

有些节气门位置传感器上装有怠速开关，这个开关与控制单元连接。这类传感器的接线方式与三线传感器相同，多出的一根线接在怠速开关上，如图 2-19 所示。

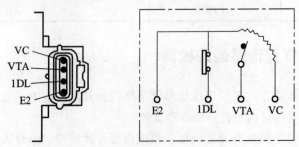

图 2-19　带怠速开关的四线式节气门位置传感器（丰田）

四线式节气门位置传感器可以用欧姆表测试，接线方法是把搭铁线和其他所有线头分别连在欧姆表的两个接线端上，如图 2-20 所示。当欧姆表被接在 VAT 和 E2 两个接线端之间时，油门必须全开。

表 2-3 是丰田公司提供的节气门位置传感器电阻值检测数据。

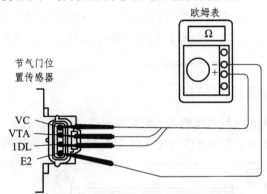

图 2-20　用欧姆表检测四线式节气门位置传感器的接线图

表 2-3　节气门位置传感器电阻值检测数据（丰田）

节气门杆与止动螺钉间的间隙	接线端	电阻值
0 mm	VTA 端-接地端（E2）	$0.28 \sim 6.4\,k\Omega$
0.35 mm	怠速端-接地端（E2）	0.5 kΩ 或更小
0.70 mm	怠速端-接地端（E2）	无穷大
节气门全开	VTA 端-接地端（E2）	$2.0 \sim 11.6\,k\Omega$
	电压端-接地端（E2）	$2.7 \sim 7.7\,k\Omega$

3. 节气门位置传感器的调整

有些车上的节气门位置传感器是可以调整的，请仔细对照汽车制造商提供的维修手册上的节气门位置传感器的调整程序。节气门位置传感器若调整不当，会使汽车怠速转速有偏差、发动机熄火或加速不圆滑。典型的节气门位置传感器的调整方法如下：

（1）在节气门位置传感器的信号线和搭铁线间接一只电压表。

（2）节气门置于怠速位置，接通点火开关，观察电压表的读数。

（3）如果节气门位置传感器不能提供规定的电压信号，松开节气门位置传感器的固定螺钉，转动传感器壳体，直到电压表上指示出规定的电压信号，如图 2-21 所示。

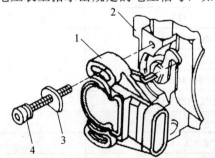

图 2-21　带调节用长孔的节气门位置传感器（GM 公司）

1—节气门位置传感器；2—节气门体组件；3—传感器固定压板；4—传感器固定螺钉

（4）将传感器固定在调好的位置上。

（四）空气流量计的检测

空气流量计安装在空气滤清器与节气门体之间，直接检测进气量。根据不同测量原理与结构，空气流量计可分为翼片式、热膜式和卡门旋涡式三种，由于测量原理与结构不同，检测的方法也不同。

1. 翼片式空气流量计的检测

翼片式空气流量计有 5 线与 7 线两种，5 线翼片式空气流量计内设油泵开关，7 线翼片式空气流量计内装有油泵开关。7 线式接线插头如图 2-22 所示，各接线端名称和作用见表 2-4。

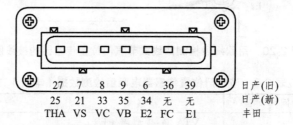

27	7	8	9	6	36	39	日产（旧）
25	21	33	35	34	无	无	日产（新）
THA	VS	VC	VB	E2	FC	E1	丰田

图 2-22 7 线翼片式空气流量计接线插头

表 2-4 7 线翼片式空气流量计各端子名称（丰田）

端子名称	THA	VS	VC	VB	E2	FC	E1
作用	信号	基准电压	电源电压	接地	油泵开关	接地	

翼片式空气流量计根据信号变化情况有两种类型，一种随进气量增大而信号电压升高，另一种随进气量增大而信号下降。

下面以丰田翼片式空气流量计为例介绍检测方法。

拔下空气流量计插头，用万用表电阻挡测量各端子之间的电阻值，应符合表 2-5 的电阻值。用万用表直流电压挡测量各端子之间的电压值，应符合表 2-6。

表 2-5 翼片式空气流量计各端子间的电阻值（丰田）

端子	电阻值	条件	温度
FC-E1	∞	测量翼片全关闭	
	0 Ω	测量翼片非全关闭	
VS-E2	200～600 Ω	测量翼片全关闭	
	20～200 Ω	测量翼片从全关到全开	
VC-E2	200～400 Ω		
THA-E2	10k～20 kΩ		−20 ℃
	4～7 kΩ		0 ℃
	2～3 kΩ		20 ℃
	0.9～1.3 kΩ		40 ℃
	0.4～0.7 kΩ		60 ℃

表 2-6　翼片式空气流量计标准信号电压值

端子	电压值	条件	
FC-E1	12 V	测量翼片全关闭	
	0V	测量翼片非全关闭	
VS-E2	3.7~4.3 V	点火开关 "ON"	测量翼片全关闭
	0.2~0.5 V		测量翼片全开
	2.3~2.8 V	急速	
	0.3~1.0 V	3 000 r/min	
VC-E2	4~6 V	点火开关 "ON"	

2. 热膜式空气流量计的检测

热膜式空气流量计制造成本低，寿命长，使用较为广泛。桑塔纳时代超人、SGM 别克等车均使用这种空气流量计。

桑塔纳时代超人轿车热膜式空气流量计电路如图 2-23 所示。ECU（J220）上的端子 11 为电源线（+5 V），端子 12 为信号负极线，端子 13 为信号正极线。

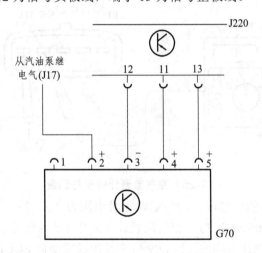

图 2-23　桑塔纳时代超人热膜式空气流量计电路

因热膜式空气流量计的信号是频率型的，所以用万用表检测输出信号时，应选择频率挡（Hz）。以桑塔纳时代超人为例，热膜式空气流量计故障检测步骤为：

（1）检查附加熔断器（30 A）是否良好，然后用发光二极管试灯连接流量计端子 2 和搭铁点，启动发动机，检查试灯是否点亮。

（2）若试灯不亮，应检查熔断器至空气流量计端子 2 之间的线路是否良好，若正常，应检查燃油泵继电器。

（3）若试灯亮，则检查流量计端子 4 在点火开关打开时有无 5 V 电压。若没有 5 V 电压，则检查流量计至 ECU 之间的线路是否正常，若线路正常，则为发动机 ECU 有故障；若有 5 V 电压，则为空气流量计有故障，应予以更换。

3. 卡门旋涡式空气流量计的检测

卡门旋涡式空气流量计用于丰田凌志 LS400、三菱、现代等轿车上。凌志 LS400 的卡门旋涡式空气流量计电路如图 2-24 所示。

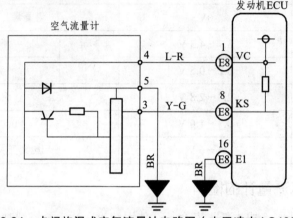

图 2-24　卡门旋涡式空气流量计电路图（丰田凌志 LS400）

用万用表欧姆挡测量 THA 和 E2 之间的电阻，如图 2-25 所示。0 ℃ 时约为 4～7 kΩ，20 ℃ 时约为 2～3 kΩ，60 ℃ 时约为 0.4～0.7 kΩ。

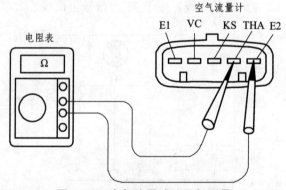

图 2-25　空气流量计端子与测量

检查进气温度传感器的信号电压，20 ℃ 时信号电压为 2.5～3.4 V；60 ℃ 时为 0.2～1.0 V。

当发动机转速高于 300 r/min 时，空气流量计 5 s 没有输入信号，发动机就失速，故障部位可能是 ECU 与空气流量计之间的线路、空气流量计或发动机 ECU，可按以下步骤检查：

（1）打开点火开关，发动机不启动，测量流量计端子 KS 和 E2 之间的电压应为 4.5～5.5 V。发动机运转时，输出电压应为 2～4 V（脉冲电压信号）。进气量越大，电压越高。若输出电压正常，则应检查或更换 ECU；如不正常，则转下一步。

（2）检查流量计至 ECU 之间的线路是否正常。

（3）拔开流量计连接器插头，测量端子 VC 和 E2 之间的电压，应为 4.5～5.5V。若不正常，则应检查或更换 ECU；若正常，则应更换空气流量计。

（五）进气歧管绝对压力传感器的检测

进气歧管绝对压力传感器种类很多，其中，电容式和半导体压敏电阻式进气压力传感器在当今发动机电子控制系统中的应用较为广泛。压敏电阻式进气压力传感器的信号是电压型的，电容式进气压力传感器的信号是频率型的。

进气压力传感器都是 3 线的，一根电源线，一根信号线，一根接搭铁线。拔开进气压力传感器的插头，接通点火开关，电源线的开路电压约+5 V。用万用表检测时，因信号类型不同，应选用不同的挡位，电压信号选用直流电压挡，频率信号选用频率挡。

丰田车进气压力传感器电路图如图 2-26 所示，它输出的是电压信号。

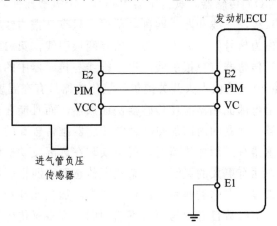

图 2-26　进气压力传感器电路（丰田）

用万用表检测的方法如下：

接通点火开关，端子 VC 和 E2 间的电压应当是 4.5～5.5 V。ECU 端子 PIM 与 E2 之间的信号电压应当是 3.3～3.9 V，发动机怠速时信号电压约 1.5 V 左右，随着节气门开度的增加，信号电压应上升，真空度与电压信号关系应符合图 2-27 所示的关系。

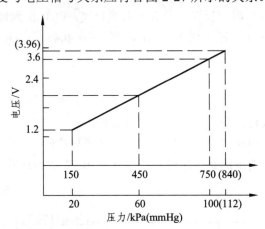

图 2-27　真空度与信号电压关系（丰田）

拆下进气歧管处的真空软管，并接在真空枪上，接通点火开关，用真空枪对传感器施以 13.3～66.7 kPa 的负压，端子 PIM 与 E2 间的信号电压应符合表 2-7 的标准值。

表 2-7　不同真空度下的标准进气压力传感器信号

真空度（kPa）	13.3	26.7	40.0	53.5	66.7
信号电压（V）	0.3～0.5	0.7～0.9	1.1～1.3	1.5～1.7	1.9～2.2

（六）氧传感器的检测

氧传感器根据空燃比和排气流中的含氧量向控制单元输送一个模拟电压信号。浓的混合气使氧传感器产生高电压，稀的混合气使氧传感器产生低电压。氧传感器用螺纹拧在排气歧管或接近发动机的排气支管中。某些制造厂把这种传感器分别称为排气含氧（EGO）传感器，或加热型排气含氧（HEGO）传感器。氧传感器中心有一个氧敏元件，它被钢制外壳包围着。

氧传感器有单线、双线、三线和四线四种。单线式只有一根引线，把氧敏元件连接到控制单元上，这根引线就作为信号线。如果氧传感器有两根引线，第二根引线就是搭铁线，也与控制单元相连。许多氧传感器有三根引线，第三根线与传感器中的电热元件相连，点火开关接通时，加热元件上的电压就由点火开关提供。氧传感器只有在温度达到315 ℃时才能产生令人满意的信号，采用内部加热器能使传感器快速预热，而且能在长时间的怠速运行时保持较高的传感器温度。氧传感器的内部加热器使氧传感器维持较高的温度，有助于烧掉传感器上的沉积物。当氧传感器有内部加热器时，就可安装在远离发动机的排气流中，而这也使设计者在传感器的位置方面有更大的灵活性。某些氧传感器有四根引线：一根信号线，一根加热器线，还有两根搭铁线。在这类四引线的传感器中，加热元件和敏感元件都有各自的搭铁线。更换氧传感器时其引线数目必须与原传感器相同。许多氧传感器中的氧敏元件由二氧化锆制成，但也有用二氧化钛的。

1. 氧化锆式氧传感器的检测

氧化锆式氧传感器的信号电压范围是 0.1～0.9 V。信号电压小于 0.45 V 时，氧传感器反馈给 ECU 的是混合气稀信号，ECU 接到此信号将增加喷油器的喷油脉宽来补偿混合气过稀的状况；信号电压大于 0.45 V 时，反馈信号表示浓混合气，ECU 接到此信号将减少喷油器的喷油脉宽来改变混合气过浓的状况。所以氧传感器信号应在 0.45 V 上下变动，变动率一般每 10 s 四次以上。

（1）由电压信号检测。

在测试氧传感器之前，发动机必须处在正常的工作温度范围内。必须用数字式电压表测试氧传感器，如果使用其他类型的电压表，可能损坏传感器。

测试时，将一数字式电压表连在氧传感器的信号线与接地端之间，如图 2-28 所示。当发动机怠速且温度正常时，典型的氧传感器电压从 0.3～0.8V 周期地变化。

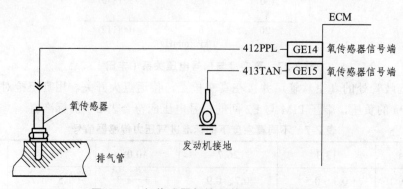

图 2-28　氧传感器与控制单元之间的连线

若电压读数过高，则可能是混合气过浓，或是传感器被污染。氧传感器可能被室温硅密封胶或防冻剂污染，也可能被含铅汽油中的铅污染。

若电压读数过低，则可能是混合气过稀，或是传感器故障，或是传感器与控制单元之间导线电阻过大等原因。

如果电压信号保持为一个中间值，可能是控制单元回路不通或传感器损坏。

把氧传感器从发动机上拆下，将氧传感器的敏感元件放到丙烷焊枪的火焰上加热。丙烷火焰可以使敏感元件与氧气隔离，这样将导致传感器产生电压。传感器的敏感元件处在火焰中时，输出电压应该接近 1 V，而把敏感元件从火焰中拿出时，输出电压应立刻降至 0 V。如果传感器输出电压没有按上述变化，应予更换。

（2）由氧传感器导线诊断。

如果怀疑氧传感信号线有故障，在发动机处于怠速时，在控制单元和传感器两处用探针刺破导线测量电压。传感器和控制单元两处电压差不应超出汽车制造厂家给的规定值。这两者间的标准平均压差为 0.2 V。

超过 0.2 V 时，应修理接搭铁线或传感器在排气管处的接搭铁线。

（3）由氧传感器上的加热器诊断。

如果氧传感器上的加热器不工作，传感器的预热时间就要延长，控制单元处在开环状态的时间也延长，控制单元将误传出一个浓混合气指令。拆下传感器接线器，在加热器供电导线和搭铁线之间接上数字式电压表。在点火开关接通时，这段导线间应为 12 V 电压，如果电压不足 12 V，则应检查电源线或熔断器。

拆下传感器，在加热器的接线端上连一只欧姆表，如图 2-29 所示，如果加热器没有正常的电阻值，则应更换传感器。

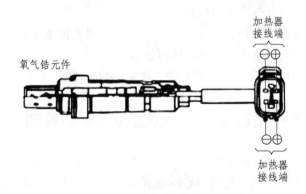

图 2-29 氧传感器上的加热器接线端

2. 氧化钛式氧传感器

某些汽车现在装备二氧化钛型氧传感器。二氧化钛型传感器中包含一个可变电阻，可变电阻根据周围的空燃比变化而改变电阻值，以变换电压的方式工作，控制单元读取电阻两端的电压降；而二氧化锆型传感器则以产生电压的方式工作。控制单元把蓄电池的电压供给二氧化钛传感器，不过，这个电压值被电路中的一个电阻器降低了。随着空燃比周期性地浓稀变化，二氧化钛的阻值相应地变化。空燃比浓时，二氧化钛的阻值低，向控制单元提供一个较高的电压信号；空燃比稀时，二氧化钛的阻值高，输到控制单元的电压就低，如图 2-30 所示。

发动机冷启动之后，二氧化钛型氧传感器几乎能立即提供令人满意的信号，这就能在发动机暖车期间提供较好的空燃比控制。

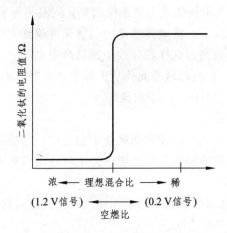

图 2-30　二氧化钛型氧传感器的阻值与电压信号

3. 氧传感器使用与检测的注意事项

（1）使用某些室温硫化密封剂会污染氧传感器，应使用汽车制造厂家推荐的室温硫化密封剂。

（2）如果含铅汽油用于装有氧传感器的发动机中，氧传感器上很快就会出现铅沉积层，这样，传感器信号就不会令人满意，很可能要更换传感器，所以应使用无铅汽油。

（3）冷却液漏进燃烧室会污染氧传感器。

（4）测试氧传感器必须使用数字电压表。一定不要用模拟电压表检查氧传感器的电压，因为这类仪表会吸收较大的电流，以至损坏传感器。

（5）在安装之前，传感器的螺纹表面应涂上防黏结剂，否则，下次要拆除传感器会很困难。

（七）曲轴位置传感器和凸轮轴位置传感器的检测

曲轴位置传感器用于检测曲轴转角信号（转速信号），是电控系统点火和燃油喷射的主控制信号；凸轮轴位置传感器用于检测凸轮轴位置信号，是点火主控制信号。当发动机无法启动、怠速不稳或加速不良时，应检测曲轴位置传感器和凸轮轴位置传感器。曲轴位置传感器安装位置一般在分电器内、曲轴皮带轮后或飞轮旁。凸轮轴位置传感器一般安装在分电器内或凸轮轴前端。目前使用的曲轴位置传感器和凸轮轴位置传感器大都是磁感应式和霍尔效应式两种，光电式目前应用较少。

1. 磁感应式传感器的检测

桑塔纳时代超人、SGM 别克（7X）和丰田皇冠、凌志等车的曲轴位置传感器均采用磁感应传感器。图 2-31 所示为丰田汽车磁感应式曲轴和凸轮轴位置传感器线路图。

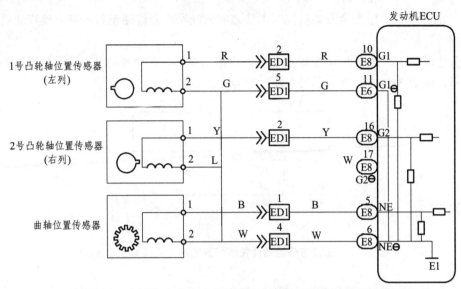

图 2-31 丰田汽车磁感应式曲轴和凸轮轴位置传感器线路图

检测磁感应式传感器是否良好，应检查磁感应线圈阻值与交流信号电压。线圈阻值应符合厂家规定，见表 2-8。

表 2-8 磁感应线圈阻值

车型	曲轴位置传感器（Ω）	凸轮轴位置传感器（Ω）
丰田皇冠 3.0	155～240（冷机）	155～190（冷机）
丰田凌志 LS400	835～1 400（冷机） 1 060～1 645（热机）	835～1 400（冷机） 1 060～1 645（热机）
SGM 别克	500～1 500	
桑塔纳时代超人	480～1 000	

磁感应线圈良好时，信号电压不一定良好，所以还应检测交流信号电压，交流信号电压随信号转子转速的增加而增大。用万用表检测磁感应传感器信号，万用表挡位应置于交流电压 20 V 挡，脱开磁感应传感器的连接器，用万用表两根表棒接触传感器的两个端子，启动时观察有无交流电压信号。丰田（四缸）分电器内的曲轴位置传感器（NE）信号在怠速时约 0.77 V，2 000 r/min 时约 1.3 V，凸轮轴位置传感器（G）信号在怠速时约 0.45 V，2 000 r/min 时约 1 V。当分电器从发动机上拆下，用手快速转动分电器轴，也能测试信号电压，NE 信号约为 0.08 V，G 信号约为 0.04 V。

2. 霍尔效应式传感器的检测

霍尔效应传感器信号是频率调制信号，其波形是方波，所以可用直流电压挡检测平均电压，以判别霍尔传感器有无信号输出。

桑塔纳时代超人车的凸轮位置传感器，SGM 别克车的曲轴位置传感器（24X）、凸轮轴位置传感器均采用霍尔效应传感器。克莱斯勒 2.5 L 发动机上的曲轴位置传感器（CKP）与凸轮轴位置传感器（CMP）也是采用霍尔效应式传感器，其电路如图 2-32 所示，检测方法如下：

脱开传感器插头，打开点火开关，检查插头上电源端子与搭铁之间的电压，应为 8 V。若无电压，则应检查传感器至发动机控制电脑之间的线路，若线路正常，则应检查或更换发动机电脑。

插头电源端子与搭铁间有 8 V 电压时，将插头插回，启动发动机，测量传感器输出端子信号电压，应为 3～6 V，如无信号电压，则为传感器故障。

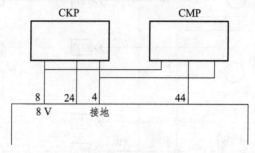

图 2-32   曲轴与凸轮轴位置传感器电路（克莱斯勒 2.5 L）

（八）爆震传感器的检测

爆震传感器安装在发动机体、气缸盖或进气歧管上。为了更好地控制爆燃，许多发动机上安装有两个爆震传感器。

发动机爆燃时，缸体和缸盖会产生振动，爆震传感器内有一个压电敏感元件，它把这种振动变成电压信号，输送给 ECU。ECU 收到这一信号后，就会减小点火提前角以消除爆燃。

发动机爆震传感器的线路如图 2-33 所示（GM 公司）。诊断发动机爆震传感器的典型步骤如下：

（1）拆下爆震传感器的导线接线器，接通发动机点火开关。

（2）在拆下的两条导线之间用电压表测量，电压值应在 4～6 V。如果电压值不在这个范围内，可测量 ECU 端的导线电压值，如果这端电压值符合要求，则需换导线。如果这端的电压值也不符合要求，则 ECU 有故障。

（3）在爆震传感器与搭铁线之间用欧姆表测量，传感器应有 3 300 Ω～4 500 Ω 的电阻。如果不符，则需更换传感器。

（4）可用一个与发动机相连的正时信号灯来对爆震传感器进行快速检查。发动机转速设定在 2 000 r/min，观察正时信号。用一小锤在靠近爆震传感器的位置上轻敲，如果传感器工作正常，则点火提前角将有所减小。

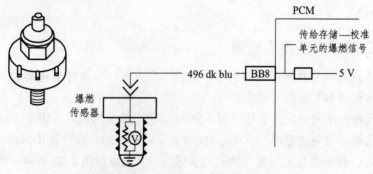

图 2-33   发动机爆震传感器线路图（GM）

发动机爆震传感器检测时，应注意以下几点：

（1）爆震传感器固定力矩过大，可能使它过于灵敏，将导致点火提前角过小；固定力矩过小，传感器灵敏度下降，将导致点火提前角过大，易使发动机产生爆燃。所以必须按规定的力矩安装爆震传感器。

（2）在许多发动机上，拆下爆震传感器之前，必须先把冷却液放尽。

（九）车速传感器的检测

车速传感器向 ECU 提供一个与车速有关的电压信号，ECU 通过这个信号来控制发动机怠速和减速的空燃比，并用于控制自动变速器变矩器的锁止、自动变速器的换挡、发动机冷却风扇的开闭和巡航定速等。

当车速传感器有故障时，会引发离合器锁死、行驶时汽车不能正常换挡、测速表不准确等。

检测车速传感器之前，应先把汽车升起，使驱动轮能自由转动；刺破传感器上的黄色导线，在传感器的信号线和搭铁线之间连上一个电压表；启动发动机，如图 2-34 所示。让变速器处于驱动状态，使驱动轮转动。如果车速传感器的电压信号不大于 0.5 V，则需更换传感器。如果传感器提供的电压符合要求，在 PCM 的 GD14 引脚处测量电压，如果电压大于 0.5 V，那么问题可能出在 PCM 上。

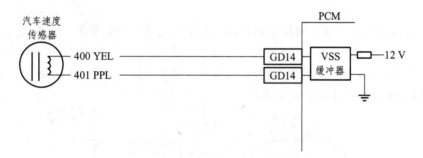

图 2-34　车速传感器接线图（GM 公司）

当在这个引脚上测得的电压低于 0.5 V 时，关断点火开关，拆下传感器 400 引脚与 PCM 间导线，在这之间接一只欧姆表，表的读数应为 0；在 401 与 GD13 之间的导线上测量，电阻也应为 0，否则应更换导线。

二、开关信号检测

电控发动机控制系统开关信号有启动信号、空调需求信号、挡位开关和驻车/空挡开关信号、离合器开关信号、制动开关信号和动力转向开关信号等。这些信号都是开关量，这些开关量类型有接地型开关和正极型开关两种。接地型开关平时开关断开，发动机 ECU 测得信号电压为 5 V，接通时发动机控制电脑测得的信号电压为 0 V，如图 2-35（a）所示。正极型开关断开时发动机 ECU 测得 0 V 信号，接通时测得 12 V 信号，如图 2-35（b）所示。例如，制动开关就属于正极型开关，其作用是使 ECU 获得制动信号，以控制自动变速器中变矩器松开，并使发动机缓慢降速以免熄火。

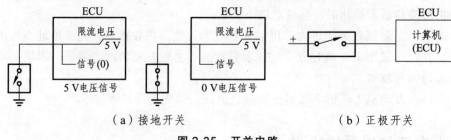

（a）接地开关　　　　　　　　　　　　　　（b）正极开关

图 2-35　开关电路

（一）启动信号的检测

发动机启动时，进气流动缓慢，燃油蒸发差，为获得良好的启动性能，需要提供较浓的混合气。启动时，由启动开关向发动机 ECU 提供一个 12 V 的启动信号，作为喷油量和点火提前角的修正信号。

图 2-36 所示为丰田 5S-FE 发动机的启动电路。启动时，STA 端子与 E1 端子的电压应为 6～14 V，若无电压，可按以下步骤检测：

（1）检查启动机工作状况。

（2）若启动机工作正常，则检查发动机 ECU 的 E1 接地是否良好；若接地良好，则为 ECU 有故障。

（3）若启动机不能启动，则检查熔断器、蓄电池电路、点火开关、空挡启动开关和启动继电器是否正常。若都正常，则检查启动机 50 端子的电压，启动时应为 6～14 V。若电压正常，则应检查启动机；若不正常，则应检查蓄电池至启动机继电器之间线路、启动机继电器至启动机 50 端子之间的线路是否正常。

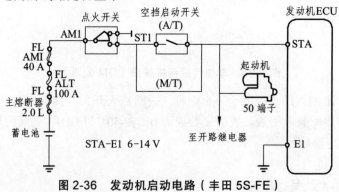

图 2-36　发动机启动电路（丰田 5S-FE）

（二）驻车/空挡开关的检测

驻车/空挡开关又称作空挡启动开关、停车/空挡开关或 P/N 开关，一般安装在自动变速器旁。驻车/空挡开关由自动变速器操纵杆控制，自动变速器在"停车（P）"或"空挡（N）"位置时，开关处在接通状态，此时向 ECU 输送一个低于 1 V 的电压信号。而当自动变速器在"驱动（D，L，…）"或"倒挡（R）"位置时，开关处在断开状态，此时向 ECU 输送一个高于 5 V 的信号。开关将自动变速操纵杆位置信号告诉 ECU，ECU 用这个信号控制怠速转速。

有故障的停车/空挡开关可能会导致空挡速度偏移及启动电路故障等后果。一定要按照汽车制造商提供的维修手册上的测试程序测试。把停车/空挡开关的插头拔下，并在 B 搭铁线之间连上一只欧姆表，如图 2-37 所示。如果欧姆表读数大于 0.5 Ω，就要修理搭铁线。

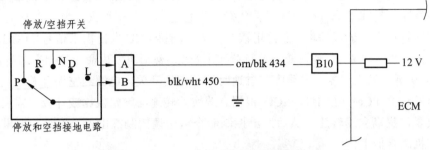

图 2-37　停车/空挡开关电路图（GM 公司）

把线束插头与开关相连，在开关的接线端 A 和搭铁线间连一个电压表。接通点火开关，变换变速杆的位置，除空挡外，在所有的位置上，电压表读数都应是 5 V 以上。

如果电压表没有显示标准电压的读数，则应在 PCM 的 B10 引脚和搭铁线间连一只电压表。如果这时电压表的指示超出标准值，则应检查 PCM 到停车/空挡开关之间的导线，如果这时仍然没有标准读数显示，则应修理 PCM。

把变速杆放在空挡位置，电压表读数应该小于 0.5 V。如果这时显示读数大于 0.5 V，则需更换停车/空挡开关。

（三）动力转向开关的检测

动力转向开关用于监测动力转向液压系统的压力，如图 2-38 所示。

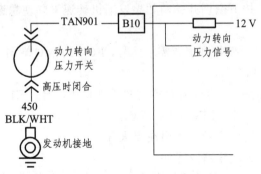

图 2-38　动力转向压力开关电路

汽车低速或怠速运行时，动力转向系统的压力可能比较高，动力转向泵所增加的负荷可能使发动机转速下降甚至熄火。当低速或怠速时转动转向盘，达到校准压力时，动力转向压力开关闭合，发动机 ECU 接收到 12 V 的电压信号，立即增加怠速空气量，将发动机转速加以提高。

检测动力转向压力开关信号是否良好的步骤如下：

拆下动力转向压力开关插头，接通点火开关，检测线束端电源端子电压是否为 12 V。若不是 12 V，则检查动力转向开关至发动机 ECU 之间的线路是否正常，若正常，则检查或更换 ECU；若是 12 V，则检查线束端搭铁端子是否良好，若良好，则应检查或更换动力转向开关。

（四）空调需求信号的检测

当按下空调开关（A/C）时，空调系统开启，空调压缩机的启动会给发动机带来骤然的负荷，从而使发动机转速下降，在怠速时会使发动机怠速不稳甚至熄火。为防止发生这种情况，空调开关不直接控制空调压缩机，而是用该开关向发动机 ECU 发出需求信号，ECU 根据接收的信号首先提高怠速转速，以便对额外的负荷作出补偿，然后再发出命令控制空调离合器工作。

在图 2-39 所示的空调控制电路中，怠速时按下空调开关，电源经空调开关、高压开关、低压开关至发动机 PCM（ECU），ECU 根据怠速实际转速与设定值比较计算，需要时首先增加怠速空气量，提高怠速转速，然后发出控制命令给空调控制继电器，空调控制继电器再控制空调压缩机离合器工作。

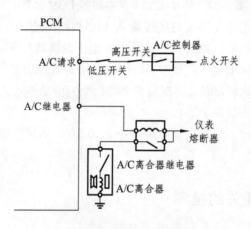

图 2-39　空调控制电路

发动机怠速运转时，按下空调开关，如果发动机转速下降使怠速不稳甚至熄火，可按以下步骤进行检测：

（1）首先检查 ECU 是否接收到空调需求信号，ECU 的 A/C 端与 E1（图 2-37 中 STA 端与 E1）之间的电压应为 8～14 V。

（2）如果电压符合要求，则检查 A/C 端与接地间电压，检查 E1 与接搭铁线路情况，如果良好，则为 ECU 有故障，应换用 ECU。

（3）如果电压不符合要求，则故障出在点火开关到 A/C 端，应逐项检查各段线路及元件。

（五）制动开关信号

在制动时，由制动开关向发动机 ECU 提供制动信号，作为对喷油量、点火提前角、自动变速器等的控制修正信号。丰田制动开关电路如图 2-40 所示，制动时，电源经制动灯熔断器、制动灯开关，至发动机 ECU 的 STP 端子，提供制动信号，同时经制动灯再搭铁，点亮制动灯。

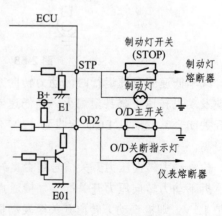

图 2-40　制动开关电路

检测制动开关信号后，当踩下制动踏板时，发动机 ECU 的 STP 端子应有 12 V 的电压。

三、燃油供给系的检测与诊断

（一）燃油压力的检测

在燃油喷射发动机中，燃油泵提供一定压力的燃油。燃油泵及其控制电路的故障将直接影响发动机的工作性能，该部分的故障在电控发动机故障中占据了较大的比例，因此对燃油泵及控制电路检测是十分重要的。

电控燃油喷射分为单点喷射和多点喷射，现在大部分汽车都采用多点喷射。不同的喷射类型、不同车系、不同排量的汽车，其燃油压力是不同的，表 2-9 列举了几款汽车的燃油压力值。

表 2-9　几款汽车燃油压力值

车型	排量	喷射类型	系统油压（接真空管）	残压
桑塔纳时代超人	1.8 L	多点喷射	约 300 kPa	大于 150 kPa（停车 10 min 后）
奥迪 A6	1.8 L	多点喷射	约 350 kPa	大于 250 kPa（停车 10 min 后）
SGM 别克	3.0 L	多点喷射	284～325 kPa	大于 33 kPa（停车 10 min 后）
切诺基	2.5 L	多点喷射	196 kPa（怠速）268 kPa（静态）	大于 100 kPa（停车 10 min 后）
本田	2.0 L、2.2 L	多点喷射	（285±20）kPa（怠速）	150 kPa（停车 10 min 后）

油压检测包括系统油压检测和熄火后系统残余压力检测。

1. 系统油压检测

多点式燃油喷射系统如图 2-41 所示，大多数汽车的燃油导管上都有油压测试口，用于安装油压表。系统油压的检测方法如下：

（1）释放油压。发动机熄火，拉紧驻车制动器，将变速器置于 P 挡或 N 挡；打开油箱加油盖，释放油箱压力；断开燃油泵电源，启动发动机几次（或 3 s），卸除油管内残余压力。

（2）有油压测试口的，可将油压表直接接在油压测试口上，没有油压测试口的可断开进油管，将三通油压表串接在系统管路中。

（3）接上燃油泵电源，打开点火开关（发动机不发动）即可测量静态油压，启动发动机即可测量怠速油压。

常见系统油压故障有油压过高和油压过低，油压过高将使混合气过浓，油压过低将使混合气过稀。

油压过高的原因是油压调节器故障或回油管堵塞，应对油压调节器和回油管进行检测，对诊检修或更换。

油压过低的原因可能是：油箱中燃油少、油泵滤网堵塞、油泵故障、油泵出油管松动泄漏、汽油滤清器堵塞或油压调节器故障。应逐一检查，对诊检修或更换。

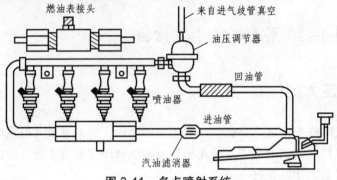

图 2-41　多点喷射系统

2. 系统残余压力检测

发动机停熄后，系统管路中应保持一定的残余油压，便于再次启动，如果残余油压很低或等于零，将造成发动困难或不能发动的故障。发动机停止运转后（一般 5～10 min），观察油压读数，应符合规定。

系统残压过低的原因可能是：燃油泵单向阀关闭不严；油压调节器阀门关闭不严；喷油器漏油或燃油系统管路漏油。应逐一检查，排除故障。

（二）燃油泵及控制电路的检测

燃油泵及其控制电路的故障将直接影响发动机的工作性能，因此对燃油泵及其控制电路的检测是十分必要的。

燃油泵的控制电路因车型不同而异，有"油泵开关控制型"、"油泵 ECU 控制型"、"电阻器式"、"燃油泵驱动模块式"等。在诊断故障之前一定要分清楚燃油泵控制电路的类型。控制的类型虽然不同，但诊断的基本方法和思路大同小异。

图 2-42 所示为丰田公司"断路继电器"控制的燃油泵电路。断路继电器内有两个线圈，一个线圈接在启动机继电器触点与搭铁线之间，另一个线圈接在蓄电池正极和动力控制模块（PCM）之间。当发动机启动时，启动机继电器触点闭合，电流从启动机继电器触点经断电器一个线圈到地，此电流将继电器触点闭合，燃油泵通电工作。另外，当点火开关接通时，PCM给继电器的另一个线圈供电，使断电器触点闭合，在发动机运行时，燃油泵始终工作。

燃油泵不工作或工作不正常时，检查步骤如下：

（1）跨接线短接数据连接器 1 上 FP 和 +B 端子，打开点火开关（发动机不启动）。打开油箱盖，仔细听有无燃油泵运转的声音，或用手触摸油管，看有无油压脉动。

（2）若听不到燃油泵运转声音或感觉不到油压脉动，说明燃油泵没有工作，应拆下跨接线。检查电源电压、主熔断器、EFI 熔断器、EFI 主继电器是否正常，电路、连接器有无断路或短路，若正常，则应拆检燃油泵。

（3）若燃油泵运转，说明燃油泵继电器、PCM 及导线、连接器等不良，应分别进行检查。PCM 的检查：测量各端子的电压，应符合厂家的要求，否则应更换。燃油泵继电器检查：拔下燃油泵继电器，测量各端子之间的电阻以检查通断情况。

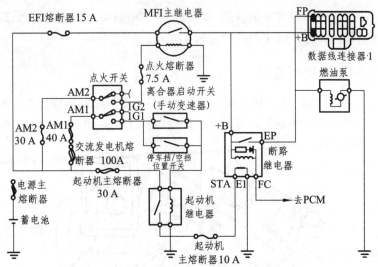

图 2-42 断路继电器控制的燃油泵电路（丰田）

如果线路连接正常，而燃油泵就是不工作，则应从车上拆下燃油泵，对燃油泵单独进行检查。首先检查燃油泵电机线圈电阻，测量燃油泵连接器两端子之间的电阻值（注意测试时间不可过长，以免烧坏线圈），一般为 0.5～3 Ω。如果电阻值不符，说明电机线圈有短路、断路或碳刷接触不良的故障，应更换燃油泵。

当确认燃油泵线圈电阻没有问题后，可将燃油泵直接接在蓄电池上进行运转试验。如果燃油泵不能转动或转动缓慢、转速不匀，说明燃油泵有故障，应予更换。注意，在运转试验时，通电时间不可超过 10 s，防止在没有燃油对油泵电机进行润滑的情况下，长时间运转造成油泵电机的过热损坏。

（三）喷油器的检测

喷油器的性能对发动机工作影响很大，喷油器的故障可能导致发动机运转不良，甚至熄火。喷油器的检测是电喷发动机检测中的重要内容。

1. 检查喷油器的工作情况

发动机怠速运行时，用手接触喷油器，应有振动感，如图 2-43 所示，或用听诊器（可用

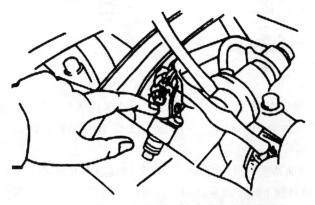

图 2-43 用手指感觉检查喷油器的工作情况

旋具代替）搭在喷油器上，应听到清脆的"嗒嗒"声（电磁阀开、关声）。如用手摸无振动感或听不到电磁阀动作的声音，则说明该喷油器不工作。

2. 检测喷油器线圈的电阻

断开点火开关，拔下喷油器的插头，用万用表电阻挡测量喷油器线圈的电阻值，如图 2-44 所示。喷油器按阻值可分为低阻和高阻两种，低阻 2～3 Ω，高阻 13～18 Ω。检测时，应对照相关标准。

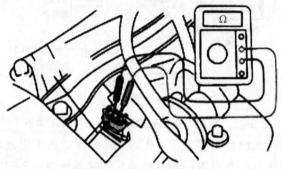

图 2-44　检查喷油器电阻

3. 喷油质量检测

喷油器的喷油质量可按以下三种方法进行检测：

方法一（以丰田车为例）：

断开点火开关，拆下蓄电池搭铁线；将进油管与分油管拆开，装上丰田专用的软管连接头和检查用的软管，连接头和油管旋紧；把喷油器、压力调节器和油管用连接头和连接卡夹连接好，如图 2-45 所示；将喷油器喷口置于量筒中，用连接线把连接插头中+B 与 FP 端子连接起来，重新装上蓄电池搭铁线。

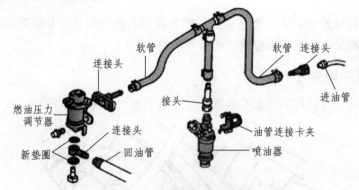

图 2-45　安装喷油器测试件

如图 2-46 所示，接通电源 15 s，检查喷油器喷油雾化情况，用量筒测出喷油量。每个喷油器测 2～3 次，标准喷油量 70 cm³/15 s～80 cm³/15 s，各喷油器允许误差 9 cm³，喷油状况的检测如图 2-47 所示。

停止喷油后检查喷油器喷口处有无漏油，每分钟漏油不允许多于一滴。

方法二：将各喷油器拆下全部放置在超声波喷油器清洗机上，直接观察喷油状况和喷油量。

方法三：有的气动式或电动式燃油喷射清洗机有专门检测单个喷油器喷油情况的油管、接头或喷油脉冲发生器。将单个喷油器安装在清洗机的出油管上，喷油器插座上接上喷油脉冲发生器的控制线插头，调节清洗机输出油压，观察喷油状况和是否有漏油。

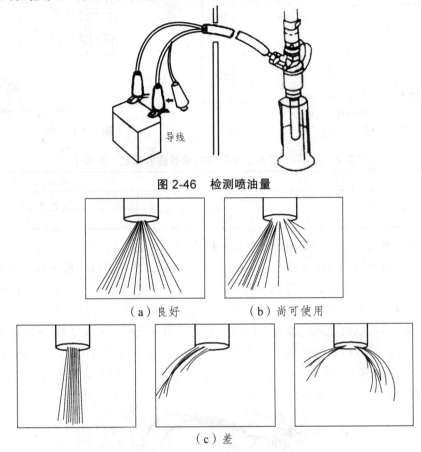

图 2-46　检测喷油量

（a）良好　　　　　　　　（b）尚可使用

（c）差

图 2-47　喷油器喷油状况

4. 喷油控制信号的检查

脱开喷油器连接器，接通点火开关，检查连接器线束端电源线的电压，应为蓄电池电压。若无电压，应检查点火开关至喷油器电源线之间的线路是否正常。

将一个 330 Ω 电阻串联一个发光二极管作试灯。断开点火开关，拔出喷油器电线插头，在线束插头上接上发光二极管试灯。发动机运行时观察发光二极管，信号正常时发光二极管闪烁。如不闪烁说明没有喷油脉冲控制信号，应检查喷油器至 ECU 的线路、传感器及 ECU。

（四）冷启动喷油器及控制电路的检测

冷启动喷油器在丰田车、尼桑车及 K 型奥迪 5 缸等车上得到使用，20 世纪 90 年代的欧美电控车一般没有冷启动喷油器。丰田车的冷启动喷油器控制电路如图 2-48 所示。

冷启动时（低于 30 ℃），冷启动喷油器喷油，热启动时（高于 40 ℃）不喷油，连续启动不喷油，不同车的温度控制略有不同。

冷启动喷油器是由一个热控正时开关控制的，其检测的方法是：拆下冷启动喷油器热控正时开关，测量不同温度下的电阻值，如图 2-49 所示，应符合表 2-10 所列要求。

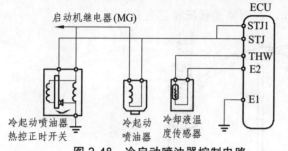

图 2-48　冷启动喷油器控制电路

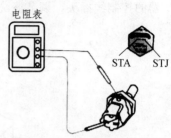

图 2-49　热控正时开关检测

表 2-10　不同温度下冷启动喷油器的电阻值（丰田）

端子	电阻 Ω	冷却温度 °C
STA-STJ	20～40	低于 30
	40～60	高于 40

冷启动喷油器的检查包括漏油和喷油状况检查。

冷启动喷油器线圈的电阻值应为 2～4 Ω，如不合格，应予更换。拆下冷启动喷油器，放置在容器中，连接检查连接器上的 FP 和+B 端子，冷启动喷油器每分钟漏油应不多于 1 滴。

冷启动喷油器在冷启动时不喷油会造成冷车难启动的故障。冷启动喷油器在热启动时喷油，会造成热车难启动的故障。检查冷启动喷油器喷油状况时，如图 2-50 所示。冷启动喷油器热启动时喷油，其故障原因是 STJ 导线搭铁或正时开关内触点常闭。冷启动喷油器在冷启动时不喷油，其故障原因是冷启动喷油器故障、冷启动喷油器 STA 端子在启动时无电源、STJ 端子导线断路或正时开关内触点常开不能闭合。

图 2-50　检查冷启动喷油器喷油情况

（五）油压调节器的检测

油压调节器一般安装在分油管的末端。油压调节器的作用是调节燃油供给系统油压，保持喷油器内与进气歧管内的压力差为一个恒定值。

燃油系统油压过高、过低、不稳或残压保持不住都与油压调节器有关。判断油压调节器是否良好可用如下方法：

当系统油压过高时，首先对系统卸压，拆下油压调节器上的回油管，套上准许的容器，接通点火开关或启动一下发动机，观看油压调节器回油管，如回油少或没有回油，则为油压调节器不良，应更换。

当系统油压过低时，首先启动发动机怠速运行，夹住回油软管，如油压立即上升至 400 kPa

以上，则油压调节器不良，应更换。注意不要使系统油压高于 450 kPa，否则容易损坏油压调节器。

启动发动机怠速运行时，拔去油压调节器上的真空管，油压应上升 50 kPa 左右，如不符合，则为油压调节器不良，应更换。

模块四　空气供给系统的检测

空气供给系统的作用是测量和控制进入气缸的空气量。空气经空气滤清器、空气流量计、节气门、进气总管、进气歧管进入各气缸。

在进气系统中，安装有传感器和执行元件，它可控制发动机正常运行工况的进气量。空气供给系统中各传感器和执行元件对发动机工作的影响很大。

一、进气系统中传感器的检测

进气系统中的传感器有空气流量计、进气歧管绝对压力传感器、节气门位置传感器。流量型电喷车采用空气流量计直接检测进气量，压力型电喷车采用进气歧管绝对压力传感器间接检测进气量。SGM 别克（3.0L）车上既有空气流量计，又有进气压力传感器，空气流量计测量一定时间内进入发动机的进气量，发动机 PCM 根据空气流量信号及发动机操纵状况，进行供油计算，进入发动机的空气量大，表示加速或大负荷工况，反之，则表示减速或怠速。进气压力传感器监测进气歧管内压力（真空）的变化，信号电压在怠速时低于 2 V，点火开关接通时发动机不发动或在节气门全开（低真空度）时高于 4 V。进气压力传感器监视废气循环时的歧管压力变化，还为某些其他诊断确定发动机的真空度，并确定大气压力（气压计）。

除了空气流量计本身的故障外，进气系统故障也会造成空气流量计信号弱。常见的进气系统故障原因有空气流量计滤网堵塞、空气滤清器脏堵或被吸入的杂物堵塞、空气流量计后方进气管路有漏气、进气管积碳、节气门体积炭、怠速空气通道积碳、怠速控制阀不灵、发动机气缸压缩压力低、排气管（主要三元催化净化器）堵塞、废气再循环系统漏气以及曲轴箱通风阀有故障等。

进气歧管压力传感器信号取决于进气歧管内的压力（真空），所有进气压力传感器信号偏离标准值的原因，除了进气压力传感器本身故障外，还与进气歧管真空度有关，所以必须检查发动机真空度，如真空度不正常，则应检查影响真空度的原因。

节气门位置传感器监测节气门开度。节气门位置传感器信号偏离正常值，除了节气门位置传感器本身故障外，常见的故障原因有安装位置不正确，节气门卡滞，节气门拉索过紧或过松，节气门限位高速螺钉不当等。

上述各种传感器的具体检测方法详见前述。

二、怠速控制阀的检测

怠速空气量控制方式有两种：一种是怠速时节气门关闭，空气由怠速空气旁通道通过，怠速空气通道开启截面由怠速控制器控制；另一种没有怠速空气旁通道，怠速空气量由节气门的开度直接控制。

（一）旁通空气式怠速控制阀的检测

旁通空气式怠速控制阀的种类较多，目前主要使用的有步进电机型和旋转电磁阀型等。

1. 步进电机型怠速控制阀的检测

图 2-51 所示为丰田公司提供的步进电机型怠速控制阀工作原理图和电路图，步进电机安装在怠速控制阀（ISC）内，由四只线圈、磁性转子、阀轴和阀组成。发动机 ECU 根据节气门位置传感器、水温传感器、发动机转速等信号，控制怠速的步进数，阀前后移动控制怠速旁通道开启面积，即控制怠速空气量，从而控制怠速的转速。

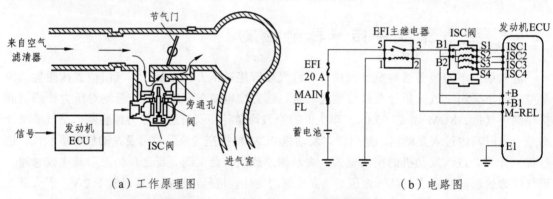

（a）工作原理图　　　　　　　　　　（b）电路图

图 2-51　步进电机型怠速控制阀（丰田）

（1）在车上检查怠速控制阀。

当发动机熄火时，怠速控制阀会"咔嗒"一声，如果不响，则应检查 ISC 阀和 ECU。

（2）检查 ISC 阀的电阻。

如图 2-51（b）所示，检测 B1-S1，B1-S3，B2-S2 和 B2-S4 四个线圈电阻，都应是 $10\sim30\ \Omega$，如电阻不符，则应更换 ISC 阀。

（3）检查 ISC 阀的工作情况。

在 B1 和 B2 端子上接上蓄电池正极，然后依次将 S1、S2、S3、S4 接负极，阀应逐步关闭，如图 2-52 所示。

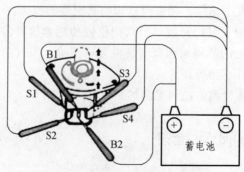

图 2-52　检查 ISC 阀的关闭情况

在 B1 和 B2 端子上接上蓄电池正极，然后依次将 S4、S3、S2、S1 接负极，阀应逐步开启，如图 2-53 所示。

如果在上述检查时，阀不能关闭或打开，则应更换 ISC 阀。

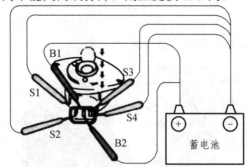

图 2-53　检查 ISC 阀的开启情况

2.　旋转电磁阀型怠速控制阀的检测

图 2-54 所示为丰田公司的旋转电磁阀型怠速控制阀电路，在整个怠速范围内，ECU 通过占空比（0～100%）对怠速转速进行控制。

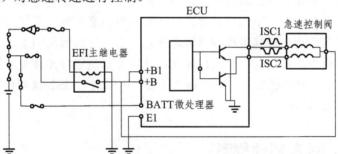

图 2-54　旋转电磁阀型怠速控制执行机构控制电路图

（1）检查 ISC 阀的电阻值。

在图 2-55 中，+B 与 ISC1，+B 与 ISC2 之间的电阻均为 18.8～22.8 Ω，如电阻值不符合要求，则应更换 ISC 阀。

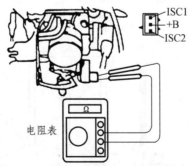

图 2-55　检查旋转电磁阀型怠速控制执行机构的电阻

（2）检查 ISC 阀的工作情况。

在正常水温、发动机正常运转及变速器位于空挡位置时，将检查连接器中 TE1 和 E1 端子连接起来，发动机以转速 1 100 r/min～1 200 r/min 运转 5s 后，转速应降低 200 r/min，如不符合要求，应检查 ISC 阀、ISC 阀至 ECU 的线路和 ECU。

（二）直通空气式怠速控制阀的检测

直通空气式怠速控制装置是通过节气门体怠速稳定控制器控制节气门的开启来实现怠速稳定控制的，它没有怠速空气旁通道。怠速稳定控制器由一个直流电机通过齿轮传动控制节气门开启。桑塔纳时代超人轿车采用的是直通空气式怠速控制阀，如图 2-56 所示。

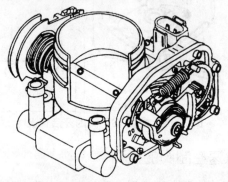

图 2-56　直通式节气门控制部件（桑塔纳时代超人）

发动机怠速时，怠速稳定控制器根据发动机的负荷（进气量）和发动机温度对节气门进行控制。当发动机温度低时，节气门开度大；当发动机温度高时，节气门开度小。当突然放松加速踏板时，节气门由怠速稳定控制器逐渐关闭，直到达到所需的怠速。在紧急运行状态下，节气门控制部件电源被切断，节气门控制部件内的紧急运行弹簧将节气门定位在预先设定的紧急运行位置，此时驾驶员对节气门调节无效。用 V.A.G1552 诊断仪可检测桑塔纳时代超人怠速和节气门控制组件。

（三）节气门控制部件检测

桑塔纳时代超人节气门控制部件位于节气门拉索轮的对面。节气门电位计、怠速开关、节气门定位电位计和紧急弹簧全部安装在节气门控制组件壳体内。这个壳体不必打开，全部调整由 V.A.G1552 诊断仪基本设定功能来完成。节气门控制部件控制电路如图 2-57 所示。

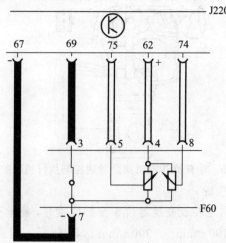

图 2-57　节气门控制部件电路（桑塔纳时代超人）

1. 节气门电位计的检测

节气门电位计也就是节气门位置传感器，当节气门电位计出现故障时，发动机 ECU 就用发动机转速和空气流量计的信号值计算替代。

测量节气门电位计的供电电压：拔下节气门控制部件的插头，用数字式万用表测量插头上 4 和 7 端子之间的电压值。打开点火开关，此电压值应接近 5 V（发动机 ECU 提供）。

测量节气门电位计导线的导通情况：用数字式万用表测量插头上的 4、5 和 7 端子分别至 ECU 线束插座端子 62、75 和 67 之间的电阻值，测得电阻值应小于 1 Ω。

测量节气门电位计的信号电压：插上节气门控制部件的插头，用数字式万用表测量插头上 5 和 7 端子（端子 5 和 7 分别对应 ECU 插座上的端子 75 和 67）之间的电压值，打开点火开关，使节气门开度变化，此电压值应在 0.5～4.9 V 变化。

2. 节气门定位电位计的检测

节气门定位计的作用是：怠速时节气门定位器动作，使节气门打开的输出位置信号，在节气门定位电位计出现故障时，节气门控制部件中的紧急运行弹簧起作用，使发动机处于紧急运行状态，此时发动机的怠速升高，约 1 500 r/min。

测量节气门定位电位计的供电电压：拔下节气门控制部件的插头，用数字式万用表测量插头上 4 和 7 端子之间的电压值，打开点火开关，此电压值应接近 5 V。

测量节气门定位电位计导线的导通情况：用数字万用表测量插头上的 4、8 和 7 端子分别至 ECU 线束插座端子 62、74 和 67 之间的电阻值，测得的电阻值应小于 1 Ω。

测量节气门定位电位计的信号电压：插上节气门控制部件的插头，用数字式万用表测量插头上 8 和 7 端子（端子 8 和 7 分别对应 ECU 插座上的端子 74 和 67）之间的电压值，打开点火开关，使节气门开度变化，此电压值应在 0.5～4.9 V 之间变化。

3. 怠速开关的检测

当怠速开关出现故障时，ECU 就对节气门电位计和节气门定位电位计的信号值进行比较，判断出怠速位置。

测量怠速开关的电阻：将万用表两根表棒接触 ECU 插座上的 69 和 67 端子，当打开节气门时，测到的电阻值应为无穷大；当节气门关闭时，测得的电阻值应小于 1 Ω。

测量怠速开关导线的导通情况：拔下节气门控制部件的插头，用数字式万用表测量节气门控制部件插头上的 3 和 7 端子至 ECU 线束插座 69 和 67 端子间的电阻值，测得的电阻值应小于 1 Ω。

模块五 汽车驱动轮功率的检测

汽车驱动轮输出功率的检测又称底盘测功，可在汽车底盘测功试验台上进行，其目的是评价汽车的动力性，同时对驱动轮输出功率与发动机输出功率进行对比，可求出传动效率以评价汽车底盘传动系的技术状况。

一、汽车底盘测功试验台的结构与原理

（一）底盘测功试验台的功能

汽车底盘测功试验台的基本功能为：

（1）测试汽车驱动轮输出功率。

（2）测试汽车的加速性能。

（3）测试汽车的滑行能力和传动系统的传动效率。

（4）检测、校验车速表。

（5）辅以油耗计、废气分析仪等设备，还可以对汽车的燃油经济性和废气排放性能进行检测。

（二）底盘测功试验台的结构与工作原理

底盘测功试验台，一般由滚筒装置、功率吸收装置（即加载装置）、测量装置、辅助装置四部分组成。图 2-58 所示为国产 DCG-10C 型汽车底盘测功试验台机械部分的结构示意图。该试验台采用美国 Intel 公司生产的单片机作为系统的控制核心，适用于轴质量不大于 10 t、驱动车轮输出功率不大于 150 kW 的车辆的检测。

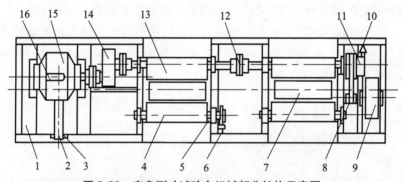

图 2-58　底盘测功试验台机械部分结构示意图

1—框架；2—测力杠杆；3—压力传感器；4—从动滚筒；5—轴承座；6—速度传感器；7—举升装置；8—传动带轮；9—飞轮；10—电刷；11—离合器；12—联轴器；13—主动滚筒；14—变速器；15—电涡流测功器；16—冷却水入口

（1）滚筒装置。滚筒相当于连续移动的路面，被检汽车的车轮在其上滚动，滚筒有单滚筒和双滚筒两种。双滚筒结构简单，安装使用方便，且成本较低，因而使用广泛。

滚筒表面形状不同，有光滚筒、滚花滚筒、带槽滚筒和带涂覆层滚筒等形式。光滚筒目前应用最多，虽然附着系数较低，但车轮与光滚筒间的附着能力可以产生足够的牵引力。

（2）功率吸收装置（即加载装置）。功率吸收装置用来模拟车辆在道路上行驶所受的各种阻力。常用的功率吸收装置有水力测功器、直流电机电力测功器和电涡流测功器，目前多采用电涡流测功器。

（3）测量装置。测功器不能直接测出汽车驱动轮的输出功率值，它需要测出旋转运动时

的转速与扭矩，或直线运动时的速度与牵引力，再换算成其功率值。所以，测功试验台必须配有测力装置与测速装置。

测力装置有机械式、液压式和电测式三种形式，目前应用较多的是电测式。电测式测力装置通过测力传感器将力变成电信号，经处理后送到指示装置显示出来。

测速装置多为电测式，一般由速度传感器、中间处理装置和指示装置组成。速度传感器安装在从动滚筒一端，随滚筒一起转动，能把滚筒的转动变为电信号。

功率指示装置安装在计算机控制的底盘测功试验台上，测力传感器和速度传感器输出的电信号送入计算机处理后，指示装置直接显示驱动轮的输出功率。

（4）控制装置。底盘测功试验台的控制装置和指示装置往往制成一体，形成柜式结构。图 2-59 所示为国产 DCG-10C 型底盘测功试验台控制柜面板图，控制柜上的按键、显示窗、旋钮、功能灯、报警灯、指示灯等，用来控制试验过程，显示或打印试验结果。

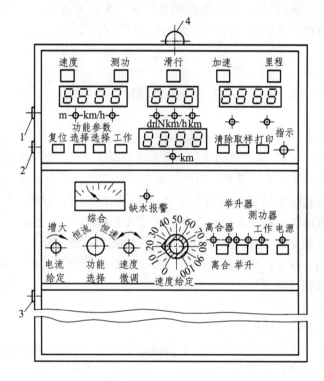

图 2-59　控制柜面板图

1—取样盒插座；2—打印机数据线插座；3—打印机电源线插座；4—报警灯

二、汽车驱动轮功率检测方法

不同型式的底盘测功试验台，其使用方法也有所区别，以下介绍的是一般的操作方法。

（一）检测前的准备

（1）底盘测功试验台的准备。

使用试验台之前，按厂家规定的项目对试验台进行检查、调整、润滑，在使用过程中，要注意仪表指针的回位、举升器工作的导线的接触情况。发现故障，及时清除。

（2）被检汽车的准备。

汽车开上底盘测功试验台以前，调整发动机供油系及点火系至最佳工作状态；检查、调整、紧固和润滑传动系、车轮的连接情况；清洁轮胎，检查轮胎气压是否符合规定；必须运行走热汽车至正常工作温度。

（二）检测方法

1. 检测点的选择

测功试验时，应选择几个有代表性的工况测试汽车驱动轮的输出功率或驱动力，如发动机额定功率所对应的车速（或转速）、发动机最大转矩所对应的车速（或转速）、汽车常用车速（或经济车速）或根据交通管理部门的要求选择检测点等。

2. 测功方法

（1）接通试验台电源，并根据被检车辆驱动轮输出功率的大小，将功率指示表的转换开关置于低挡或高挡位置。

（2）操纵手柄（或按钮），升起举升器的托板。

（3）将被检汽车的驱动轮尽可能与滚筒呈垂直状态地停放在试验台滚筒间的举升器托板上。

（4）操纵手柄，降下举升器托板，直到轮胎与举升器托板完全脱离为止。

（5）用三脚架抵住位于试验台滚筒之外的一对车轮的前方，以防止汽车在检测时从试验台滑出去，将冷却风扇置于被检汽车正前方，并接通电源。

（6）检测发动机额定功率和最大转矩转速下的输出功率或驱动力时，将变速器挂入选定挡位，松开驻车制动，踩下加速踏板，同时调节测功器制动力矩对滚筒加载，使发动机在节气门全开的情况下以额定转速运转。待发动机转速稳定后，读取并打印驱动车轮的输出功率（或驱动力）值、车速值。在节气门全开的情况下继续对滚筒加载，至发动机转速降至最大转矩转速稳定运转时，读取并打印驱动力（或输出功率）值、车速值。

如需测出驱动车轮在变速器不同挡位下的输出功率或驱动力，则要依次挂入每一挡按上述方法进行检测。当发动机发出额定功率时，挂直接挡，可测得驱动车轮的额定输出功率；当发动机发出最大转矩时，挂一挡，可测得驱动车轮的最大驱动力。

发动机全负荷选定车速下输出功率或驱动力的检测是在踩下加速踏板的同时调节测功器制动力矩对滚筒加载，使发动机在节气门全开的情况下以选定的车速稳定运转进行的。发动机部分负荷选定车速下输出功率或驱动力的检测与此相同，只不过发动机是在选定的部分负荷下工作的。

当使用 DCG-10C 型汽车底盘测功试验台测功时，将"速度给定"旋钮置于选定的速度刻线上，"功能选择"旋钮置于"恒速"上，在逐渐增大节气门到所需位置的同时，控制装置能自动调控激磁电流，使汽车在选定的车速下恒速测功。如果手动调控激磁电流，须将"功能选择"旋钮置于"恒流"上，然后手动旋转"电流给定"旋钮，即可增大或减小激磁电流，并在旋钮给定位置上供给恒定的激磁电流。

（7）全部检测结束，待驱动轮停止转动后，移开风扇，去掉车轮前的三脚架，操纵手柄举起举升器的托板，将被检汽车驶离试验台。

3. 注意事项

（1）超过试验台允许轴重或轮重的车辆一律不准上试验台进行检测。

（2）检测过程中，切勿拨弄举升器托板操纵手柄，车前方严禁站人，以确保检测安全。

（3）检测额定功率和最大扭矩相应转速工况下的输出功率时，一定要开启冷却风扇并密切注意各种异响和发动机的冷却水温。

（4）走合期间的新车和大修车不宜进行底盘测功。

（5）试验台不检测期间，不准在上面停放车辆。

滚筒式底盘测功试验台除能检测驱动车轮的输出功率或驱动力外，还能检测车速表指示误差、行驶油耗量等。在测得驱动车轮输出功率后，立即踩下离合器踏板，利用试验台对汽车的反拖还可测得传动系消耗功率。将测得的同一转速下的驱动车轮输出功率与传动系消耗功率相加，就可求得这一转速下的发动机有效功率。

除上述测试项目外，凡需要汽车在运行中进行的检测与诊断项目，只要配备所需的检测设备，均可在滚筒式底盘测功试验台上进行。例如，检测各种行驶工况下的废气成分或烟度，检测点火提前角或供油提前角，诊断各总成或系统的噪声与异响（包括经验诊断法），观测汽油机点火波形或柴油机供油波形，检测各总成工作温度和各电气设备的工作情况等。

思考与练习

1. 汽车动力性包括哪些方面的内容？其评价指标有哪些？
2. 汽车车轮的驱动力是如何产生的？汽车的行驶阻力有哪些？
3. 汽车行驶的驱动条件是什么？
4. 什么是汽车附着力？影响附着系数的因素是什么？
5. 地面附着力与车轮滚动阻力有何区别？
6. 滚动阻力系数与道路附着系数有何区别？
7. 检测汽车电子元件常用的方法有哪几种？
8. 图示并说明标准的点火波形。
9. 用底盘测功仪检测发动机动力性时需要注意哪些问题？

项目三　汽车燃油经济性与检测

学习目标：

（1）掌握燃油经济性的定义和评价指标；

（2）汽车燃油经济性的路试和台试方法；

（3）了解道路试验检测燃料消耗量的条件。

模块一　汽车燃油经济性概述

一、汽车燃油经济性的评价指标

1. 定　义

汽车燃料经济性是指汽车以最小的燃料消耗完成单位运输工作量的能力，或指单位行程的燃料消耗量。汽车的燃料经济性是汽车的主要性能之一。

2. 评价指标

（1）比油耗（燃料消耗率）。

它表示发动机的单位有效功率在单位时间内所消耗的燃料量。在国际单位制中，它的单位为 g/kW·h（克每千瓦时）。

（2）每小时耗油量。

它表示发动机每小时所消耗的燃料质量，常用的单位为 kg/h（千克每小时）。

（3）每公里耗油量。

它表示汽车每行驶一公里所消耗的燃油数量（常以体积计），常用单位是 L/km（升每公里）。

（4）每升燃油行驶里程。

它表示汽车消耗一升燃油可行驶的里程数，常用单位是 km/L（公里每升）。

（5）百公里油耗量。

它表示汽车每空驶 100 公里所消耗的平均燃油量（以体积计算），常用单位为 L/100 km（升每百公里）。

（6）百吨公里油耗量。

表示汽车运行过程中，每完成 100 吨公里运输量所消耗的燃油量（以体积计算），常用单位为 L/100 t·km（升每百吨公里）。

二、影响燃油经济性的因素

（一）影响燃油经济性的结构因素

1. 发动机类型和功率

柴油发动机的有效耗油率比汽油发动机低 20%左右，因而采用柴油发动机的汽车的燃油经济性好，加之柴油的价格低于汽油，使柴油车表现出更为优越的经济性。目前世界各国正在积极推进轻型货车和轿车的柴油化进程，西欧地区柴油轿车的市场份额已达 12%之多；在总质量为 2~5 t 的载货汽车中，德国有 85%左右使用柴油机，日本约为 90%。

发动机功率越大，汽车的动力性通常越好，但汽车的燃油经济性往往会越差。这是由于发动机的经济负荷率为 80%~90%，如果发动机的功率较大，汽车在一般车速状态下会远离经济负荷率，便会造成有效耗油率增大，即汽车的燃油经济性变差。因此，为了节约燃油，在行驶条件许可的条件下，不必追求为汽车装配大功率的发动机用于提高负荷，达到节油的目的。

2. 小负荷工况节油技术

发动机在较小负荷下工作时，其油耗率将显著增加，而汽车发动机在运转的大部分时间内小负荷工况占有很大比例，这就势必造成燃料的浪费。为了提高发动机的负荷率，对发动机采取闭缸的方法，即小负荷时关闭一部分气缸，而在大负荷时才让全部气缸工作，发出大功率。这样便使发动机的排量随负荷的大小而变化，始终保持发动机在高负荷率下工作，达到节省燃料的目的，同时也不会影响发动机的动力性。闭缸节油的具体方法有以下几种：

（1）只切断燃油供给。

（2）关闭进、排气门，停止供油、供气。

（3）切断燃油后进行废气再循环，以废气代替新鲜空气。

（4）切断燃油后节气门全开，无节流供给新鲜空气。

表 3-1 所示为某一排量为 2L 的四缸发动机停止两个气缸工作时的节油数据，通过比较可见，关闭进、排气门的方法，可以消除气流流经气门引起的泵气损失，故其节油效果最好。

表 3-1　各种闭缸法节油效果

闭缸方法	不同工况下的节油率%		
	急速	40 km/h	60 km/h
只切断燃油	26	14	8
切断燃油，节气门全开，供给空气	37	14	8
切断燃油，节气门全闭，废气再循环	37	14	8
关闭进、排气门	42	22	16

闭缸控制通常由电控系自动实现，通过传感器检测发动机的工况，并按工况要求实现多缸和少缸工作的自动切换。小负荷闭缸是行之有效的节油方法，其推行的关键在于设置一套

自动转换装置。

3. 设置超速挡

变速器中传动比小于 1 的挡位称为超速挡。在相同车速和道路条件下，用超速挡行驶比用直接挡时发动机转速低，负荷率较高，燃油消耗率下降。

4. 变速器挡数

变速器挡数越多，汽车行驶中挡位选择的机会越多，在同一汽车行驶速度下，发动机在低燃油消耗区工作的可能性越大，有利于提高汽车的燃油经济性。

挡数无限的机械无级变速器（CVT）可以在任何条件下都使发动机在最经济工况下工作，但由于技术等方面的限制，目前其产量还较低。随着未来材料、润滑油及计算机控制、加工技术的进步，CVT 的产量将越来越大，应用将越来越广。

目前轿车上广泛应用的自动液力变速器的传动效率较低，使汽车油耗上升了 10%～11%。但自动液力变速器具有起步平稳，操作简便，乘坐舒适等优点，因而受到人们的广泛欢迎。为了兼顾操作方便性与燃油经济性，有的车辆采用手动和自动两套变速模式，可由驾驶者按需要选定。

5. 质量利用系数

质量利用系数是指汽车装载质量与汽车整车质量之比，是汽车设计与制造中的重要技术指标。总重相同的情况下，汽车的质量利用系数越大，相同运程的货运量越大，单位货运量（货物周转量）的油耗越少。因此，在汽车使用中，不必要的物品不应总放在车上，否则会增加燃油消耗量。

6. 列车运输

在道路状况较好（无大坡度）或车速不是很高的情况下，汽车的后备功率较大。将单车运输改为列车运输（单车拖带挂车或改为半挂车），会使单位运量的油耗明显下降。原因之一是列车的运输能力增加，使发动机的负荷率增加，而有效耗油率下降；另一个原因是汽车列车的质量利用系数大幅度提高。

7. 复合动力系统

现用的内燃机汽车为满足不同条件下的行驶要求，汽车都有较大的后备功率。这样汽车在一般的行驶状态时，发动机都以较小负荷工作，相应地发动机的油耗率较大。为了更大程度上提高汽车的燃油经济性，可以将目前的发动机驱动改为发动机与电力驱动装置（包含蓄电池和电动机等）组合在一起共同驱动的复合动力系统。其基本原理是汽车处于一般行驶状态时，汽车行驶的动力来自发动机，同时发动机还向储能装置（如蓄电池）供给存储的能量；而当汽车加速或爬坡需要大功率时，发动机和储能驱动的电动机共同驱动汽车。这样汽车只需装备较小的发动机，并使发动机常处于高负荷、高效率下运转，即可降低燃油消耗率。

另外，采用复合动力系统还可在汽车减速制动、下坡滑行时将汽车的动能转化为电能（此时电动机变作发电机）存入蓄电池，进一步提高节油的效果。

（二）影响燃油经济性的环境因素

汽车作为运载工具这一特点就决定了汽车必然面临不同的环境条件，而环境状况对汽车燃油经济性的影响极为突出，所以尽管在前述有关内容中已经提及环境因素对力性的影响，但还是有必要再明确一下其对燃油经济性的影响。

1. 道路条件

不同的道路等级和道路状况，其行驶阻力存在着较大的差别。阻力越大，油门开度就大，高速挡行驶的机会就少，而使油耗增大。

在交通繁杂、交叉路口多的条件下，汽车制动、停止、起步、加速等工况较多，在这种情况下虽然车速较低，但相对油耗量较大，汽车的燃油经济性较差。

2. 气候条件

不同区域的气候条件差别是很大的。仅就我国而言，南部进入热带，北部接近寒带，南北温差相当悬殊；而东部与西部，无论是气压还是湿度，都存在着较大的差异。气温过低时．发动机启动困难、燃油雾化不良、燃烧速度慢、散热损失大，传动系统和行驶系统的机械损失增加等，会使汽车的燃油消耗量增大。气温过高时，发动机的充气量下降、容易过热和产生气阻等，使发动机工况受到影响，而使油耗量增大。随着海拔高度的增加，气压降低而空气稀薄，发动机的充气量也会随之下降，发动机燃烧受到影响，也使汽车的燃油经济性下降。

（三）影响燃油经济性的使用因素

使用因素一直是人们很重视的提高汽车燃油经济性的重要因素，即使是结构和技术状况再优良的汽车，不同的使用方法也会导致不同的油耗结果，所以人们也从未放松使用对节油效果的研究，并不断找到一些节油的新方法。

1. 燃油节能添加剂

汽车长期运行中，燃油在发动机的燃油供给系统中容易产生沉积物。如在化油器或燃油喷射系统中形成漆膜或结焦，影响燃油供应，使得发动机空燃比发生改变；在气门部位结焦，会造成气门关闭不严，从而影响发动机的动力性和经济性；燃油的胶状物质还不容易完全燃烧，而使生成的积炭沉积在气缸盖燃烧室，活塞顶部过多的积炭沉积将导致气缸散热不良，引起发动机自燃，进而影响发动机的动力性和经济性，并会加剧发动机的磨损。燃油节能添加剂就是针对以上问题研制的，它可以保持燃油供给系统始终具有清洁良好的技术状态，使发动机处于良好的运转状态，达到节省燃油，并控制排放的目的。

一般燃油节能添加剂包括清净分散剂、抗焦剂、助燃剂、减磨剂、抗爆剂、低温流动性改进剂、十六烷值改进剂等各种成分。含清净分散剂和抗焦剂的燃油节能添加剂能够有效地清除或减少燃油供给系统生成的沉积物，有利于发动机的正常运转，达到节油的效果；助燃剂能提高混合气在气缸内燃烧的火焰传播速度，缩短燃烧持续时间，提高热效率而节油；减磨剂能降低燃烧空中摩擦副的磨损，尤其在无铅汽油中添加该类添加剂有助于减少排气阀的磨损，提高气缸的密封性；抗爆剂适用于汽油，能提高汽油的辛烷值，有利于高压缩比汽油机工作，也使热效率得到提高；低温流动性改进剂和十六烷值改进剂适用于柴油，低温流动性改进剂能有效降低柴油的凝点，改善其在寒冷季节的使用效果；十六烷值改进剂可降低柴油的发火自燃温度，避免工作粗暴，从而降低油耗。

燃油节能改进剂应与燃油有良好的相溶性，否则在使用中会出现沉积物，反而影响发动机的工常工作。目前市场上出售的燃油节能改进剂主要以含清净分散剂、抗焦剂等成分为主，其节油效果达 3%～6%，可减少排放 20%左右。

2. 润滑油摩擦改进剂

润滑油摩擦改进剂即目前市面上出现的润滑油节能减摩添加剂。通常情况下，摩擦副在流体润滑状态下其表面完全被润滑油膜所隔离，且摩擦力与润滑油的黏度成正比。但如果润滑油黏度太低，或摩擦副上的负荷很高，则由于摩擦副间的润滑油膜很薄，不能保持流动润滑状态而形成摩擦表面直接接触的边界润滑状态，此时摩接力与润滑油的黏度无关，而只取决于润滑油的化学成分和性质。由于润滑油内原有的表面活性物质在加工过程中大多被精制除去，这时就需要添加摩擦改进剂来改善成品油的润滑性能。润滑油摩擦改进剂就是基于这种原理，通过添加剂的化学作用使摩擦表面的微观凸起部分变软和平滑，或添加剂吸附在摩擦副表面，并填平微观凹陷部分，改善摩擦副表面油膜状态，使苛刻的边界润滑条件下的摩擦力减小，以达到提高动力、降低油耗、减少磨损的目的。

3. 汽车驾驶

发动机的启动操作合理与否，对汽车节油及发动机的磨损都有很大的影响。

4. 行车挡位选择

汽车行驶过程中的挡位选择，对汽车油耗有着很大的影响。汽车在平原或丘陵地带低挡起步后，在道路和交通条件良好、车速不受限制的情况下，应及时逐级加挡，换入高档行驶，这样不仅可提高车速，而且发动机负荷率高，可节油。汽车在坡道路面上坡行驶时，能用相邻较高一挡时，应及时换入较高的挡位，但也应避免"高挡硬撑"，否则会使油耗增加。

5. 行车速度

在道路和路面状况以及交通情况允许的情况下，汽车在每个挡位上都可以有一个较大的车速范围。汽车行驶过程中的燃油消耗，除了前述挡位的影响外，还与行车速度密切相关。在低车速时，克服行驶阻力消耗的功率较小，发动机负荷率低而油耗率上升，导致百公里油耗增加；当车速高时，发动机负荷率高而油耗率下降，但车速提高所需克服的阻力大幅增大，超过了发动机油耗下降的幅度，也会使油耗增加。所以汽车在行驶速度较低和较高时油耗都会增加，只有在中间某一速度下油耗最低，这个车速被称为经济车速。汽车在每个挡位行驶时，都有一个对应的油耗最低的车速，这就是各挡的经济车速。其中最高挡（通常为直接挡）的经济车速常被称为技术经济车速。

6. 加速踏板的控制

对汽油机而言，节气门在较小开度范围内的混合气为经济混合气；较大开度时混合气浓度渐大，会使雾化和燃烧变差，所以从节油角度出发，节气门开度不宜过大。对柴油机而言，随着供油齿杆行程的增大，循环供油量增多，混合气浓度增大，所以加速踏板也是在一定行程范围内为宜。

另外，汽车正常行驶过程中，加速踏板控制要柔和，即加速踏板要轻踩慢松，以避免混合气的突变，导致缸内燃料燃烧不良而使油耗增加。

三、试验方法

对汽车燃料经济性的评价，归根到底要通过各种油耗试验来决定。目前，国内外可供油耗试验的方法很多，但都各有利弊，没有一种是完美无缺的。各国所采用的试验规程不完全相同，方法也有所不同，现行各国燃料经济性试验方法归纳起来大致可分为以下五类：

（一）发动机台架试验

判别发动机是否省油，必须通过发动机台架试验，测定发动机的有效耗油率。发动机的有效耗油率与发动机的热效率有关，热效率越高，台架试验结果的有效耗油率越低。

利用发动机的台架试验测量油耗，有许多优点：一是试验条件可以人为控制，能最大限度地克服外界环境对试验结果的影响；二是试验方便、经济，燃油消耗量可以用容积法、重量法等多种方法测量，并且可同时测定废气排放物；三是试验可在稳定条件下进行，因此，该法测量结果的误差小，数据的重复性好。其缺点是台架试验的条件和道路试验的条件相差很大，无法与汽车实际运行情况一致。因此，台架试验所测得的燃油消耗量并不能完全代表汽车实际运行时的燃油消耗量。

（二）底盘测功器循环试验

底盘测功器循环试验用以测量汽车整车燃油的消耗量，越来越受到人们的重视。汽车在道路上行驶的情况，在道路上受到的道路阻力、空气阻力、惯性阻力、负荷特性等，可用底盘测功器进行模拟。油耗的测量结果与底盘测功器模拟误差相关，模拟误差越大，测定的燃油消耗量越不接近道路运行试验结果。减少模拟误差的关键是完善和提高底盘测功器的性能。底盘测功器试验的优点在于：（1）试验可在与当地气候条件无关的情况下进行；（2）由于试验条件可以控制，所以反映环境影响的修正系数可以减到最小；（3）可在准确性高的情况下模拟不同工况的行驶循环；（4）燃油消耗量和废气排放物可同时测量；（5）可使用各种测量法。底盘测功器也有它的不足之处：主要是由于测量设备本身性能影响，在底盘测功器上模拟的各种阻力与道路上遇到的各种阻力不完全一样，会造成油耗测量值的偏差。此外，国外的大多数底盘测功器是为测量底盘功率损耗和废气排放而研制的，测功器的可变惯量间隔较大，会产生不正确的车辆惯性力，影响车辆负荷模拟的准确度和稳定性，不太符合燃油经济性试验要求。所以，在设计底盘测功器时，应考虑燃油经济性试验的使用要求，才有可能提高燃油消耗的测量准确度。

（三）无控制道路试验

无控制道路试验是车辆使用变量不加约束的一种试验，与车辆平时在道路上运行的情况相同。如果试验的行程和时间比较长，则得出的油耗值基本与实际运行的耗油量一样。但这种油耗值在多次试验中重复性很差。主要原因是这种试验的道路条件和驾驶操作习惯不易进行控制。国内多次节油试验的资料表明，用载质量相同的一组车辆，车辆的技术状况和使用燃油相同，行驶的道路一样，不同驾驶操作技术的驾驶员驾驶，其油耗平均相差 18%左右。除道路、环境和驾驶条件影响外，长期运行后的车辆、燃料、润滑油、零部件状况和轮胎气压都会引起变化，使油耗偏差扩大。同时，如果这种试验不结合运输生产进行，则用于试验的费用非常高。

（四）有控制道路试验

它是对道路条件、环境条件、驾驶习惯中的一个或几个变量实行控制的一种试验。道路可以选择路程长短一样的线路，或者可以选择公路等级相似的较有代表性的典型线路；环境变化可以通过缩短试验时间来克服；交通流量可以通过选择特定试验路段，适当控制非试验车辆进入试验区的方法，以保证行车安全和试验条件的一致性，驾驶习惯可以用同一个驾驶员驾驶同一车辆或相同型号的车，在预定时间内通过同一路段来控制。控制的变量越多、越严格，油耗测量结果的重复性越好。运输部门的汽车节油操作比赛，一般都采用有控制的道路试验，试验结果具有较好的可比性。

（五）道路循环试验

它与有控制道路试验没有明显界限，所不同的是这种试验对循环行驶里程，行驶中的换挡、制动次数、怠速、减速和加速时间以及稳定车速时间都加以严格规定。这种试验方法在国外常被汽车制造厂采用，不同的汽车制造厂都有自己的专用试验道路和特定的道路循环试验模式。

模块二 汽车燃料经济性的检测

一、燃料经济性的路试检验

汽车燃料消耗量与发动机类型、制造工艺、调整状况、道路条件、气候情况、海拔高度、驾驶技术等多种因素有关，因此其主要试验方法必须有完整的规范。根据中华人民共和国国家标准 GB/T1254—90《汽车燃料消耗量试验方法》规定，其路试方法如下：

（一）试验规范及标准

见国标 GB/T12534—90《汽车道路试验方法通则》。

（二）试验条件

1. 试验车辆载荷

除有特殊规定外，轿车为规定乘员数的一半（取整数），城市客车为总质量的 65%；其他车辆为满载，乘员质量及其装载要求按国标 GB/T12534 的规定执行。

2. 试验仪器

（1）车速测定仪器和燃料消耗仪，精度为 0.5%。
（2）计时器：最小读数为 0.1 s。

3. 试验的一般规定

（1）试验车辆必须清洁，关闭车窗和驾驶通风口，只允许开动驱动车辆所必需的设备。
（2）由恒温器控制的空气流必须处于正常调整状态。
（3）试验车辆必须按规定进行磨合，其他试验条件、试验车辆准备按国标 GB/T12534 的规定执行。

（三）试验项目

（1）直接挡全节气门加速燃料消耗量试验；
（2）等速行驶燃料消耗量试验；
（3）多工况燃料消耗量试验；
（4）限定条件下的平均使用燃料消耗量试验。

1. 直接挡全节气门加速燃料消耗量试验

汽车在直接挡（无直接挡时用最高挡）上，以（30±1）km/h 的初速稳定通过 50 m 的预备路段，在到达 500 m 测试路段的起点时，节气门突然全开，加速通过测试路段，测定加速时间、燃料消耗量及汽车到达测量路段终点的速度。试验往返各两次，测得相同方向加速时间的相对误差不大于 5%。取四次测量结果的算术平均值作为测定值。

2. 等速行驶燃料消耗量试验

汽车以最高挡匀速行驶，从车速 20 km/h（若最低稳定车速高于 20 km/h 时，可从 30 km/h）开始，以间隔 10 km/h 的整数倍的各预选车速，通过 500 m 的测量路段，测定燃料消耗量 ΔL

和通过时间 t。每种车速试验往返各两次，直到该挡最高车速的 90%为止，至少要预选五种车速。

3. 多工况燃料消耗量试验

（1）试验规范。

国标 GB/T12545—90《汽车燃料消耗量试验方法》中多工况燃料消耗量试验。

（2）试验方法说明。

① 汽车在进行多工况试验时，加速、匀速和用车辆的制动器减速时，每个试验工况，除单独规定外，车速偏差±2 km/h。

② 在工况改变过程中，允许车速的偏差大于规定值，但在任何条件下超过车速偏差的时间不大于 1 s，即时间偏差为±1 s。

③ 多工况试验应严格按试验规范中的规定进行，换挡应迅速、平稳。

④ 怠速工况时，离合器应接合，变速器置于空挡。

⑤ 从怠速工况转换为加速工况时，在转换前 5 s 分离离合器，把变速器挡位换为低挡。

⑥ 减速工况下，应完全放松加速踏板，当车速降至 10 km/h 时，分离离合器，必要时，减速工况中允许使用车辆的制动器。

⑦ 当试验循环完成一个方向试验后，车辆应迅速掉头，反方向重复试验，试验往返各进行两次，记录燃料消耗量和通过时间。取四次试验结果的算术平均值作为多工况燃料消耗量的测定值。

4. 限定条件下的平均使用燃料消耗量试验

测试路段设在三级以上的平原干线公路上，其长度不小于 50 km。在正常交通情况下，尽可能保持匀速行驶，轿车为（60±2）km/h，铰接式客车为（35±2）km/h，其他车辆为（50±2）km/h。客车应隔 10 km 停车一次，怠速 1 min 重新起步。

记录制动次数、各挡位使用次数、时间和行程。测定每 50 km 单程的燃料消耗量，换算成百公里燃料消耗量。往返各试验一次，以两次试验结果的算术平均值作为测定值。

（四）试验数据的检验与校正

（1）试验数据的重复性检验。

（2）试验数据的校正。

二、汽车燃油经济性的台试检测

根据我国的标准，汽车燃油经济性采用道路试验检测，但路试检测占用场地较大，一般综合性能检测站无法满足要求，因此必须找到一种替代办法。我国综合性能检测站一般采用以整车在底盘测功试验台上按照国家标准模拟道路试验来检测其燃油经济性，简称台试检测。但也有如华南地区和东北地区用测含氧量来推算其燃油经济性以及江苏地区用车速台测汽车燃油经济性。下面主要介绍燃油经济性的台试检测方法。

（一）检测油路的连接与油路中气泡的排除

1. 油路的连接

油耗计在测试中的连接方法是：汽油机应串接在汽油泵与化油器（燃油总管）之间，如图 3-1 所示；柴油机应串接在柴油滤清器与喷油泵之间；高压和低压回油管应接在油耗计与喷油泵之间。

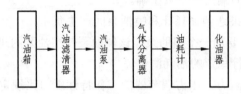

图 3-1　油耗计在汽油机上的连接方法

2. 油路中气泡的排除

（1）汽油机。把车上从油箱到油轨的管路"短路"，装上密封性好的无堵塞的新油管，用性能较稳定的电动汽油泵和汽油滤清器代替原车相应部件，减短油泵到传感器的油管长度，便油泵到油耗传感器的阻力大大减小，从而避免了空气气泡对检测结果的不良影响。

（2）柴油机。在油路中装好油耗计后，用手动泵泵油，以泵油压力排除油路中的空气泡。此项工作须在发动机启动之前完成，且在测量完拆去油耗计恢复原油路后仍需排除油路中刚产生的空气泡。

（二）台架检验方法

1. 台架检验中常见的两种检测方法

（1）重量法：采用重量式油耗计在底盘测功试验台上进行油耗检测。

（2）容积法：采用容积式油耗计在底盘测功试验台上进行油耗检测。

当汽车驶上底盘测功试验台后，连接好检测油路，排净油路中的空气泡，然后在底盘测功试验台上进行加载，使加载量符合该车在路试状态下的各种阻力，然后进行油耗检测。

2. 台架试验中模拟加载量的确定

（1）汽车（走合过的新车或接近新车的在用车）在额定总质量状态下，以直接挡从 20 km/h 开始做燃油消耗量试验。往返采样各三次，得出 20 km/h 的该车平均等速油耗，然后每间隔 10 km/h 一直到该车最高车速的 90%，做与上述同样的试验。这样依次得出 20 km/h 到最高车速 90% 的等速平均百公里油耗。

（2）汽车在准备质量状态下，在底盘测功试验台上也从 20 km/h 开始对底盘测功机加载模拟该车满载时在 20 km/h 路试状态下所受的外界阻力，直至加到某一满载后得出 20 km/h 等速百公里油耗值与车速为 20 km/h 路试所得的平均百公里油耗值相同，则上述对底盘测功机的加载量即为 20 km/h 车速时的模拟加载量。然后按照上述试验方法依次可得出多个车速下的加载量。

3. 油耗测量数据的采集

按设备说明书操作。

4. 电控喷油的汽油机油耗测定时应注意的问题

（1）使用油耗计时，电控喷油发动机须处理从压力调节器回流多余燃油的问题。如果多余的油回到油耗计的前面，则测出的油耗变成是发动机实际消耗的油加上回流的油。必须让多余的油回到油耗传感器的输出端才算正确。

（2）在上述场合，如果遇到油耗计和喷油泵间产生负压，引起气穴现象时，自油箱来的油压大概为 20 kPa，有必要加一个辅助泵。该辅助泵使燃油泵的进油端的油路保持正压，气穴现象不易发生，可以进行稳定的油耗测量。

（3）当回流管路内有阻力，压力调节器的工作特性压力比规定压力高时，采用回注处理用油罐，使回油向大气开放，可解决上述问题。另外，MF-113 可作为燃油从油耗计流入回流处理用油罐的泵用，但是回流处理用油罐的进口端最大截止压力为 50 kPa，MF-113 的加压部加压后，在减压部减到 50 kPa 以下。当压力为 40～50 kPa 时，MF-113 没有必要装。当供油压力为 50 kPa 以上时，仅使用 MF-113 的减压部。

5. 台架检测方法中应注意的问题

（1）准确测量应注意以下几点：

① 测试距离不得小于 500 m。

② 发动机冷却液温度应在 80～90 ℃ 范围内。

③ 在车辆技术等级评定油耗工位测试时采用直接挡，无直接挡用最高挡，若无特殊规定或说明，则车速通常采用 50 km/h，车速控制误差应在±0.5 km/h 内。

④ 被测车底盘温度应随着室温变化而需严格控制，当室温小于 10 ℃ 时，底盘温度应控制在 25 ℃ 以上（用点温计测量主减速器外壳温度）。因为汽车底盘温度的高低决定了汽车行驶阻力，而行驶阻力的大小对油耗检测数据影响较大（通常应做出各典型车型主减速器外壳温度与油耗的关系曲线，然后油耗数据均修正到外壳温度为 25 ℃ 以上的值）。

⑤ 柴油车还应考虑回油问题。

⑥ 轮胎气压（冷态）应符合该车技术条件的规定，误差不超过±0.01 MPa，且左右轮胎花纹一致。

（2）安全应注意以下几点：

① 被测车辆旁必须配备性能良好的灭火器。

② 油耗计用油管应透明、耐油、耐压，油管接头必须用合格的环形夹箍，不得用铅丝缠绕，确保无任何渗漏。

③ 拆卸油管时必须用沙盘接油，不允许用棉纱或其他易燃物接油，不允许燃油流到发动机排气管上。

④ 测试时发动机盖顶须打开，以便观察是否有渗漏现象。测试完毕，安装好原管路后启动发动机，在确保无任何渗漏时方可盖上发动机盖。

（3）清洁应注意以下几点：

① 连接油路时，油耗计底板需处于水平状态，并注意进出口方向；不用时，进出油口必

须加套保护，以防异物进入卡死活塞。

②　油耗计的滤清器在脏物堵塞后，可拆下，并用压力小于 500 kPa 的压缩空气吹除脏物。

（4）油耗与发动机功率。

当一辆汽车油耗超标时，由车主调试油耗合格后必须复核发动机功率是否合格，以避免汽车性能出现顾此失彼的现象。

思考与练习

1. 我国汽车的燃油经济性的评价指标是什么？有几种？各有什么优缺点？

2. 什么是等速百公里燃油消耗量？

3. 影响燃油经济性的结构因素、环境因素和使用因素各有哪些？

4. 如何合理驾驶，以提高汽车的经济性？用高挡行驶为什么会省油？

5. 在汽车排气、气缸冷却系统消耗的能量占燃料燃烧的总能量的比例一般是多少？

6. 汽车的燃油消耗仪有几种？

7. 简述容积式油耗仪的工作原理，并简述其使用注意事项。

8. 画图说明油耗传感器在汽油车和柴油车供油系统中是如何安装的？

9. 台架检测测试汽车经济性时，应注意哪些问题？

10. 汽车燃油消耗量的道路试验包括哪几种？简述燃油经济性道路试验的基本条件。

11. 简述等速燃料消耗量试验与限定条件下的平均使用燃料消耗量试验的方法。

项目四　汽车制动性能与检测

学习目标：

（1）了解汽车制动性能的评价指标；

（2）了解制动时车轮的受力分析；

（3）了解制动时的方向稳定性；

（4）了解影响汽车制动性能的因素；

（5）了解制动时汽车跑偏的原因；

（6）了解汽车制动性台架检测设备与检测标准，熟悉其检测项目与方法；

（7）了解道路试验中被测汽车的制动性条件与检测项目，熟悉汽车道路制动性检测的仪器、检测项目与方法。

模块一　汽车制动性能及要求

一、制动时的受力

汽车制动时，使具有一定运动速度的汽车减速或停车的外力是由地面制动力和空气阻力提供的。由于空气阻力相对较小，所以主要外力实际上由地面制动力提供。当汽车质量一定时，地面制动力越大，制动减速度越大，制动距离越小。

（一）地面制动力

汽车在制动过程中人为地使汽车受到一个与其行驶方向相反的外力，汽车在这一外力作用下迅速地降低车速以至停车，这个外力称为汽车的制动力。一般汽车多用车轮制动器使汽车车轮受到与汽车行驶方向相反的地面切向反作用力的作用，故这时的汽车制动力又称为地面制动力。

地面最大制动力的大小取决于制动器内制动摩擦片与制动鼓（盘）间的摩擦力及轮胎与地面间的附着力。

（二）制动器制动力

制动器制动力是为克服制动器摩擦力矩而在车轮周缘所需施加的切向力。制动器制动力由制动系的设计参数所决定，即取决于制动器的型式、结构尺寸、摩擦系数、车轮半径、制动传动系的油压或气压等。在结构参数一定的情况下，一般它是与制动系的油压或气压成正比的。

（三）地面制动力、制动器制动力与地面附着力的关系

汽车的地面制动力首先取决于制动器制动力，同时又受地面附着条件的限制，只有制动器制动力足够，同时地面附着力较高时，才能获得较高的地面制动力。

（四）硬路面上的附着系数与滑动率

汽车的制动过程实际上并不只是包含滚动和抱死拖滑两种状态，而是从车轮滚动到边滚边滑，再到抱死拖滑的一个渐变的连续过程。汽车制动过程第一阶段：车轮作纯滚动，此时印痕的形状与轮胎胎面花纹基本一致。第二阶段：车轮作边滚边滑的混合运动，此时印痕内还可以辨认出轮胎花纹，但花纹渐趋模糊，且随着制动强度的增大，滑动成分越来越大。第三阶段：车轮作纯滑动，此时车轮抱死拖滑、印痕粗黑，看不出轮胎花纹。以上三个阶段说明，随着制动强度的增大，车轮滚动成分逐渐减小，滑动成分逐渐增大。

二、制动时的方向稳定性

（一）制动跑偏

1. 定 义

制动时原期望按直线方向减停车的汽车自动向左或向右偏驶称为制动跑偏。

2. 原 因

在制动过程中，左、右轮地面制动力增大的快慢不一致，左、右车轮地面制动力不等，特别是转向轮，是产生制动跑偏的主要原因。

（二）制动侧滑

侧滑是指制动时汽车的某一轴或两轴发生横向移动。侧滑与跑偏是有联系的，严重跑偏有时会引起后轴侧滑，易于发生侧滑的车辆也有加剧跑偏的趋势。

制动时发生侧滑，特别是后轴侧滑，会引起汽车偏转，严重时可使汽车掉头。制动时若后轴比前轴先抱死，就易发生后轴侧滑；若使前、后轴同时抱死或前轴先抱死，后轴不抱死，则可防止后轴侧滑。

（三）转向能力的丧失

转向能力的丧失是指弯道制动时，汽车不再按原来的弯道行驶而是沿弯道切线方向驶出，

以及直线行驶时转动转向盘汽车仍按直线方向行驶的现象。一般汽车如后轴不产生侧滑，前轮就可能丧失转向能力；后轴侧滑时，前轮常仍保持转向能力。

只有前轮抱死或前轮先抱死时，因侧向附着系数为零，不能产生任何地面侧向反作用力，汽车才丧失转向能力。

因此，从保证汽车方向稳定性的角度出发，首先不能出现只有后轴车轮抱死或后轴车轮比前轴车轮先抱死的情况，以防止后轴侧滑。其次，尽量减少只有前轮抱死或前后轮都抱死的情况以维持汽车的转向能力。最理想的就是避免任何车轮抱死，以确保制动时的方向稳定性。

三、前后制动器制动力的比例关系

在汽车的制动过程中，前、后轮抱死拖滑的次序对方向稳定性和制动系工作效率都有很大的影响。而前、后轮抱死拖滑的次序取决于前、后制动器制动力和附着力之间的关系，这就是研究前、后制动器制动力分配比例的重要性所在。

四、对汽车制动系的要求

汽车制动系统技术状况的变化直接影响汽车行驶的安全性。GB7258—2004《机动车运行安全技术条件》对汽车的制动性能提出了严格的要求，部分内容如下：

（1）机动车必须设置行车制动、应急制动和驻车制动装置，应能保证汽车行车制动、应急制动和驻车制动的其中一个或两个系统的操纵机构的任何部件失效时，仍具有应急制动功能。

（2）行车制动系的制动踏板自由行程应符合该车的有关技术条件。

（3）行车制动在产生最大制动作用时的踏板力，对于座位数小于或等于 9 的载客汽车应不大于 500 N，对于其他车辆不大于 700 N。驻车制动手操纵时，座位数小于或等于 9 的载客汽车应不大于 400 N，其他车辆不大于 600 N。脚操纵时，座位数小于或等于 9 的载客汽车应不大于 500 N，其他车辆不大于 700 N。

（4）液压行车制动在达到规定的制动效能时，踏板行程不得超过踏板全行程的 3/4，制动器装有自动调整间隙装置的车辆的踏板行程不得超过全行程的 4/5。驻车制动的操纵装置一般应在操纵装置全行程的 2/3 以内产生规定的制动效能，驻车制动机构装有自动调节装置时允许在全行程的 3/4 以内达到规定的制动效能。

（5）采用气压制动的机动车，当气压升至 600 kPa 且不使用制动时，停止空气压缩机 3 min后，其气压的降低值应不大于 10 kPa。在气压为 600 kPa 的情况下，将制动踏板踩到底，待气压稳定后观察 3 min，单车气压降低值不得超过 20 kPa，列车气压降低值不得超过 30 kPa。

（6）采用液压制动的机动车在保持踏板力为 700 N 达到 1 min 时，踏板不得有缓慢向地板移动的现象。

（7）气压制动系统必须装有限压装置，确保储气筒内气压不超过允许的最高气压。

（8）采用气压制动系统的机动车，发动机在 75% 的标定功率转速下，4 min（汽车列车为6 min，城市铰接公共汽车和无轨电车为 8 min）内气压表的指示气压应从零开始升至起步气压（未标起步气压者，按 400 kPa 计）。

（9）汽车和无轨电车行车制动必须采用双管路或多管路，当部分管路失效时，剩余制动效能仍能保持原规定值的30%以上。

（10）机动车在运行过程中，不应有自行制动现象。当挂车与牵引车意外脱离后，挂车应能自行制动，牵引车的制动仍然有效。

为了保证汽车具有良好的制动性能，制动系统一般应达到：

（1）制动性能良好。即制动距离、制动力、制动减速度和制动协调时间应符合要求。

（2）制动稳定性良好。即制动不跑偏，不侧滑。用制动距离检验制动性能时，要求车辆的任何部位不能超过规定的试车道宽度；在制动试验台上进行性能检验时，左右轮制动力差符合规定的标准。

（3）操纵轻便。即操纵制动系统的力不能过大，应符合标准规定。

（4）工作可靠。即制动系统的零部件必须十分可靠，并保证在遇到特殊情况时能够有足够的应急制动性能。

模块二 影响汽车制动性能的主要因素

一、轴间负荷分配的影响

汽车的制动性与汽车的结构及使用条件有关。如汽车轴间负荷的分配、载质量、制动系的结构、利用发动机制动、行驶速度、道路情况、驾驶方法等，均对制动过程有很大影响。

汽车制动时，前轴负荷增加，后轴负荷减小。如果前、后轮制动器制动力根据轴间负荷的变化分配，符合理想分配的条件，则前、后轮同时抱死。如果前、后轮制动器制动力的比例为定值，则只有在具有同步附着系数的路面上，前、后轮才能同时抱死。

二、制动力的调节和车轮防抱死

（一）制动力的调节

为了防止制动时后轮抱死而发生危险的侧滑，汽车制动系的前、后轮制动器制动力的实际分配线应当总在理想的前、后轮制动器制动力分配曲线（I 曲线）下方。为了减少前轮失去转向能力的倾向和提高制动系效率，实际分配线越接近 I 曲线越好。如果能按需要改变实际分配线使之达到上述目的，将比前、后轮制动器制动力具有固定比值的汽车具有更大的优越性。为此，在现代汽车制动系中装有各种压力调节装置。

常见的压力调节装置有限压阀、比例阀、载荷控制比例阀、载荷控制限压阀。

采用比例阀，在制动系油压达到某一值以后，比例阀自动调节前、后轮制动器油压，使前、后轮制动器制动力仍维持直线关系，但直线的斜率小于45°。实际分配线变为折线，实际分配线总在 7 曲线之下，而且接近 I 曲线，但它仅适合于一种载荷下的实际分配线与 I 曲线配合。

（二）车轮的防抱死

采用按理想制动器制动力分配曲线来改变实际分配线的制动系能提高汽车制动时的方向稳定性，且制动系效率也较高。但各种调节装置的归线常在曲线的下方，因此不管在什么路面上制动时，前轮仍将抱死，可能使汽车失去转向能力。当滑动率 $s=10\% \sim 20\%$ 时，附着系数最大；而车轮完全抱死，即 $s=100\%$ 时，附着系数反而下降。一般汽车的制动系，包括装有调节阀、能改变实际分配线的制动系，都无法利用峰值附着系数，在紧急制动时，常常是利用较小的滑动附着系数使车轮抱死。

为了充分发挥轮胎与地面间的潜在附着能力，全面满足对汽车制动性的要求，已采用了多种型式的制动防抱死装置。有了防抱死装置，在紧急制动时，就能防止车轮完全抱死，而使车轮处于滑动率为 $10\% \sim 20\%$ 的状态。此时，纵向附着系数最大，侧向附着系数也很大，从而使汽车在制动时不仅有较强的抗后轴侧滑能力，保证汽车的行驶方向稳定性，而且有良好的转向操纵性。由于利用了峰值附着系数，也能充分发挥制动效能，提高制动减速度和缩短制动距离。

三、汽车载质量的影响

对于载质量较大的汽车，因前、后轮的制动器设计，一般不能保证在任何道路条件下都使其制动力同时达到附着极限，所以汽车的制动距离就会由于载质量的不同而发生差异。实践证明，对于载质量为 3 t 以上的汽车，大约载质量每增加 1 t，其制动距离平均要增加 1.0 m。即使是同一辆汽车，在装载质量和方式不同时，由于重心位置变动，也会影响汽车的制动距离。

四、车轮制动器的影响

车轮制动器的摩擦副、制动鼓的构造和材料，对于制动器的摩擦力矩和制动效能的热衰退都有很大影响。在设计制造中应选用好的结构型式及材料，在使用维修中也应注意摩擦片的选用。

制动器的结构型式不同，其制动器效率不同。制动器效能因数大，则在制动鼓半径和制动器张力相同的条件下，制动器所能产生的制动力矩也大；但当制动器摩擦副的摩擦系数下降时，其制动力矩将显著下降，制动性能的稳定性较差。

制动器的技术状况不仅和设计制造有关，而且和使用维修情况有密切关系。制动摩擦片与制动鼓的接触面积不足或接触不均匀，将降低制动摩擦力矩；而且局部接触的面积和部位不同，也将引起制动性能的差异。

制动摩擦片的表面不清洁，如沾有油、水或污泥时，摩擦系数将减小，制动力矩即随之降低；如汽车涉水之后水渗入制动器，则其摩擦系数将急剧下降 $20\% \sim 30\%$。

五、制动初速度的影响

制动初速度高时，需要通过制动消耗的运动能量也大，故制动距离会延长。制动初速度越高，通过制动器转化产生的热量也越多，制动器的温度也越高。制动蹄片的摩擦性能会随温度的升高而降低，导致制动力衰减，制动距离增长。

六、利用发动机制动

发动机的内摩擦力矩和泵气损耗可用来作为制动时的阻力矩，而且发动机的散热能力要比制动器强得多。一台发动机在单位时间内大约有相当于其功率 1/3 的热量必须散发到冷却介质中去，因此，可把发动机当做辅助制动器。

发动机常用作减速制动和下坡时保持车速不变的惯性制动，一般用上坡的挡位来下坡。

必须注意的是，在紧急制动时，发动机不仅无助于制动，反而需要消耗一部分制动力去克服发动机旋转质量的惯性力，因此，这时应脱开发动机与传动系的连接。

发动机的制动效果对汽车制动性的影响很大。它不仅能在较长的时间内发挥制动作用，减轻车轮制动器的负担，而且由于传动系中差速器的作用，可将制动力矩平均地分配在左、右车轮上，以减少侧滑甩尾的可能性。在光滑的路面上，这种作用就显得更为重要。此外，由于发动机的制动作用，在行车中可显著地减少车轮制动器的使用次数，对改善驾驶条件颇为有利。同时，又能经常保持车轮制动器处于低温而发挥最大制动效果，以备紧急制动时使用。

有些适合山区使用的柴油车，为了加强发动机的制动效果，在排气歧管的末端安装有排气制动器。排气制动器中设有阀门，制动时将阀门关闭，以增大排气歧管中的反压力，从而产生制动作用。这种方法称为排气制动。这时发动机作为"耗功机"（压缩机）。特别是在下长坡时，用发动机进行辅助制动，更能发挥其特殊的优越性。应用这种方法，一般可使发动机制动时所吸收的功率达到发动机有效功率的 50%以上。

七、道路条件的影响

道路的附着系数限制了最大制动力，故它对汽车的制动性有很大的影响。当制动的初速度相同时，随着值的减小，制动距离随之增加。

由于冰雪路面上的附着系数特别小，所以制动距离增大。特别要注意冰雪坡道上的制动距离，并应利用发动机制动。有计算表明，在冰雪路面上，利用发动机制动的辅助作用可使制动距离缩短 20%～30%。在冰雪路面上制动时，方向稳定性变坏，当车轮被制动到抱死时侧滑的危险程度将更大。

汽车在冰雪路面上行驶时，应加装防滑链。

八、驾驶技术的影响

驾驶技术对汽车制动性有很大影响。制动时，如能保持车轮接近抱死而未抱死的状态，便可获得最佳的制动效果。经验证明，在制动时，如迅速交替地踩下和放松制动踏板，即可提高其制动效果。因为此时车轮边滚边滑，轮胎着地部分不断变换，故可避免由于轮胎局部剧烈发热胎面温度上升而降低制动效果。在紧急制动时，驾驶员如能急速踩下制动踏板，则制动系的协调时间将缩短，从而缩短制动距离。在光滑路面上不可猛烈踩制动踏板，以免因制动力过大而超过附着极限，导致汽车侧滑。

模块三　制动性能的检测

根据国家标准 GB7258—2004《机动车运行安全技术条件》的规定，机动车可以用制动距离、制动减速度和制动力检测制动性能，检测设备有五轮仪、制动减速度仪和制动试验台。

制动性能检测分为台试法和路试法两种。用五轮仪和制动减速度仪检测汽车制动性能须在道路试验中进行，称为路试法。台试法使用制动试验台进行检测。与路试法相比，台试法具有迅速、准确、经济、安全，不受自然条件的限制，试验重复性好以及能定量地指示出各车轮的制动力等优点，因而在国内外获得了广泛应用。

一、用制动试验台检测制动性能

（一）制动试验台的结构与工作原理

1. 制动试验台的类型

制动试验台根据不同分类方法可分为多种类型。按试验台测量原理不同，可分为反力式和惯性式两类；按试验台支承车轮形式不同，可分为滚筒式和平板式两类；按试验台检测参数不同，可分为测制动力式、测制动距离式和多功能综合式三类；按试验台测量装置至指示装置传递信号方式不同，可分为机械式、液压式和电气式三类；按试验台同时能测车轴数不同，又可分为单轴式、双轴式和多轴式三类。上述类型中，单轴测力式（测制动力）滚筒制动试验台获得了广泛应用。

2. 测力式滚筒制动试验台的组成

单轴测力式滚筒制动试验台的结构如图 4-1 所示。它由框架、驱动装置、滚筒装置、测量装置、举升装置和指示与控制装置等组成。

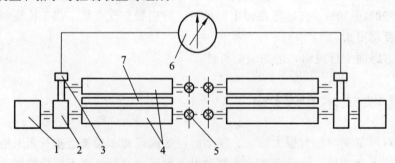

图 4-1　单轴测力式滚筒制动试验台

1—电动机；2—减速器；3—测量装置；4—滚筒装置；5—链传动；6—指示与控制装置；7—举升装置

（1）驱动装置。驱动装置由电动机、减速器和传动链条等组成。电动机的转动通过减速器内的蜗轮蜗杆传动和一对圆柱齿轮传动后传递给主动滚筒,主动滚筒又通过链传动把动力传递给从动滚筒。减速器与主动滚筒共用一轴,减速器壳体处于浮动状态。车轮制动时,该壳体能绕轴摆动,把制动力矩传给测力杠杆。

(2)滚筒装置。滚筒装置由四个滚筒组成,左右各一对独立设置,滚筒相当于一个活动路面,被测车轮置于两滚筒之间,用来支承被检车轮,并在制动时承受和传递制动力。

(3)测量装置。测量装置主要由测力杠杆、测力传感器等组成。测力杠杆一端与传感器连接,另一端与减速器壳体连接。装在测力杠杆前端的测力传感器有自整角电机式、电位计式、差动变压器式或电阻应变片式等多种类型,传感器能把测力杠杆的位移或力变成反映制动力大小的电信号,送入指示与控制装置。

(4)举升装置。为了便于汽车出入试验台,在两滚筒之间设有举升装置。举升装置一般由举升器、举升平板和控制开关等组成。举升器有气压式、液压式和电动式等形式。

(5)指示与控制装置。指示装置有电子式与计算机式之分。电子式的指示装置多配以指针式仪表,这种仪表有一轴单针式和一轴双针式两种型式:单针式只指示一个车轮的制动力,左右车轮需分别设置;双针式可同时指示左右轮制动力。微机式指示装置多配以数字式显示器。控制装置有手动式和计算机自动式两种。

3. 制动试验台检测原理

将被检车左右车轮置于每对滚筒之间,用电动机通过减速器、链传动使主、从动滚筒带动车轮旋转,然后用力踩下制动踏板,车轮给滚筒一个与其转动方向相反的摩擦作用力矩,该力矩大小与滚筒对车轮的制动力矩相等,并驱动浮动的减速器壳体偏转,迫使连接在减速器壳体上的测力杠杆产生位移,通过测力传感器转换成反映制动力大小的电信号,由计算机采集、处理后,指令电动机停转,并由指示装置指示或由打印机打印检测到的数值。

制动力的诊断参数标准是以轴制动力占轴荷的百分比为依据的,因此必须在测得轴荷及轴制动力后才能评价轴制动性能,所以,测力式滚筒制动试验台需要配备轴重计或轮重仪,有些制动试验台本身带有内置式轴重测量装置。另外,有些试验台在两滚筒之间装有直径较小的第三滚筒,其上带有转速传感器,其作用是一旦检测时车轮制动抱死,其上的转速传感器送出的电信号可使滚筒立即停转,防止轮胎剥伤。

(二)制动试验台的检测方法

下面以测力式滚筒制动试验台为例介绍使用方法。

(1)将制动试验台指示与控制装置上的电源开关打开,按使用说明书的要求预热至规定时间。

(2)如果指示装置为指针式仪表,则检查指针是否在零位,若不在零位则应调零。

(3)检查并清洁制动试验台滚筒上粘有的泥、水、砂、石等杂物。

(4)核实汽车各轴轴荷,不得超过制动试验台允许载荷。

(5)检查并清除汽车轮胎上粘有的泥、水、砂、石等杂物。

(6)检查汽车轮胎气压是否符合规定,若不符合则应充气至规定气压。

(7)升起制动试验台举升器。

（8）汽车被测车轴在轴重计或轮重仪上检测完轴荷后，应尽可能沿垂直于滚筒的方向驶入制动试验台。先前轴，再后轴，使车轮处于两滚筒之间。

（9）汽车停稳后，变速杆置于空挡位置，行车制动器和驻车制动器处于完全放松状态，能测制动时间的试验台还应把脚踏开关套在制动踏板上。

（10）降下举升器，至举升器平板与轮胎完全脱离为止。

（11）如制动试验台带有内置式轴重测量装置，则应在此时测量轴荷。

（12）启动电动机，使滚筒带动车轮转动，先测出车轮阻滞力。

（13）用力踩下制动踏板，检测轴制动力。一般在 1.5～3.0 s 后或第三滚筒（如带有）发出信号后，制动试验台滚筒自动停转。

（14）读取并打印检测结果。

（15）升起举升器，驶出已测车轴，驶入下一车轴，按上述同样方法检测轴荷和制动力。

（16）当与驻车制动器相关的车轴在制动试验台上时，检测完行车制动性能后应重新启动电动机，在行车制动器完全放松的情况下，用力拉紧驻车制动器操纵杆，检测驻车制动性能。

（17）所有车轴的行车制动性能及驻车制动性能检测完毕后，升起举升器，汽车驶出制动试验台。

二、汽车制动性能检测标准

国家标准 GB7258—2004《机动车运行安全技术条件》在检验制动性能参数标准中有以下规定。

（一）台式检测标准（制动力的诊断参数标准）

1. 行车制动性能检测

（1）制动力。汽车、汽车列车在制动试验台上测出的制动力应符合表 4-1 的要求，对空载检测制动力有质疑时，可用表中规定的满载检验制动力要求进行检测。

表 4-1　台式检测制动力要求

车辆类型	制动力总和与整车重量的百分比		轴制动力与轴荷的百分比	
	空　载	满　载	前　轴	后　轴
汽车、汽车列车、无轨电车和四轮农用运输车	≥60	≥50	≥60	—

空载和满载状态下测试均应满足此要求。

（2）制动力平衡要求。在制动力增长全过程中，左右轮制动力差与该轴左右轮中制动力大者之比对前轴应≤20%，对后轴应≤24%。

（3）制动协调时间。制动协调时间是指在紧急制动时，从踏板开始动作至车轮制动力达到表 4-1 所规定的制动力的 75% 时所需的时间。汽车单车制动协调时间应≤0.6 s，汽车列车制动协调时间应≤0.8 s。

（4）车轮阻滞力。车轮阻滞力是指行车和驻车制动装置处于完全释放状态，变速器置于空挡位置时，试验台驱动车轮所需的作用力。汽车各车轮的阻滞力不得大于该轴轴荷的 5%。

2. 驻车制动性能检测

当采用制动试验台检查车辆驻车制动力时，车辆空载，乘坐一名驾驶员，使用驻车制动装置，驻车制动力的总和应不小于该车在测试状态下整车重量的 20%；对总质量为整备质量 1.2 倍以下的汽车，此值应为 15%。

（二）路试检测标准（制动距离、制动减速度的诊断参数标准）

1. 行车制动性能检测

（1）制动距离。车辆在规定的初速度下的制动距离和制动稳定性应符合表 4-2 的要求，对空载检测制动距离有质疑时，可用表中满载检测的制动性能要求进行检测。

表 4-2　制动距离和制动稳定性要求

车辆类型	制动初速度/（km/h）	满载检测的制动距离/m	空载检测的制动距离/m	制动稳定性要求车辆任何部位不得超出的试车道宽度/m
座位数≤9 的载客汽车	50	≤20	≤19	2.5
总质量≤4.5 t 的汽车	50	≤22	≤21	2.5
其他汽车、汽车列车	30	≤10	≤9	3.0

对 3.5 t<总质量≤4.5 t 的汽车，试车道宽度为 3 m。

（2）充分发出的平均减速度。汽车、汽车列车在规定的初速度下急踩制动时充分发出的平均减速度和制动稳定性应符合表 4-3 的要求。对空载检测制动性能有质疑时，可用表中满载检测的制动性能要求进行检测。

（3）制动协调时间。制动协调时间是指在急踩制动时，从踏板开始动作至车辆减速度达到表 4-3 规定的车辆充分发出的平均减速度的 75%时所需的时间。单车制动协调时间应 ≤0.6 s，列车制动协调时间应≤0.8 s。

2. 驻车制动性能检验

在空载状态下，驻车制动装置应能保证车辆在坡度为 20%（总质量为整备质量的 1.2 倍以下的车辆为 15%）、轮胎与路面间的附着系数≥0.7 的坡道上正、反两个方向保持固定不动的时间应≥5 min。

表 4-3　制动减速度和制动稳定性要求

车辆类型	制动初速度（km/h）	满载检验充分发出的平均减速度/（m/s²）	空载检验充分发出的平均减速度/（m/s²）	制动稳定性要求车辆任何部位不得超出的试车道宽度/m
座位数≤9 的载客汽	50	≥5.9	≥6.2	2.5
总质量≤4.5 t 的汽车	50	≥5.4	≥5.8	2.5
其他汽车、汽车列车	30	≥5.0	≥5.4	3.0

对 3.5 t<总质量≤4.5 t 的汽车，试车道宽度为 3 m。

三、汽车的制动效能的检验

（一）用制动距离法检验制动效能

制动距离是指机动车在规定的初速度下急踩制动踏板时，从脚接触制动踏板（或手触动制动手柄）时起至车辆停住时为止，车辆驶过的距离。它是评价汽车制动效能最直观的指标。

1. 用制动距离检验

制动试验是在平坦、坚硬、干燥、清洁的水泥或沥青路面上进行的。汽车紧急制动的制动距离与能够产生的稳定制动力、制动减速度的增长速度、制动协调时间等因素有关。

实测制动距离必须在以下条件下进行：

（1）路面良好、干燥、清洁、平直，且轮胎与地面间的附着系数不小于 0.7 的水泥或沥青路面；

（2）发动机与传动系脱开；

（3）在用车进行空载检验，制造厂出厂的新车进行满载检验；

（4）在用车检验时，气压制动系储气筒气压表的指示气压不大于 590 kPa。液压制动系有加力装置时的踏板力不大于 350 N，无加力装置时的踏板力不大于 600 N。新车检验时，气压制动系气压表的指示气压不大于额定气压（CA1091 为 784～813 kPa、EQ1090 为 637～735 kPa、JN162 为 764～804 kPa）。液压制动系，有加力装置的踏板力不大于 400 N，无加力装置时踏板力不大于 700 N。

检验时，在规定的初速度下紧急制动，若其实测制动距离不大于允许值，则制动的方向稳定性达到要求。在规定的较高车速下，只有点刹时的方向稳定性达到要求，才能判定为合格；若紧急制动的制动距离达到要求，制动的方向稳定性达不到要求，则应判为不合格。

2. 根据拖印长度反推制动初速度

在交通事故处理中，有时要判断驾驶员是否违章超速行驶时，就要由实测的轮胎在地面上形成的印痕长度反推出制动初速度。

制动距离是一个反应整车制动性能好坏的参数。它不能反映出各个车轮的动力分配情况。当制动距离延长时，也反应不出具体是什么故障（如有关调整、装配质量等）使车辆制动性能变差。

（二）用制动力法检验制动效能

制动力是使汽车强制地减速以至停车的最本质因素。制动力的变化特性表征了减速度的变化特性，间接地反映了制动距离的变化。因此，用制动力检验汽车的制动效能是从本质上进行的检验方法，能够全面地评价汽车的制动性能。

（三）用制动减速度法检验制动效能

制动减速度按测试、取值和计算的方法不同，可分为制动稳定减速度和充分发出的平均减速度。

1. 制动稳定减速度

用制动减速度仪测取的制动减速度随时间的变化曲线，取其最大稳定值为制动稳定度，制动到所有车轮都处于抱死状态时，所能达到的制动稳定减速度和车轮与路面的附着系数成正比，比例系数为重力加速度，与汽车的总质量无关。

制动稳定减速度亦是评价制动性能的参数之一，用制动减速仪来检测车辆的制动减速度时，从理论上讲，制动初速度的大小对测量值没有影响；测试时，受路面不平整度的影响较小；测量仪器本身结构简单，使用方便。

2. 充分发出的平均减速度

充分发出的平均减速度是在车辆制动试验中用速度计测得了制动距离和速度的情况下，充分发出的平均减速度不受测试时车辆倾角的影响，能较准确地反映车辆的制动减速特性。在安全条件规定中采用充分发出的平均减速度 MFDD 指标代替 GB7258—87（旧安全条件）中的制动稳定减速度。

（四）改善制动效能的措施

1. 增大制动器制动力

增大制动蹄与制动鼓接合面积，采用制动蹄摩擦面圆弧半径稍大于制动鼓内径及合理调整蹄、鼓间隙的办法可以达到这一要求；应保持摩擦表面的摩擦系数；必要时重新调整制动控制阀的平衡弹簧，加大预紧力，使制动气室的气压和储气筒的气压接近，以增大制动蹄对制动鼓的压紧力。

2. 缩短制动协调时间

减少制动系机械部分的旷量，适当减少制动踏板的自由行程，保持制动管路畅通和气、液路系统的密封，适当缩小蹄鼓间隙。

四、制动效能的恒定性

制动效能指标是在冷态制动（即制动器的工作温度在 100 ℃ 以下）时讨论的。汽车在下长坡或高速制动的情况下，制动器的工作温度常在 300 ℃ 以上，有时竟高达 600～700 ℃，使得制动器的摩擦力矩显著下降，汽车的制动效能会显著降低，该现象称为制动效能的热衰退。制动效能的恒定性主要是指制动器的抗热衰退能力。

制动器的结构型式对抗热衰退的能力有较大影响。制动器的结构型式不同，其制动效率也不同。为了进行定量比较，采用制动效能因数这一指标，其意义为单位制动泵推力所产生的制动器摩擦力。自动增力式制动器有较大的制动效能因数，因此摩擦系数稍有下降，就会使制动器的摩擦力矩大幅度下降。盘式制动器的效能因数低于鼓式制动器，但具有良好的稳定性，因而被广泛应用于轿车和重型矿用汽车。此外，盘式制动器的制动盘具有容易散热，热膨胀后摩擦片与制动盘压得紧，涉水后恢复快等优点，使其能保持恒定的制动效能。

思考与练习

1. 汽车的综合评价指标是什么？各有什么含义？

2. 汽车的地面制动力是如何产生的？地面制动力、制动器制动力与附着力之间有何关系？

3. 影响汽车制动性的主要因素有哪些？

4. 目前最常用的制动试验台有哪几种主要形式？

5. 简述反力式制动试验台的基本组成、测试原理与使用注意事项。

6. 对于台架检测制动性能，国标对行车制动、应急制动、驻车制动性能有哪些具体要求？

7. 简述台架检测与道路试验测试制动性能的特点。

8. 路试检测制动性能的主要项目有哪些？环境条件与道路条件有哪些？

9. 制动性路试检测项目有哪些？制动性台架检测项目有哪些？它们的技术要求是什么？

项目五　汽车操纵稳定性与检测

学习目标：

（1）了解影响侧偏特性的因素；

（2）了解影响转向特性的因素；

（3）了解自由行程的形成原因和定义；

（4）掌握汽车操纵稳定性的检测方法；

（5）学会分析汽车操纵稳定性的影响因素。

模块一　概　述

一、汽车的操纵稳定性

1. 汽车的操纵稳定性定义

汽车的操纵稳定性是指在驾驶者不感到过分紧张、疲劳的条件下，汽车能遵循驾驶者通过转向系及转向车轮给定的方向行驶，且当遭遇外界干扰时，汽车能抵抗干扰而保持稳定行驶的能力。

2. 汽车的操纵稳定性的重要性

汽车的操纵稳定性不仅影响到汽车驾驶的操纵方便程度，也是决定高速汽车安全行驶的一个主要性能，成为现代汽车的重要使用性能之一。

二、轮胎的侧偏特性

轮胎的侧偏特性是轮胎机械特性的一个重要部分。本节将讨论轮胎的侧偏现象与侧偏特性。侧偏特性主要是指侧偏力、回正力矩与侧偏角间的关系，它是研究汽车操纵稳定性的基础。

（一）影响侧偏特性的因素

轮胎的尺寸、型式和结构参数对侧偏刚度有显著影响。尺寸较大的轮胎有较高的侧偏刚度。子午线轮胎接地面宽，一般侧偏刚度较高。钢丝子午线轮胎比尼龙子午线轮胎的侧偏刚度还要高些。

轮胎断面高与轮胎断面宽之比称为扁平率。早期轮胎的扁平率为 100%，现代轮胎的扁平率逐渐减小，目前不少轿车已采用扁平率为 60% 或称为 60 系列的宽轮胎。扁平率对轮胎侧偏刚度影响很大，采用扁平率小的宽轮胎是提高侧偏刚度的主要措施。扁平率为 60% 的 60 系列轮胎的侧偏刚度有大幅度提高。当扁平率为 50% 时，侧偏力（即侧偏刚度）比扁平率为 80% 的轮胎提高了 70%。

汽车行驶中，轮胎的垂直载荷常有变化。例如，转向时，内侧车轮轮胎的垂直载荷减小，外侧车轮轮胎的垂直载荷增大。垂直载荷的变化对轮胎侧偏特性有显著影响。

当垂直载荷增大后，侧偏刚度随垂直载荷的增加而加大，但垂直载荷过大时，轮胎产生很大的径向变形，侧偏刚度反而有所减小。

轮胎的充气压力对侧偏刚度也有显著影响。随着气压的增加，侧偏刚度增大，但气压过高后刚度不再变化。

行驶车速对侧偏刚度的影响很小。

上面讨论的是没有切向反作用力作用时轮胎的侧偏特性。实际上，在轮胎上常同时作用有侧向力与切向力。试验表明，在一定侧偏角下，驱动力或制动力增加时，侧偏力逐渐减小，这是由于轮胎侧向弹性有所改变的缘故。当纵向力相当大时，侧偏力显著下降。因为此时接近附着极限，切向力已耗去大部分附着力，而侧向能利用的附着力很少。路面的粗糙程度、干湿状态对侧偏特性，尤其是最大侧偏力，有很大影响。粗糙路面较光滑路面的最大侧偏力大，同种路面干态较湿态路面的最大侧偏力大。

路面有薄水层时，由于滑水现象，会出现完全丧失侧偏力的情况。轮胎在不同轮胎胎面、路面粗糙度和水层厚度等条件下，最大侧偏力的降低情况不同：水层厚 1.2 mm 时，在粗糙路面上，开有 4 条沟槽的胎面能防止滑水现象；水层厚 7.62 mm 时，不论胎面有无沟槽、路面是否粗糙，当车速为 80 km/h 时均出现滑水现象，此时最大侧偏力为零。

（二）有外倾角时轮胎的滚动

汽车两前轮有外倾角，具有绕各自旋转轴线与地面的交点滚动的趋势，若不受约束，就犹如发生侧偏一样，将偏离正前方而各自向左、右侧滚动。实际上，由于前轴的约束，两个车轮只能一起向前行驶。

随着外倾角的增大，胎面与路面的接触情况愈来愈差，会影响最大地面侧向反作用力（侧向附着力）而损害汽车的极限性能（降低极限侧向加速度）。所以高速轿车，特别是采用超宽断面轮胎的竞赛车，转弯行驶时承受大部分前侧向力的前外轮应垂直于地面，外倾角等于零。摩托车转弯时，车轮外倾角很大，为了保证最大地面侧向反作用力，摩托车车轮胎具有圆形断面。

车轮有外倾角时还产生回正力矩。按照轮胎坐标系的规定，正侧偏角对应负的侧偏力与正的回正力矩；正外倾角对应负的外倾侧向力与负的外倾回正力矩。

三、汽车的转向特性

为了便于掌握操纵稳定性的基本特性，我们将对一个简化为线性二自由度的汽车模型进行研究。分析中忽略转向系统的影响，直接以前轮转角作为输入；忽略悬架的作用，认为汽车只作平行于地面的运动，即汽车沿 z 轴的位移，绕 y 轴的俯仰角与绕 x 轴的侧倾角均为零。汽车沿 x 轴的前进速度 u 视为不变。因此，汽车只有沿 x 轴的侧向运动与绕 z 轴的横摆运动这样两个自由度。此外，汽车的侧向加速度限定在 $0.4g$ 以下，轮胎侧偏特性处于线性范围。在建立运动微分方程时还假设，驱动力不大，不考虑地面切向力对轮胎侧偏特性的影响，没有空气动力的作用，忽略左右车轮轮胎由于载荷的变化而引起轮胎特性的变化以及轮胎回正力矩的作用。

分析时，令车辆坐标系的原点与汽车质心重合。显然，汽车的质量分布参数，如转动惯量等，对固结于汽车的这一动坐标系而言为常数，这正是采用车辆坐标系的方便之处。因此，只要将汽车的（绝对）加速度与（绝对）角加速度及外力与外力矩沿车辆坐标系的轴线分解，就可以列出沿这些坐标轴的运动微分方程。

（一）前轮角阶跃输入下进入的汽车稳态响应——等速圆周行驶

1. 稳态响应

汽车等速行驶时，在前轮角阶跃输入下进入的稳态响应就是等速圆周行驶。常用输出与输入的比值，如稳态时的横摆角速度与前轮转角之比来评价稳态响应。这个比值称为稳态横摆角速度增益，也称为转向灵敏度，

2. 稳态响应的三种类型

（1）中性转向。中性转向的汽车，当转向盘保持一个固定的转角加减速行驶时，汽车的转向半径不变，即转向半径与车速无关。

（2）不足转向。它是表征不足转向量的一个参数。

（3）过多转向。由于过多转向汽车有失去稳定性的危险，故汽车都应具有适度的不足转向特性。

3. 几个表征稳态响应的参数

（1）前、后轮侧偏角绝对值之差。

前、后轮侧偏角绝对值之差增加时，转向半径增加，汽车具有不足转向特性；前、后轮侧偏角绝对值之差减小时，转向半径减小，汽车具有过多转向特性；绝对值等于零时，汽车为中性转向。

（2）转向半径的比值。

（二）影响转向特性的因素

1. 汽车的质量分配与车轮侧偏刚度的匹配

在汽车设计及改装中，应使汽车的质量在前后轴上的分配与车轮的侧偏刚度相适应，使稳定性因数 >0，以保证汽车的不足转向性。

前置发动机前驱动的轿车，前轴上的轴荷较大，转弯时前轴承担的离心惯性力较大，在

前后车轮侧偏刚度相同的情况下，前轮会产生较大的侧偏角，故趋向于呈不足转向性。反之，后置发动机后驱动的轿车则趋向于呈过多转向性。

2. 轮胎气压的影响

轮胎气压对侧偏刚度影响很大，降低轮胎气压，侧偏刚度下降，可以产生较大的侧偏角。

汽车说明书中规定的轮胎气压是考虑了获得不足转向性的数值，故使用中应注意在冷态下检查并按说明书的规定调整轮胎的充气压力。有的高速轿车甚至规定了每种乘坐条件及不同季节时前后轮胎的充气压力，以确保需要的不足转向性。前轮气压低于规定值时，仅使汽车不足转向性增大，转向灵敏度（即横摆角速度）增益下降；而后轮气压过低时，后轮的侧偏角加大，甚至使原来是不足转向性的汽车变为过多转向性汽车，对操纵稳定性带来严重不良影响。

3. 轮胎结构的影响

不同结构（帘布层数、扁平率等）、不同型式（子午线轮胎、普通斜交轮胎）的轮胎，侧偏刚度不同，可能使汽车具有过多转向性。

子午线轮胎和普通斜交帘线轮胎在车上混合装用对汽车的操纵性有严重影响。子午线轮胎侧偏刚度大，若仅前轮改用子午线轮胎，可使前轮侧偏角减少，如果小于后轮侧偏角，可使原为不足转向性的汽车变为过多转向性汽车。

扁平率小的宽轮胎，侧偏刚度大，产生的侧偏角小。因此，如仅前轮换用扁平率小的轮胎，则汽车会产生过多转向的倾向；如仅后轮换用，则汽车会产生不足转向的倾向。

4. 驱动型式的影响

转向时，施加于轮胎上的切向力增加，轮胎的侧偏刚度下降，使产生的侧偏角增加。因此，后轮驱动的车辆，转向时施加驱动力，会使后轮侧偏角增加，有减少不足转向性，向过多转向性转化的倾向；前轮驱动的汽车，转向时施加驱动力，使前轮侧偏角增加，有增加不足转向性的作用。

5. 左、右轮垂直载荷再分配的影响

轮胎侧偏刚度在一定范围内随垂直载荷的增加而增加。在侧向力作用下，若前轴左右轮垂直载荷变动量大，则汽车趋向于减少不足转向性。由于增加前悬架的角刚度（车身每侧倾 1°，在前悬架上需施加的侧倾力矩值），能使侧倾力矩分摊到前轴上的数值增加，因而能使前轴左右轮垂直载荷的变动量加大；减少后悬架的角刚度，能使侧倾力矩分摊到后轴上的数值减少，因而后轴左右轮垂直载荷的变动量减少，有利于增加汽车的不足转向性。

6. 轴转向的影响

车身侧倾时，由于悬架导向杆件的运动学关系，会使前轴或后轴相对于车身转动某一角度。这使轮心运动方向发生变化，具有与侧偏现象相同的效果，所以这种现象称为运动学侧偏，或称轴转向。

车身侧倾时，由于悬架变形，使后轴沿离心力对该轴中点之矩相反的方向转过某一角度

（由虚线转至实线位置），则汽车趋向于增加不足转向性；若后轴沿离心力对该轴中点之矩相同方向转过某一角度，则汽车趋向于减少不足转向性。如果前轴为非独立悬架，也存在轴转向问题，其分析的结论是相同的。

7. 侧倾时车轮外倾角变化的影响

车身侧倾时，由于悬架型式的不同，车轮外倾角会发生变化，使轮心前进方向发生变化，这与轮胎侧偏具有相同效果，可以使汽车的转向特性发生变化。

8. 轮胎回正力矩对侧偏的影响

汽车转弯时各轮上都受回正力矩的作用，有使前后轴侧偏角加大的效果。作用在前轮上的回正力矩，有增加不足转向的倾向；作用在后轮上的回正力矩，有减少不足转向的倾向。由于前轮的回正力矩较大，故汽车回正力矩的总效果往往趋向于增加不足转向性。

四、汽车的纵翻和侧翻

汽车在纵向坡道上行驶，如等速上坡时，随着道路坡度增大，前轮的地面法向反作用力不断减小。当道路坡度大到一定程度时，前轮的地面法向反作用力为零。在这样的坡度下，汽车将失去操纵，并可能产生纵向翻倒。汽车上坡时，坡度阻力随坡度的增大而增加，在坡度大到一定程度时，为克服坡度阻力所需的驱动力超过附着力时，驱动轮将滑转。这两种情况均使汽车的行驶稳定性遭到破坏。

汽车在行驶过程中经常需要改变行驶方向（即转向），这时，驾驶员通过汽车转向系使汽车转向桥（一般是前桥）上的车轮（转向轮）相对于汽车纵轴线偏转一定角度。另外，当汽车直线行驶时，转向轮往往会受到路面侧向干扰力的作用而自动偏转，改变汽车原来的行驶方向。此时，驾驶员可以通过汽车的转向系统使转向轮向相反的方向偏转，恢复汽车原来的行驶方向。尽管现代汽车转向系的结构形式多种多样，但都包括转向操纵机构、转向器和转向传动机构三个基本组成部分。

模块二　转向系性能与检测

一、转向盘自由行程

1. 定　义

转向盘自由行程是指转向轮在直线行驶位置时，转向盘的空转角度。

2. 产生原因

由于转向系各传动件之间不可避免地存在着装配间隙，并且这些间隙将随着零件的磨损而增大。因此，在转动转向盘时，首先必须消除各种配合间隙后，才能带动转向轮转动，也就是说，转向盘必须首先空转一个角度后，转向轮才会偏转。

3. 作　用

适当的自由行程可以缓和路面冲击载荷作用，减轻驾驶员的疲劳，并使转向操纵柔和。但从转向灵敏性考虑，转向盘的自由行程不能太大，否则会使转向迟钝。

二、检查和调整转向角

将汽车前轮放在转向测量器上，左右转动转向盘到极限位置，即可测定内外轮的转向角，标准值为：内轮 34°，外轮 31°。可用左、右调整螺栓进行调整，调整螺栓位于前梁上转向摇臂旁，调整时先拧松锁紧螺母，调整合适后再拧紧锁紧螺母。锁紧螺母的拧紧扭矩为 15～25 N·m。

三、转向盘自由行程和转向阻力的检测

转向盘自由行程是指汽车转向轮保持直线行驶位置静止不动时，转动转向盘所测得的游动角度。转向盘的转向力是指在一定行驶条件下，作用在转向盘外缘的圆周力。这两个参数主要用来诊断转向系中各零件的配合状况。该配合状况直接影响到汽车的操纵稳定性和行车安全。因此，对于新车和在用车都必须对其进行该两项参数的检测。

（一）转向盘自由行程的检测

转向盘自由行程采用专用检测仪进行检测。简易的转向盘自由行程检测仪如图 5-1 所示，主要由刻度盘和指针组成。刻度和指针分别固定在转向盘轴管和转向盘边缘上。固定方式有机械式和磁力式两种。

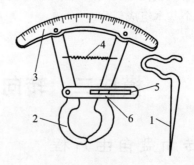

（a）检测仪的安装　　　　　　　　（b）检测仪

图 5-1　简易的转向盘自由行程检测仪

1—指针；2—夹盘；3—刻度盘；4—弹簧；5—连接板；6—固定螺钉

测量时，应使汽车的两转向轮处于直线行驶位置不动，轻轻向左（或向右）转动转向盘至空行程一侧的极端位置（感到有阻力），调整指针指向刻度盘零度。然后，再轻轻转动转向盘至另一侧空行程极端位置，指针所示刻度即为转向盘的自由行程。

（二）转向盘转向阻力的检测

转向盘转向阻力采用转向参数测量仪或转向力角仪进行检测。国产 ZC-2 型转向参数测量仪如图 5-2 所示，是以计算机为核心的智能仪器，可测得转向盘自由转向量和转向力。该仪器由操纵盘、主机箱、连接叉和定位杆四部分组成。操纵盘由螺钉固定在三爪底板上，底板经力矩传感器与三个连接叉相连，每个连接叉上都有一只可伸缩长度的活动卡爪，以便与被测转向盘相连接。主机箱为一圆形结构，固定在底板中央，其内装有口板、计算机板、转角编码器、打印机、力矩传感器和电池等。定位杆从底板下伸出，经磁力座吸附在驾驶室内的仪表盘上。定位杆的内端连接有光电装置，光电装置装在主机箱内的下部。

测量时，把转向参数测量仪对准被测转向盘中心，调整好三个连接叉上伸缩卡爪的长度，与转向盘连接并固定好。转动操纵盘，转向力通过底板、力矩传感器、连接叉传递到被测转向盘上，使转向盘转动以实现汽车转向。此时，力矩传感器将转向力矩转变成电信号，而定位杆内端连接的光电装置则将转角的变化转变成电信号。这两种电信号由计算机自动完成数据采集、转角编码、运算、分析、存储、显示和打印。因此，使用该测量仪既可测得转向盘的转向力，又可测得转向盘的自由转动量。

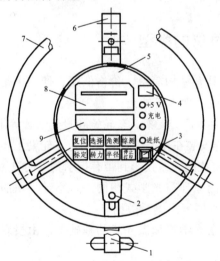

图 5-2　ZC-2 型转向参数测量仪

1—定位杆；2—固定螺钉；3—电源开关；4—电压表；5—主机箱；
6—连接叉；7—操纵盘；8—打印机；9—显示器

转向力角仪与转向参数测量仪结构类似，一般都是具有检测转向盘转向力和转向角的功能，所以也完全可以用来检测转向盘的自由转动量。

模块三　车轮定位的检测

汽车前轮定位参数是影响汽车操纵性和稳定性的重要因素。汽车如果没有正确的前轮定位，将导致转向沉重，操纵困难，增加驾驶员的劳动强度，同时，转向车轮在向前滚动时将会产生横向滑移现象，即车轮侧滑。因此，汽车转向轮定位值是汽车安全检测中的重点检测项目之一。

国家标准 GB7258—2004《机动车运行安全技术条件》和 GB18565—2001《营运车辆综合性能要求和检验方法》，对汽车有关转向轮定位参数的检测作了如下规定：

（1）机动车转向轮转向后应能自动回正，以使机动车具有稳定的直线行驶能力。

（2）机动车前轮定位值应符合该车有关技术条件。

（3）机动车转向轮的横向侧滑量用侧滑仪检测时，其值不得超过 5 m/km。

汽车前轮定位参数的检测有静态检测法和动态检测法两种。静态检测法是在汽车静止的状态下，用车轮定位仪对前轮定位值进行检测。动态检测法是在汽车以一定车速行驶的状态下，用测量仪器检测车轮定位产生的侧向力或由此引起的车轮侧滑量。

一、静态检测方法及定位仪的类型

车轮定位值的静态检测法是根据车轮旋转平面与各定位角间存在的直接或间接的几何关系，用专用的检测设备测量其是否符合规定。使用的检测设备有气泡水准式、光学式、激光式、电子式和计算机式等车轮定位仪。

（一）静态检测定位仪的类型

气泡水准式定位仪由于具有结构简单、价格低廉、便于携带等优点，在国内获得广泛应用，但是也有安装和测试费时、费力等缺点。

光学式车轮定位仪一般由转盘、支架、车轮镜和投光装置等组成。投光装置（由投光器和投影屏组成）也像水准仪一样安装在支架上，支架固定在轮辋上。该定位仪利用光学投影原理，将车轮纵向旋转平面与车轮定位的关系投影到带有指示刻度的投影屏上，从而测得车轮定位值。

激光式车轮定位仪的检测原理与光学式相同，只不过采用的是激光投影系统，因而在强烈的阳光下也能清楚地从投影屏读出测量数据。

电子式车轮定位仪则是在光学式和激光式的基础上，由投影屏刻度显示转变为显示屏数字显示。

计算机式车轮定位仪比以上几种车轮定位仪先进，目前国内外生产的定位仪多以这种类型为主，且一般为四轮定位仪，可同时检测前、后轮的定位参数。计算机式车轮定位仪由于采用计算机技术和精密传感测量技术，并备有完整齐全的配套附件，所以具有测量准确和操作简便等优点。它一般由计算机主机、显示器、操作键盘、转盘、支架、打印机和遥控器等组成，往往制成可移动台式。它由安装在车轮上的传感器把车轮定位角的几何关系转变成电信号，送入计算机分析判断，然后由显示屏显示和打印机打印输出。测试过程中，可通过操作全功能红外线遥控器，在汽车的任何位置实现远距离的测试控制。

（二）四轮定位仪及使用方法

由于汽车行驶速度越来越高，汽车的操纵稳定性对行车安全影响越来越大。有些汽车，尤其是轿车，不仅具有前轮定位，还具有后轮外倾角和后轮前束等定位参数。如果能对汽车四轮定位参数进行检测，不仅能确定所有车轮定位正确与否，还能确定前轴、后轴、悬架、车架等的技术状况，为底盘不解体诊断提供可靠依据，所以四轮定位仪使用越来越广泛。

四轮定位仪是专门用来测量车轮定位参数的设备。四轮定位仪可检测的项目包括：前轮前束、前轮外倾角、主销后倾角、主销内倾角、后轮前束、后轮外倾角、轮距、轴距、推力角和左右轴距差等。

目前使用的四轮定位仪有光学式和计算机式，它们的测量原理基本是一致的，但不同类型的四轮定位仪的使用方法有一定的差异，因此应严格按使用说明书的要求和方法进行操作。

下面以计算机式四轮定位仪为例，说明四轮定位仪的使用方法。

计算机式四轮定位仪由主机、显示器、打印机、前后车轮检测传感器、传感器支架、转盘、刹车锁、转向盘锁及导线等零件构成，配有专用软件和数据光盘，可读取近 10 年来世界各地的汽车四轮定位参数，且可更新。还配有数码视频图像数据库，可显示、检查和调整位置。

为便于检测和调整，被检汽车需放在地沟上或举升平台上，地沟或举升平台应处于水平状态，四轮定位仪则安装在地沟两旁或举升平台上。图 5-3 所示为四轮定位仪安装在举升平台上的情况。

四轮定位仪的使用方法如下：

1. 检测前的准备

（1）把汽车开上举升平台，托住车轮，把汽车举升 0.5 m（第一次举升）。

（2）托住车身，把汽车举升至车轮能自由转动（第二次举升）。

（3）拆下各车轮，检查轮胎磨损情况，要求各轮胎磨损基本一致。

（4）检查轮胎气压，使其符合标准值。

（5）做车轮动平衡试验，动平衡完成后，将车轮装回车上。

（6）检查车身四个角的高度和减振器技术状况，如车身不平则应先调平，同时检查转向系统和悬架是否松旷，如松旷则应先紧固或更换零件。

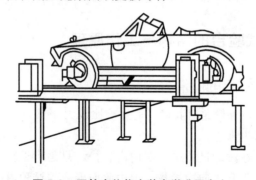

图 5-3　四轮定位仪安装在举升平台上

2. 检测步骤

（1）把传感器支架安装在轮辋上，再把传感器（定位校正头）安装到支架上，并按使用说明书的规定调整。

（2）打开计算机主机，进入测试程序，输入被测汽车的车型和生产年份。

（3）进行轮辋变形补偿，转向盘位于直驶位置，使每个车轮旋转一周，即可把轮辋变形误差输入计算机。

（4）降下第二次举升量，使车轮落到平台上，把汽车前部和后部向下压动 4～5 次，使各部位落到实处。

（5）用刹车锁压下制动踏板，使汽车处于制动状态。

（6）将转向盘左转至计算机显示"OK"，输入左转角度数；然后将转向盘右转至计算机显示"OK"，输入右转角度数。

（7）将转向盘回正，电脑显示出后轮的前束及外倾角数值。

（8）调下转向盘，并用转向盘锁锁止转向盘，使之不能转动。

（9）将安装在四个车轮上的定位校正头的水平仪调到水平线上，此时计算机显示出转向轮的主销后倾角、主销内倾角、转向轮外倾角和前束的数值。计算机将比较各测量数值，得出"无偏差"、"在允许范围内"或"超出允许范围"的结论。

（10）若"超出允许范围"，则按计算机提示的调整方法进行针对性调整。若调整后仍不能解决问题，则应更换有关零部件。

（11）再次压试汽车，将转向轮左右转动，观察屏幕上数值有无变化，若有变化则应重新调整。

（12）拆下定位校正头和支架，进行路试，检查四轮定位调整的效果。

二、动态检测方法及定位仪的类型

动态检测法是使汽车以一定的行驶速度通过侧滑试验台，从而测量转向轮的横向侧滑量。侧滑量是指汽车直线行驶位移量为 1 km 时，转向轮的横向位移量。侧滑量的单位是 m/km。汽车侧滑试验台是用以检测汽车前轮侧滑量的一种专门设备，而汽车前轮的侧滑量主要受转向轮外倾角及转向轮前束值的影响，所以，侧滑试验台就是为检测汽车转向轮外倾角与前束值这两个参数配合是否恰当而设计的一种专门的室内检测设备。

（一）汽车侧滑试验台的结构与工作原理

1. 转向轮定位值引起的侧滑

汽车转向轮的前束值与外倾角对其侧滑的影响比较大。

（1）转向轮前束引起的侧滑。

转向轮有了前束后，在滚动过程中力图向内收拢，只是由于转向桥不可能缩短，因此，在实际滚动过程中才不至于真正向内滚拢，但由此而形成的这种内向力势必成为加剧轮胎磨损的隐患。

又假设让两个只有前束而没有外倾的转向轮向前驶过，如图 5-4 所示，也可以看到左右转向轮下的滑动板在转向轮内向力的反作用力的推动下，出现分别向外侧滑移的现象。其单边转向轮的外侧滑量 S_t 为：

$$S_t = \frac{L' - L}{2}$$

（2）转向轮外倾角引起的侧滑。

由于转向轮外倾角的存在，在滚动过程中车轮将力图向外张开，只是由于转向桥不可能伸长，因此，在实际滚动过程中才不至于真正向外滚开。但由此而形成的这种外张力势必成为加剧轮胎磨损的隐患。

假设让两个只有外倾而没有前束的转向轮同时向前驶过两块相对于地面可以左右滑动的滑动板，就可以看到左右转向轮下的滑动板在转向轮外张力的作用力的推动下，将分别向内侧滑移，如图 5-5 所示。其单边转向轮的内侧滑量 S_c 为：

$$S_c = \frac{L' - L}{2}$$

侧滑试验台就是应用上述滑板原理来检测出转向轮的侧滑量的。

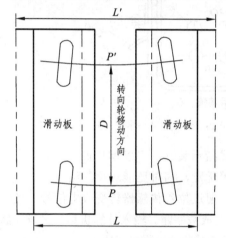

图 5-4　由车轮前束引起滑动板的侧滑

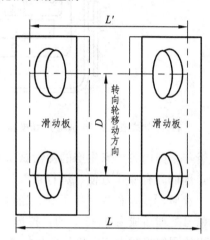

图 5-5　由车轮外倾角引起滑板的侧滑

2. 滑板式侧滑试验台的结构与工作原理

汽车侧滑检验设备按其测量参数可以分为两类：一类是测量车轮侧滑量的滑板式侧滑试验台，另一类是测量车轮侧向力的滚筒式侧滑试验台。上述两种试验台都属于动态侧滑试验台。

滑板式侧滑试验台按其结构又可分为单板式侧滑试验台和双板式侧滑试验台两种形式。前者只有一块侧滑板，检验时汽车只有一侧车轮从试验台上通过，后者共有左右两块侧滑板，检验时汽车左、右车轮同时从侧滑板上通过。它们一般均由测量装置、指示装置和报警装置等组成，下面主要介绍双板式侧滑试验台。

（1）测量装置。

测量装置由框架、左右两块滑动板、杠杆机构、回位装置、滚轮装置、导向装置、锁止装置、位移传感器及信号传递装置等组成。该装置能把前轮侧滑量测出并传递给指示装置。

滑动板的下部装有滚轮装置和导向装置，两滑动板之间连接有曲柄机构、回位装置和锁止装置。在侧向力作用下，两滑动板只能在左右方向上作等量同向位移，在前后方向上不能位移。

按滑动板位移量传递给指示装置方式的不同，测量装置可分为机械式和电测式两种。机械式侧滑试验台不便于远距离传输，近年来已很少使用。

电测式测量装置是把滑动板的位移量通过位移传感器变成电信号，再经过放大处理而传输给指示装置的一种结构形式，可以借助于导线将测量结果长距离传输，或与控制单元接通，处理十分方便。

（2）指示装置。

指示装置有指针式和数字式。指针式指示装置如图 5-6 所示，指示装置能把测量装置传递来的滑动板侧滑量按汽车每行驶 1 km 侧滑 1 m 定为一格刻度，所以每一格代表汽车每行驶 1 km 侧滑 1 m。根据指针偏向 IN 或 OUT 的方向确定出侧滑方向。IN 表示正前束，OUT 表示负前束。

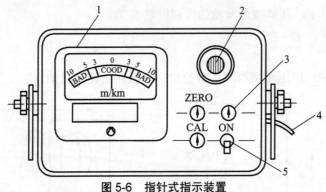

图 5-6　指针式指示装置

1—指针式表头；2—报警用蜂鸣器或信号灯；3—电源指示灯；4—导线；5—电源开关

近年来国内各厂家生产的侧滑试验台采用数字式指示装置，多以单片机进行数据采集和处理，因而具有操作方便、运行可靠、抗干扰性强等优点，同时还能对检测结果进行分析、判断、存储、打印和数字显示等。当滑动板侧滑时，通过位移传感器转变成电信号，经过放大与信号处理后成为 0～5 V 的模拟量，再经 A/D 转变成数字量，输入计算机运算处理，然后显示出检测结果或由打印机打印出检测结果。数字式指示装置如图 5-7 所示。

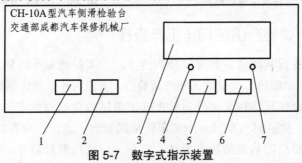

图 5-7　数字式指示装置

1—电源接通键；2—电源断开键；3—数码显示器；4—电源指示灯；5—打印键；6—复位键；7—报警灯

（二）汽车侧滑的检测方法

侧滑试验台的型号、结构型式、允许轴重不同，其使用方法也有所区别。在使用前一定要认真阅读使用说明书，以掌握正确的使用方法。侧滑试验台的一般使用方法如下：

1. 检测前的准备

（1）试验台的准备。

①检查侧滑试验台导线连接情况，在导线连接良好的情况下打开电源开关，查看指针式

仪表的指针是否在机械零点上，或查看数码管亮度是否正常并都在零位上。发现故障时，及时清除。

② 检查侧滑试验台上面及其周围的清洁情况，如有油污、泥土、砂石及水等应予清除。

③ 打开侧滑试验台的锁止装置，检查滑动板能否在外力作用下左右滑动自如，外力消失后是否能回到原始位置，且指示装置指在零点。

④ 检查报警装置在规定值时，能否发出报警信号，并视需要进行调整或修理。

（2）被检汽车的准备。

① 轮胎气压应符合规定。

② 轮胎上粘有油污、泥土、水或花纹沟槽内嵌有石子时，应清理干净。

③ 轮胎花纹深度必须符合 GB7258—2004《机动车运行安全技术条件》的规定。

2. 检测方法

（1）拔掉滑动板的锁止销钉，接通电源。

（2）汽车以 3～5 km/h 的速度垂直侧滑板驶向侧滑试验台，使前轮平稳通过滑动板。

（3）当前轮完全通过滑动板后，从指示装置上观察侧滑方向并读取、打印最大侧滑量。

（4）检测结束后，切断电源并锁止滑动板。

对于后轮有定位的汽车，仍可按上述方法检测后轴的侧滑量，从而诊断后轴的定位值是否失准。

模块四　车轮平衡度的检测

一、车轮平衡的概念与不平衡的原因

（一）车轮平衡的概念

车轮的平衡可分为车轮静平衡和车轮动平衡。

（1）车轮静平衡与静不平衡。

支起车轴，调整好轮毂轴承松紧度，用手轻转动车轮，使其自然停转。车轮停转后在离地最近处做一个标记，然后重复上述试验多次。若车轮经几次转动自然停转后，所做标记的位置各不一样，或强迫停转后，消除外力车轮也不再转动，则车轮为静平衡。静平衡的车轮，其旋转中心与车轮中心重合。

如果每次试验的标记都停在离地最近处，则车轮为静不平衡。静不平衡的车轮，其旋转中心与车轮中心不重合。

（2）车轮动平衡与动不平衡。

在图 5-8（a）中，车轮是静平衡的，在该车轮旋转轴线的径向反位置上，各有一作用半径相同质量也相同的不平衡点 m_1 与 m_2，且不处于同一平面内。对于这样的车轮，其不平衡点的离心力合力为零，但离心力的合力矩不为零，转动中产生方向反复变动的力偶 M，使车轮处于动不平衡中。动不平衡的前轮绕主销摆动。如果在 m_1 与 m_2 同一作用半径的相反方向上配置相同质量 m_1' 与 m_2'，则车轮处于动平衡中，如图 5-8（b）所示。动平衡的车轮肯定是静平衡的，因此对车轮主要应进行动不平衡检测。

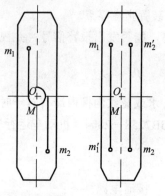

（a）车轮静平衡但动不平衡　　　　　（b）车轮动平衡且静平衡

图 5-8　车轮平衡示意图

（二）引起车轮不平衡的原因

（1）轮毂、制动鼓（盘）加工时定心定位不准、加工误差大、非加工面铸造误差大、热处理变形、使用中变形或磨损不均。

（2）轮胎螺栓质量不等，轮辋质量分布不均或径向圆跳动、端面圆跳动太大。

（3）轮胎质量分布不均，尺寸或形状误差太大，使用中变形或磨损不均，使用翻新胎或补胎。

（4）并装双胎的充气嘴未相隔 180°安装，单胎的充气嘴未与不平衡点标记（经过平衡试验的新轮胎，往往在胎侧标有红、黄、白或浅蓝色的□、△、○或◇符号，用来表示不平衡点位置）相隔 180°安装。

（5）轮毂、制动鼓（盘）、轮胎螺栓、轮辋、内胎、衬带、轮胎等拆卸后重新组装成车轮时，累计的不平衡质量或形位偏差太大，破坏了原来的平衡。

二、车轮平衡机及使用方法

（一）车轮平衡机的类型

车轮平衡机也称为车轮平衡仪，用来检测车轮的平衡度。按功能可分为车轮静平衡机和车轮动平衡机两类；按测量方式可分为离车式车轮平衡机和就车式车轮平衡机两类；按车轮平衡机转轴的形式可分为软式车轮平衡机和硬式车轮平衡机两类。

使用离车式车轮平衡机时，将车轮从车上拆下，安装到车轮平衡机的转轴上检测其平衡状况。

软式车轮平衡机安装车轮的转轴由弹性元件支承。当被测车轮不平衡时，该轴与其上的车轮一起振动，测得该振动即可获得车轮的不平衡量。硬式车轮平衡机的转轴由刚性元件支承，工作中转轴不产生振动，它是通过直接测量车轮旋转时不平衡点产生的离心力来确定不平衡量的。

凡是可以测定车轮左、右两侧的不平衡量及其相位的，可以称为二面测定式车轮平衡机。就车式车轮平衡机既可进行静平衡试验，又可进行动平衡试验。

（二）离车式车轮平衡机的结构与使用方法

1. 离车式车轮平衡机的结构简介

离车式车轮动平衡机如图 5-9 所示，其专用卡尺如图 5-10 所示。目前应用最多的是硬式二面测定车轮动平衡机。该动平衡机一般由驱动装置、转轴与支承装置、显示与控制装置、制动装置、机箱和车轮防护罩等组成。驱动装置一般由电动机、传动机构等组成，可驱动转轴旋转。转轴由两个滚动轴承支承，每个轴承均有一个能将动反力变为电信号的传感器。转轴的外端通过锥体和大螺距螺母等固装被测车轮。驱动装置、转轴与支承装置等均装在机箱内。车轮防护罩可防止车轮旋转时其上的平衡块或花纹内夹杂物飞出伤人。制动装置可使车轮停转。

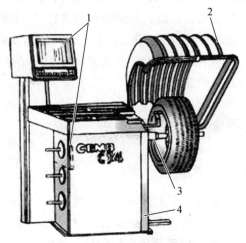

图 5-9　离车式车轮动平衡机

1—显示与控制装置；2—车轮防护罩；3—转轴；4—机箱

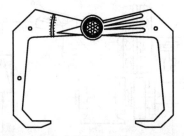

图 5-10　离车式车轮动平衡机的专用卡尺

近年来生产的车轮动平衡机，其显示与控制装置多为计算机式，具有自动诊断和自动系统，能将传感器的电信号通过计算机运算、分析、判断后显示出不平衡量及相位。为了使显示的不平衡量恰是轮辋边缘所加平衡块的质量，还必须将测得的轮辋直径 d、轮辋宽度 b 和轮辋边缘至平衡机机箱的距离 a（轮辋外悬尺寸），通过键盘或选择器旋扭输入计算机。

2. 离车式车轮平衡机的使用方法

（1）清除被测车轮上的泥土、石子和旧平衡块。

（2）检查轮胎气压，视情况充至规定值。

（3）根据轮辋中心孔的大小选择锥体，仔细地装上车轮，用大螺距螺母上紧。

（4）打开电源开关，检查指示与控制装置的面板是否指示正确。

（5）用卡尺测量轮辋宽度 b、轮辋直径 d（也可由胎侧读出），用平衡机上的标尺测量轮辋边缘至机箱距离 a，用键入或选择器旋钮对准测量值的方法，将 a、b、d 直接输入指示与控制装置中。为了适应不同计量制式，平衡机上的所有标尺一般都同时标有英制和公制刻度。

（6）放下车轮防护罩，按下启动键，车轮旋转，平衡测试开始，计算机自动采集数据。

（7）车轮自动停转或听到"笛"声，按下停止键并操纵制动装置使车轮停转后，从指示装置读取车轮内、外不平衡量和不平衡位置。

（8）抬起车轮防护罩，用手慢慢转动车轮。当指示装置发出指示（音响、指示灯亮、制动、显示点阵或显示检测数据等）时停止转动。在轮辋的内侧或外侧的上部（时钟 12 点位置）加装指示装置显示的该侧平衡块质量。内、外侧要分别进行，平衡块装卡要牢固。

（9）安装平衡块后有可能产生新的不平衡，应重新进行平衡试验，直至不平衡量<5 g，指示装置显示"00"或"OK"时才能满意。当不平衡量相差 10 g 左右时，如能沿轮辋边缘左右移动平衡块一定角度，将可获得满意的效果。

（三）就车式车轮平衡机及使用方法

1. 就车式车轮平衡机结构简介

使用就车式车轮平衡机，无需从车上拆下车轮，就车即可测得车轮的平衡状况。就车式车轮动平衡机一般由驱动装置、测量装置、指示与控制装置、制动装置和小车等组成，如图 5-11 所示，图 5-12 所示为工作图。驱动装置由电动机、转轮等组成，能带动支离地面的车轮转动。测量装置由传感磁头、可调支杆、底座和传感器等组成。它能将车轮不平衡量产生的

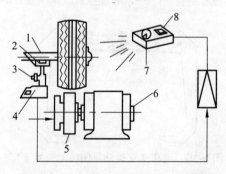

图 5-11　就车式车轮动平衡机示意图

1—转向节；2—传感磁头；3—可调支杆；4—底盘；5—转轮；6—电动机；7—频闪灯；8—不平衡度表

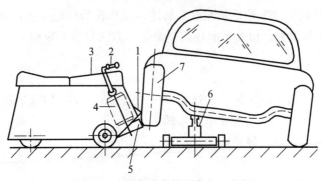

图 5-12 就车式车轮平衡机工作图

1—光电传感器；2—手柄；3—仪表板；4—驱动电机；5—摩擦轮；6—传感器支架；7—被测车轮

振动变成电信号，送至指示与控制装置。指示与控制装置由频闪灯、不平衡度表或数字显示屏等组成。频闪灯用来指示车轮不平衡点位置，不平衡度表或数字显示屏用来指示车轮的不平衡量。不平衡量一般有两个挡位。第一挡往往用于初查时的指示，第二挡往往用于装上平衡块后复查时指示。制动装置用于车轮停转。除测量装置外，车轮动平衡机的其余装置都装在小车上，可方便地移动。

2. 就车式车轮平衡机的使用方法

（1）准备工作。

① 用千斤顶支起车轴，两边车轮离地间隙要相等。

② 清除被测车轮上的泥土、石子和旧平衡块。

③ 检查轮胎气压，视情况充至规定值。

④ 检查轮毂轴承是否松旷，视情况调整至规定松紧度。

⑤ 在轮胎外侧面任意位置上用白粉笔或白胶布做上记号。

（2）从动前轮静平衡。

① 用三角垫木塞紧非测试车轮，将就车式车轮动平衡机的测量装置推至被测前轮一端的前轴下，传感磁头吸附在悬架下或转向节下，调节可调支杆高度并锁紧。

② 推平衡机至车轮侧面或前面（视车轮平衡机形式不同而异），检查频闪灯工作是否正常，检查转动的旋转方向能否使车轮的转动力与前进行驶时方向一致。

③ 操纵车轮动平衡机转轮与轮胎接触，启动驱动电机，带动车轮旋转至规定转速。

④ 观察频闪灯照射下的轮胎标记位置，并从指示装置（第一挡）上读取不平衡量数值。

⑤ 操纵平衡机上的制动装置，使车轮停止转动。

⑥ 用手转动车轮，使其上的标记仍处在上述观察位置上，此时轮辋的最上部（时钟 12点位置）即为加装平衡块的位置。

⑦ 按指示装置显示的不平衡量选择平衡块，牢固地装卡到轮辋边缘上。

⑧ 重新驱动车轮进行复查测试，指示装置用二挡显示。若车轮平衡度不符合要求，则应调整平衡块质量和位置，直至符合平衡要求。

（3）从动前轮动平衡。

① 将传感磁头吸附在经过擦拭的制动底板边缘平整之处。

② 操纵平衡机转轮驱动车轮旋转至规定转速，观察轮胎标记位置，读取不平衡量数值，停转车轮找平衡块加装位置，加装平衡块和复查等，方法与静平衡相同。

（4）驱动轮平衡。

① 顶起驱动车轮。

② 用发动机、传动系驱动车轮，加速至 50～70 km/h 的某一转速下稳定运转。

③ 测试结束后，用汽车制动器使车轮停转。

④ 其他方法与从动轮动、静平衡测试相同。

（四）注意事项

（1）离车式车轮动平衡机的主轴固定装置和就车式车轮动平衡机的支架上都装有精密的位移传感器和易碎裂的压电晶体传感器，因此严禁冲击和敲打主轴或传感器支架。

（2）在检修车轮动平衡机时，传感器的固定螺栓不得松动。因为这一螺栓不是一般的紧固件，需要由它向传感晶体提供必要的预紧力。当这一预紧力发生变化时，电算过程将完全失准。

（3）车轮动平衡机的平衡重也称配重，通常有卡夹式和粘贴式两种类型。卡夹式适用于轮辋有卷边的车轮。对于铝镁合金轮辋，因无卷边可夹，可使用粘贴式配重。粘贴式配重的外弯面有不干胶，粘贴于轮辋内各面。

（4）必须明确，车轮动平衡机的机械系统和电算电路都是针对正常车轮使用条件下平衡失准或轻微受损但仍能使用的车轮而设计的，对因交通事故而严重变形的轮辋或胎面大面积剥离的车轮是不能上机进行平衡检测的。一方面不平衡量过大的车轮旋转时的离心力可能损伤车轮动平衡机的传感系统，另一方面超值的不平衡力可能溢出电算范围而使仪器自动拒绝工作。

（5）当不平衡量超过最大配重时，可用两个以上配重并列使用，但这时要注意，多个配重占用较大的扇面会使其有效质量低于实际质量。

（6）一般情况下，离车式车轮动平衡机或就车式车轮动平衡机都是分别各自使用的。但对高速行驶的汽车车轮而言，如果用离车式车轮动平衡机平衡后再装在车上行驶时，仍会出现不平衡现象。因此，使用离车式车轮动平衡机平衡车轮后，最好能再用就车式车轮动平衡机进行校对。

思考与练习

1. 为确保正常的安全运行，对汽车的操纵性能有哪些要求？
2. 国家标准对汽车最小转变直径有何要求？
3. 四轮定位仪可以检测哪些参数？用四轮定位仪对车轮前束进行检测的原理是什么？
4. 车轮定位仪检测时对被测汽车有哪些基本要求？四轮定位仪使用注意事项是什么？
5. 常见转向系统故障有哪些？具体现象是怎样的？各是什么原因造成的？
6. 什么是转向侧滑，国家标准对汽车转向轮侧滑量提出了什么要求？
7. 汽车轮侧滑量过大会带来哪些危害？
8. 简述侧滑检测台的主要结构与使用方法？
9. 简述造成车轮不平衡的原因。

项目六　车速表检测

学习目标：

（1）了解车速表误差的形成与测量原理；

（2）熟悉车速表试验台的基本结构；

（3）掌握车速表试验台的检测方法。

一、车速表试验台的结构与测量原理

（一）车速表误差的测量原理

车速表误差的测量需采用滚筒式车速表试验台进行，将被测汽车车轮置于滚筒上旋转，模拟汽车在道路上的行驶状态。

测量时，由被测车轮驱动滚筒旋转或由滚筒驱动车轮旋转，滚筒端部装有速度传感器（测速发电机），测速发电机的转速随滚筒转速的增高而增加，而滚筒的转速与车速成正比，因此，测速发电机发出的电压也与车速成正比。

滚筒的线速度、圆周长与转速之间的关系可用下式表达：

$$V = nL \times 60 \times 10^{-6}$$

式中　　V——滚筒的线速度，km/h；

L——滚筒的圆周长，mm；

n——滚筒的转速，r/min。

因车轮的线速度与滚筒的线速度相等，故上述的计算值即为汽车的实际车速值，由车速表试验台上的速度指示仪表显示，称为试验台指示值。

车轮在滚筒上转动的同时，汽车驾驶室内的车速表也在显示车速值，称为车速表指示值。将试验台指示值与车速表指示值相比较，即可得出车速表的指示误差：

$$车速表指示误差 = \frac{车速表指示值 - 试验台指示值}{试验台指示值} \times 100\%$$

（二）车速表试验台的结构

车速表试验台有三种类型：无驱动装置的标准型，它依靠被测车轮带动滚筒旋转；有驱动装置的驱动型，它由电动机驱动滚筒旋转；把车速表试验台与制动试验台或底盘测功试验台组合在一起的综合型。

（1）标准型车速表试验台。

该试验台由速度测量装置、速度指示装置和速度报警装置等组成，如图 6-1 所示。

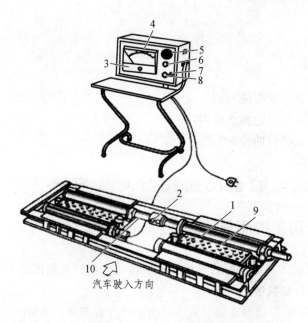

图 6-1 标准型车速表试验台

1—滚筒；2—联轴器；3—零点校正螺钉；4—速度指示仪表；5—蜂鸣器；6—报警灯；
7—电源灯；8—电源开关；9—举升器；10—速度传感器

① 速度测量装置。速度测量装置主要由框架、滚筒装置、速度传感器和举升器等组成。滚筒一般为 4 个，通过滚筒轴承安装在框架上。在前、后滚筒之间设有举升器，以便汽车进出试验台，举升器与滚筒制动装置联动，举升器升起时，滚筒不会转动。速度传感器一般采用测速发电机式、差动变压器式、磁电式和光电式等多种，安装在滚筒的一端，将对应于滚筒转速发出的电信号送至速度指示装置。

② 速度指示装置。速度指示装置是根据速度传感器发出的电信号大小来工作的，能把以滚筒圆周长与滚筒转速算出的线速度，以 km/h 为单位在速度指示仪表上显示。

③ 速度报警装置。速度报警装置是为在测量时，便于判明车速表误差是否在合格范围之内而设置的。

（2）驱动型车速表试验台。

汽车车速表的转速信号多数取自变速器或分动器的输出端，但对于后置发动机的汽车，如车速表软轴过长，会出现传动精度和寿命方面的问题，因此转速信号取自前轮。驱动型车速表试验台就是为适应后置发动机汽车的试验而制造的，其结构如图 6-2 所示。

这种试验台在滚筒的一端装有电动机，由它来驱动滚筒旋转。此外，这种试验台在滚筒与电动机之间装有离合器，若试验时将离合器分离，又可作为标准型试验台使用。

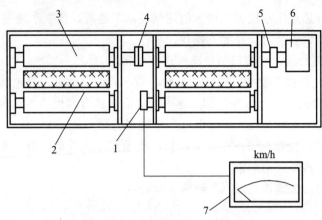

图 6-2　驱动型车速表试验台

1—测速发电机；2—举升器；3—滚筒；4—联轴器；5—离合器；6—电动机；7—速度指示仪表

二、车速表的检测方法

车速表的检测方法因试验台的牌号、型式而异，应根据使用说明书进行操作。车速表试验台通用的检测方法如下：

1. 车速表试验台的准备

（1）在滚筒处于静止状态时检查指示仪表是否在零点上，不在零点则应调零。

（2）检查滚筒上是否沾有油、水、泥、砂等杂物，若有则应清除干净。

（3）检查举升器的升降动作是否自如，若动作阻滞或有漏气部位，则应予修理。

（4）检查导线的连接接触情况，若有接触不良或断路，则应予修理或更换。

2. 被测车辆的准备

（1）轮胎气压在标准值。

（2）清除轮胎上的水、油、泥和嵌夹石子。

3. 检测方法

（1）接通试验台电源。

（2）升起滚筒间的举升器。

（3）将被检车辆开上试验台，使输出车速信号的车轮尽可能与滚筒成垂直状态停放在试验台上。

（4）降下滚筒间的举升器，至轮胎与举升器托板完全脱离为止。

（5）用挡块抵住位于试验台滚筒之外的一对车轮，防止汽车在测试时滑出试验台。

（6）使用标准型试验台时应作如下操作：

① 待汽车的驱动轮在滚筒上稳定后，挂入最高挡，松开驻车制动器，踩下加速踏板，使驱动轮带动滚筒平稳地加速运转。

② 当汽车车速表的指示值达到规定检测车速（40 km/h）时，读出试验台速度指示仪表的

指示值；或当试验台速度指示仪表的指示值达到检测车速时，读取车速表的指示值。

（7）使用驱动型试验台时应作如下操作：

① 接合试验台离合器，使滚筒与电动机连在一起。

② 将汽车的变速器挂入空挡，松开驻车制动器，启动电动机，使电动机驱动滚筒旋转。

③ 当汽车车速表的指示值达到检测车速时，读取试验台速度指示仪表的指示值；或当试验台速度指示仪表达到检测车速时，读取汽车车速表的指示值。

（8）测试结束后，轻轻踩下汽车制动踏板，使滚筒停止转动。对于驱动型试验台，必须先关断电动机电源，再踩制动踏板。

（9）升起举升器，去掉挡块，汽车驶离试验台。

三、车速表诊断参数标准及结果分析

1. 车速表检测标准

国家强制性标准 GB7258—2004《机动车运行安全技术条件》中规定：车速表允许误差范围为-5%～+20%。即当实际车速为 40 km/h 时，汽车车速表指示值应为 38～48 km/h。超出上述车速表的指示范围为不合格。

2. 检测结果分析

车速表经检测出现误差的主要原因是车速表在长期使用过程中自身出现了故障、损坏和轮胎磨损。

车速表内有转动的活动盘、转轴、轴承、齿轮、游丝等零件和磁性元件，这些构件在工作过程中产生的磨损和性能变化会造成车速表的指示误差。对于产生磨损的应予更换。磁力式车速表的磁铁磁力退化时，也会引起指针指示值失准，此时应更换磁铁。

汽车轮胎在使用过程中，由于磨损，其半径逐渐减小。在变速器输出轴转速不变的条件下，汽车行驶速度因轮胎半径的变化而变化，而车速表的软轴是与变速器输出轴相连的，因此车速表指示值与实际车速形成误差。

为消除车速表机件磨损和轮胎磨损形成的指示误差，应借助于车速表试验台适时地对车速表进行检验。

思考与练习

1. 简述 GB7528—2005 对车速表的要求。

2. 汽车车速表误差形成的原因有哪些？

3. 使用车速表检测台检测车速表时，当该车速表的指示值是 40 km/h 时，车速表检测台指示仪表的指示值应为多少才符合国标要求？当车速表检测台指示仪表的指示值是 40 km/h 时，汽车车速表的指示值应为多少才符合国标要求？

4. 简述车速表检测台的工作原理与使用注意事项。

5. 简述汽车车速表检测步骤。

项目七　汽车前照灯检测

学习目标：

（1）重点掌握用屏幕法检测光束照射位置；

（2）掌握汽车前照灯检测方法、检测原理；

（3）学会前照灯检测的原理及检测仪的使用与维护；

（4）介绍汽车前照灯检测的目的和要求。

模块一　前照灯光束照射位置标准及屏幕检测法

一、前照灯光束照射位置的检验标准

根据 GB7258—2004《机动车运行安全技术条件》的规定，汽车前照灯的检验指标为光束照射位置的偏移值和发光强度（cd）。前照灯光束照射位置应符合以下要求：

（1）机动车（运输用拖拉机除外）在检验前照灯的近光光束照射位置时，前照灯在距离屏幕 10 m 处，光束明暗截止线转角或中点的高度应为 $0.6\,H \sim 0.8\,H$（H 为前照灯基准中心高度），其水平方向位置向左向右偏移均不得超过 100 mm。

（2）四灯制前照灯其远光单光束灯的调整，在屏幕上光束中心离地高度为 $0.85\,H \sim 0.90\,H$，水平位置左灯向左偏移不得大于 100 mm，向右偏移不得大于 170 mm；右灯向左或向右偏移均不得大于 170 mm。

（3）机动车装用远光和近光双光束灯时以调整近光光束为主。对于只能调整远光单光束的灯，调整远光单光束。

二、屏幕法检测前照灯光束照射位置

（一）检测的准备

GB7258—2004《机动车运行安全技术条件》规定，用屏幕法检测前照灯光束照射位置时，检查用场地应平整，屏幕与场地应平直，被检验的车辆应在空载、轮胎气压正常、乘坐 1 名驾驶员的条件下进行。将车辆停置于屏幕前，并与屏幕垂直，使前照灯基准中心距屏幕 10 m，在屏幕上确定与前照灯基准中心离地面距离 H 等高的水平基准线及以车辆纵向中心平面在屏幕上的投影线为基准确定的左右前照灯基准中心位置线。分别测量左右远近光束的水平或垂直照射方位的偏移值，如图 7-1 所示。

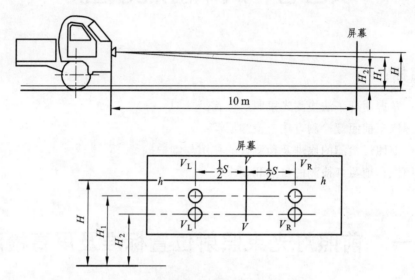

图 7-1　屏幕法检测前照灯光束照射位置

屏幕上画有三条垂直线和三条水平线：

中间垂直线 V—V 与被检车辆的纵向中心垂直面对齐。

两侧的垂直线 V_L—V_L 和 V_R—V_R 分别为被检车辆左右前照灯基准中心的垂直线。

水平线中的 h—h 线与被检车辆前照灯的基准中心等高，距地面高度为 H；H 为被检车辆前照灯基准中心距地面的高度，其值视被检车型而定。

中间水平线与被检车辆前照灯远光光束的中心等高，距地面高度为 H_1，$H_1=0.85\sim0.90\,H$。

下侧水平线与被检车辆前照灯近光光束的中心等高，距地面高度为 H_2，$H_2=0.60\sim0.80\,H$。

（二）检测方法

检测时，先遮盖住一边的前照灯，然后打开前照灯的近光开关，未被遮盖的前照灯的近光明暗截止线转角或光束中心应落在图中下边水平线与 V_L—V_L 或 V_R—V_R 线的交点位置上，否则为光束照射位置偏斜。其偏斜方向和偏斜量可在屏幕上直接测量。用同样方法，可检测另一边前照灯近光光束照射位置。

根据检测标准，检测调整前照灯光束的照射位置时，对远、近双光束灯应以检测调整近光光束为主。对于远光单光束前照灯，则要检测远光光束的照射位置。其光束中心应落在中间水平线与 V_L—V_L 或 V_R—V_R 线的交点位置上。

用屏幕法检测前照灯简单易行，但只能检测出光束的照射位置，不能检测发光强度。为适应不同车型的检测，需经常更换屏幕，检测效率低，同时，需要占用较大场地。因此目前广泛采用前照灯校正仪对汽车前照灯进行检测。

模块二 前照灯发光强度标准及仪器检测方法

一、前照灯发光强度的检验标准

GB7258—2004《机动车运行安全技术条件》规定，机动车每只前照灯的远光光束发光强度应达到表 7-1 的要求。测试时，其电源系统应处于充电状态。

表 7-1 前照灯远光光束发光强度要求（cd）

检查项目车辆类型	新注册车		在用车	
	两灯制	四灯制	两灯制	四灯制
汽车、无轨电车	15 000	12 000	12 000	10 000
四轮农用运输车	10 000	8 000	8 000	6 000

注：采用四灯制的机动车，其中两只对称的灯达到两灯制的要求时视为合格。

二、前照灯校正仪检测发光强度和光轴偏斜量

前照灯校正仪是按一定测量距离放在被检车辆的对面，用来检测前照灯发光强度与光轴偏斜量的专用设备。光轴偏斜量表示光束照射位置。

（一）前照灯校正仪的检测原理

前照灯校正仪的类型很多，但基本检测原理类似，一般均采用能把吸收的光能变成电流的光电池作为传感器，按照前照灯主光束照射光电池产生电流的大小和比例，来测量前照灯发光强度和光轴偏斜量。

1. 发光强度的检测原理

测量前照灯发光强度的电路由光度计、可变电阻和光电池等组成，如图 7-2 所示。按规定

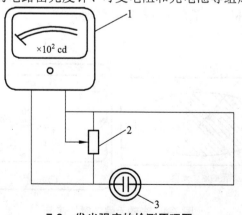

7-2 发光强度的检测原理图

1—光度计；2—可变电阻；3—光电池

的距离使前照灯照射光电池，光电池便按受光强度的大小产生相应的光电流，使光度计指针摆动，指示出前照灯的发光强度。

2. 光轴偏斜量的检测原理

测量前照灯光轴偏斜量的电路如图 7-3 所示，由两对光电池组成，左右一对光电池 $S_左$、$S_右$ 上接有左右偏斜指示计，用于检测光束中心的左右偏斜量；上下一对光电池 $S_上$、$S_下$ 上接有上下偏斜指示计，用于检测光束中心的上下偏斜量。当光电池受到前照灯光束照射时，如果光束照射方向偏斜，将分别使光电池的受光面不一致，因而产生的电流大小也不一致。光电池产生的电流差值分别使上下偏斜指示计及左右偏斜指示计的指针摆动，从而检测出光轴的偏斜方向和偏斜量。

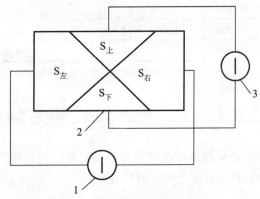

图 7-3　光轴偏斜量检测原理图

1—左右偏斜指示计；2—光电池；3—上下偏斜指示计

图 7-4 所示为光轴无偏斜时的情况，这时上下偏斜指示计的指针和左右偏斜指示计的指针均垂直向下，即处于零位。图 7-5 所示为光轴有偏斜时的情况，这时上下偏斜指示计的指针向"下"方向偏斜，左右偏斜指示计的指针向"左"方向偏斜。

若通过适当的调节机构，调整光线照射光电池的位置，使 $S_左$、$S_右$ 和 $S_上$、$S_下$ 每对光电池受到的光照度相同，则此时每对光电池输出的电流相等，两偏斜指示计的指针均指向零位，其调节量反映了光束中心的偏斜量。当偏斜指示计指针处于零位时，光电池受到的光照最强，四块光电池所输出电流之和表明了前照灯的发光强度。

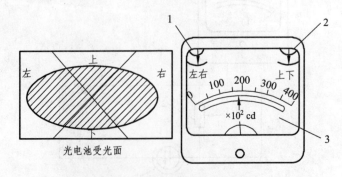

图 7-4　光轴无偏斜时的情况

1—左右偏斜指示计；2—上下偏斜指示计；3—光度计

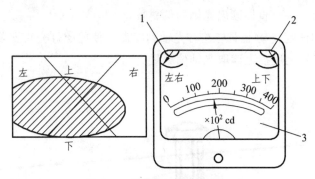

图 7-5 光轴有偏斜时的情况

1—左右偏斜指示计；2—上下偏斜指示计；3—光度计

（二）前照灯校正仪的结构和工作原理

按照前照灯校正仪的结构特征与测量方法不同，常用的汽车前照灯校正仪可分为聚光式、屏幕式、投影式和自动追踪光轴式四种类型。这些不同类型的前照灯校正仪均由接受前照灯光束的受光器、使受光器与汽车前照灯对正的照准装置、前照灯发光强度指示装置、光轴偏斜方向和偏斜量指示装置及支柱、底板、导轨、汽车摆正找准装置等组成。

1. 聚光式前照灯检测仪

聚光式前照灯检测仪利用受光器的聚光透镜把前照灯的散射光束聚合起来，并导引到光电池的光照面上，根据其对光电池的照射强度来检测前照灯的发光强度和光轴偏斜量。检测时，检测仪放在距前照灯前方 1 m 处。

2. 屏幕式前照灯检测仪

屏幕式前照灯检测仪在固定屏幕上装有可以左右移动的活动屏幕，在活动屏幕上装有能上下移动的内部带有光电池的受光器。前照灯的光束照射到屏幕上，检测发光强度和光轴偏斜量。通常测试距离为 3 m。

3. 投影式前照灯检测仪

投影式前照灯检测仪把前照灯光束的影像映射到投影屏上来检测发光强度和光轴偏斜量。检测时，测试距离一般为 3 m。其构造如图 7-6 所示。

在聚光透镜的上下和左右方向装有四个光电池。前照灯光束的影像通过聚光透镜、光度计的光电池和反射镜后，映射到投影屏上。检测时，通过上下、左右移动受光器，使光轴偏斜指示计指示为零，从而找到被测前照灯主光轴的方向，然后根据投影屏上前照灯光束影像的位置，即可得出主光轴的偏斜量，同时可从光度计的指示中读取发光强度。

根据投影式前照灯检测仪光轴偏斜量的检测方法不同，可分为投影屏刻度检测法和光轴刻度盘检测法。

投影屏刻度检测法是在投影屏上刻有表示光轴偏斜量的刻度线，根据前照灯影像中心在投影屏上所处的位置，即可直接读出光轴的偏斜量。

　　光轴刻度盘检测法是转动上下与左右光轴刻度盘，使前照灯光束影像中心与投影屏坐标原点重合，然后从光轴刻度盘上读取光轴偏斜量。

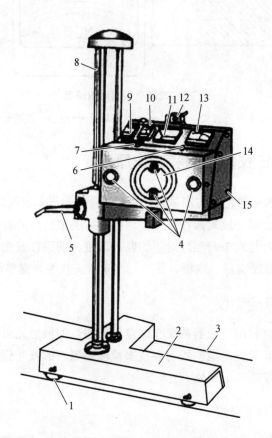

图 7-6　投影式前照灯检测仪

1—车轮；2—底座；3—导轨；4—光电池；5—上下移动手柄；6—上下光轴刻度盘；7—左右光轴刻度盘；
8—支柱；9—左右偏斜指示计；10—上下偏斜指示计；11—投影屏；12—汽车摆正找准器；
13—光度计；14—聚光透镜；15—受光器

4.　自动追踪光轴式前照灯检测仪

　　自动追踪光轴式前照灯检测仪采用受光器自动追踪光轴的方法检测前照灯发光强度和光轴偏斜量。一般检测距离为 3 m。其构造如图 7-7 所示。

　　检测时，前照灯的光束照射到检测仪的受光器上。此时，若前照灯光束照射方向偏斜，则主、副受光器的上下光电池或左右光电池的受光量不等，由其电流的差值控制受光器上下移动的电动机运转，或使控制箱左右移动的电动机运转，并通过传动机构牵动受光器上下移动或驱动控制箱在轨道上左右移动，直至受光器上下、左右光电池受光量相等为止。在追踪光轴时，受光器的位移方向和位移量由光轴偏斜指示计指示，此即前照灯光束的偏斜方向和偏斜量、发光强度由光度计指示。

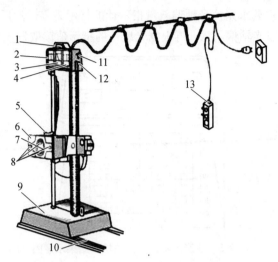

图 7-7 自动追踪光轴式前照灯检测仪

1—在用显示器；2—左右偏斜指示计；3—光度计；4—上下偏斜指示计；5—车辆摆正找准器；6—受光器；7—聚光透镜；8—光电池；9—控制箱；10—导轨；11—电源开关；12—熔丝；13—控制盒

（三）前照灯发光强度和光轴偏斜量的检测方法

1. 检测前的准备

（1）前照灯检测仪的准备。

在不受光的情况下，调整光度计和光轴偏斜量指示计是否对准机械零点。若指针失准，可用零点调整螺钉调整。

检查聚光透镜和反射镜的镜面上有无污物，若有，可用柔软的布料或镜头纸擦拭干净。

检查水准器的技术状况。若水准器无气泡，则应进行修理或更换；若气泡不在红线框内，则可用水准器调节器或垫片进行调整。

检查导轨是否沾有泥土等杂物，若有，应扫除干净。

（2）被检车辆的准备。

清除前照灯上的污垢，轮胎气压应符合汽车制造厂的规定，前照灯开关和变光器应处于良好状态，汽车蓄电池和充电系统应处于良好状态。

2. 检测方法

由于前照灯检测仪的厂牌、型式不同，其检测发光强度和光轴偏斜量的具体方法也不尽相同。这里仅就投影式和自动追踪光轴式前照灯检测仪的检测方法作简单介绍。

（1）投影式前照灯检测仪的检测方法。

将被检汽车尽可能地与前照灯检测仪的轨道保持垂直方向驶近检测仪，使前照灯与检测仪受光器相距 3 m。

用汽车摆正找准器使检测仪与被检汽车对正。

开亮前照灯，移动检测仪，使光束照射到受光器上。

投影屏刻度检测法：要求先使光轴偏斜量指示计的指示为零，然后根据投影屏上前照灯影像中心所在的刻度值读取光轴偏斜量，再根据光度计的指示值读取发光强度值，如图7-8所示。

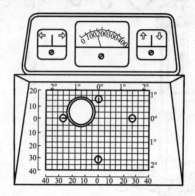

图 7-8 投影屏刻度检测法检测结果示意图

光轴刻度盘检测法：要求转动光轴刻度盘，使投影屏上的坐标原点与前照灯影像中心重合，读取此时光轴刻度盘上的指示值即为光轴偏斜量，再根据光度计上的指示值读取发光强度值，如图7-9所示。

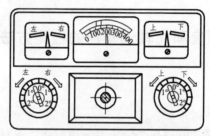

图 7-9 光轴刻度盘检测法检测结果示意图

（2）自动追踪光轴式前照灯检测仪的检测方法。

将被检汽车尽可能地与前照灯检测仪的轨道保持垂直方向驶近检测仪，使前照灯与检测仪受光器相距 3 m。

用汽车摆正找准器，使检测仪与被检汽车对正。

开亮前照灯，接通检测仪电源，用控制器上的上下、左右控制开关移动检测仪的位置，使前照灯光束照射到受光器上。

按下控制器上的测量开关，受光器随即追踪前照灯光轴，根据光轴偏斜指示计和光度计的指示值，即可得出光轴偏斜量和发光强度值。

检测完一只前照灯后用同样的方法检测另一只前照灯。检测结束后，前照灯检测仪沿轨道或沿地面退回护栏内，汽车驶出。

（四）检测结果分析

前照灯检验不合格有两种情况：一是前照灯发光强度偏低，二是前照灯照射位置偏斜。

1. 左右前照灯发光强度均偏低

（1）检查前照灯反光镜的光泽是否明亮，如昏暗、镀层剥落或发黑，则应予更换。

（2）检查灯泡是否老化，质量是否符合要求，如老化或质量不符合要求，则应更换。

（3）检查蓄电池端电压是否偏低，如端电压偏低，则应先充足电再检测。仅靠蓄电池供电，前照灯发光强度一般很难达到标准的规定，检测时发电机应供电。

2. 左右前照灯发光强度不一致

检查发光强度偏低的前照灯的反射镜光泽是否灰暗、灯泡是否老化、质量是否符合要求，这些问题一般多为搭铁线路接触不良。

3. 前照灯光束照射位置偏斜

前照灯安装位置不当或因强烈振动而错位，致使光束照射位置偏斜时，应予以调整。前照灯光束照射位置偏斜的调整可在前照灯检测仪上进行。

根据检测标准，在检测调整光束照射位置时，对远、近双光束灯以检测调整近光光束为主。如果制造质量合格的灯泡，近光调整合格后，远光光束一般也能合格；若近光光束调整合格后，经复核远光光束照射方向不合格，则应更换灯泡。

三、汽车前照灯检测仪的使用与维护

（一）前照灯检测仪的使用

1. 检测前的准备

（1）检测仪的准备。

① 切断光轴光度转换开关（相当于不受光状态），检测各指示计的机械零点，若有偏差则应调整之。

② 检查各镜面有无污垢，若有则清除它。

③ 检查水准器有无气泡或气泡位置，若无或位置不准，则应进行修理或调整。

④ 检查支柱、升降台和导轨，看动作是否自如或有无脏物，若动作不自如或有赃物，则应进行修理或清除。

（2）车辆的准备。

① 清除前照灯上的污垢。

② 检查并调整轮胎气压。

③ 蓄电池应处于充足电状态。

2. 检测方法

非全自动前照灯检测仪检测时一般要进行以下步骤：

（1）将被检车辆垂直屏幕或导轨方向驶近检测仪，并按规定要求的测量距离停好车辆。

（2）用车辆摆正找准器使检测仪与被检汽车对正。

（3）开亮前照灯进行检测。

（4）根据光轴刻度盘、指示计或屏幕刻度以及光度计即可得出光轴偏斜量和发光强度。

（二）全自动检测仪的使用方法

1. 仪器与被检车辆的对准

将被检车辆垂直对准仪器的光接收箱。一般在检测场地上画出行驶标志线（安装时已保证仪器的光接收箱正面与行驶标志线垂直），如车辆停放时其纵向中心线与行驶标志线平行，则可认为已对准，否则应进行如下对准工作：

（1）在被检车的纵向中心线（或某平行线）上设定前后距离不少于 1 m 的两个标志点（物）；

（2）通过仪器的瞄准器进行瞄准和调整。

2. 检测距离的确认

此检测距离是指光接收箱正面与被检前照灯基准中心之间的距离。利用光接收箱下部附装的钢卷尺检查此距离是否符合要求。

3. 手动控制和自动测定方式

被检车应在空载、坐一名驾驶员的条件下进行检测。被检车开亮前照灯后，通过操纵控制开关使仪器的光接收箱进入照射范围，然后按下"测定"开关，"测定"指示灯亮，仪器进入测定工作状态。在此状态下，仪器将自动测定发光强度和光轴偏移量，并通过各显示表将结果直接显示出来。检测完后按控制开关将使仪器退出测定工作状态。

4. 全自动测定方式

全自动测定方式操作比较简单，在用户将计算机板上的拨码开关拨到所需的测单灯或测双灯位置后，从左边进入或从右边进入测定。设置好之后，将仪器移到导轨一侧，检测箱移到最低位置（初始位置），然后按下仪器的进入键，即可进行自动检测。检测结果可由检测线上的计算机通过串行口读取。检测完毕后，仪器将自动返回初始位置。

（三）前照灯检测仪的维护

前照灯检测仪应制订良好的维护制度和建立维修档案。建议每三个月对仪器进行一次校准或标定，以提高维护水平。下面以全自动前照灯检测仪为例，进行简单说明：

（1）导轨应每日清洗，其运行表面不得有砂粒、油泥及其他阻碍仪器运行的异物。

（2）前立柱应每日清洁，防止灰尘积聚。每日工作前，为其加上适量的 20#机油，以保证润滑良好。

（3）受光面正面的玻璃镜应经常用软布擦拭，不应有灰尘、袖雾等阻碍光透射的异物存在。

（4）后立柱每周至少清洁一次，并加上适量的 20#机油，以保证润滑良好。

（5）传动链条每日清洁一次（可用棉布浸润汽油抹洗），并加上适量的 20#机油或钙基润滑脂。

（6）传动轴承应每月加钙基润滑脂一次。

思考与练习

1. 用公式表述发光强度、照度与光源距被照物体距离的关系。

2. 检测汽车前照灯有何必要性？GB 7258—2004 对前照灯的照射方向与发光强度有何要求？

3. 如何利用屏幕法检测前照灯光轴偏移量？

4. 简述前照灯检测仪检测发光强度和光轴位移量的原理。

5. 利用检测仪检测汽车前照灯的条件是什么？试述检测步骤。

6. 影响检测结果的主要因素是什么？

项目八　汽车公害及检测

学习目标：

（1）应掌握噪声的种类、危害和形成因素；

（2）了解汽车噪声检测设备的结构和工作原理，掌握汽车噪声的检测方法；

（3）掌握汽车排放污染物的种类和危害；

（4）了解汽车排放污染物控制的国家和地方标准；

（5）掌握汽油车排放污染物的检测设备和检测方法；

（6）掌握柴油车排气污染物检测设备和检测方法。

模块一　汽车排气污染物的检测

随着汽车工业的发展和汽车保有量的急剧增加，汽车排放的污染物是一致公认的城市大气主要污染公害之一，已成为严重的社会问题。因此，检测并控制汽车排气污染物的浓度，已成为汽车检测中的重要检测项目。

一、汽车排气污染物的主要成分及其危害

（一）汽车排气污染物的主要成分

汽车排气的污染物，主要是一氧化碳（CO）、碳氢化合物（HC）、氮氧化合物（NO_x）、硫化物（主要是 SO_2）、碳烟及其他一些有害物质。如果燃用含铅汽油，则排气中的污染物还包含铅化合物。汽车排气污染物中，CO、HC、NO_x 和碳烟主要来源于汽车尾气的排放，少部分来自曲轴箱窜气，其中，部分 HC 还来自于油箱和整个供油系的蒸发与滴漏。

在相同工况下，汽油机排放的 CO、HC 和 NO_x 排放量比柴油机大，因此，目前的排放法规对汽油机主要限制 CO、HC 和 NO_x 的排放量。柴油机对大气的污染较汽油机轻得多，主要是产生碳烟污染，因此排放法规主要限制柴油机排气的烟度。

（二）汽车排气污染物的危害

汽车排出的各种物质中，对人类形成危害的有 CO、HC、NO_x、碳烟和硫化物等。

（1）CO 是燃料不完全燃烧的产物，是汽车尾气中浓度最大的有害成分，是一种无色无味

的有毒气体，它进入人体后，极易与血液中担负输运氧气的血红蛋白结合，降低血红蛋白的输氧能力，造成人体各部分缺氧，引起头痛、头晕、呕吐等中毒症状，严重时甚至导致死亡。

（2）HC 是发动机未燃尽的燃料分解出来的产物。当 HC 浓度较高时，使人出现头晕、恶心等中毒症状。而且，HC 和 NO_x 在强烈的太阳光作用下，能反应生成一种有害的光化学烟雾，这种光化学烟雾滞留在大气中，造成大气严重污染，对人的眼睛、呼吸道及皮肤均有强烈的刺激性。

（3）NO_x 是汽油机和柴油机排放的主要污染物，是发动机大负荷工作时进气中的 N_2 与 O_2 在高温高压条件下反应而生成的。NO_x 主要是 NO 和 NO_2。NO 与血液中血红蛋白的亲和力比 CO 还强，通过呼吸道及肺进入血液，使其失去输氧能力，产生与 CO 相似的中毒后果。NO_2 侵入肺脏深处的肺毛细血管，引起肺水肿，同时还能刺激眼、鼻黏膜，麻痹嗅觉。

（4）碳烟以柴油机排放量为最多，它是柴油燃烧不完全的产物，其内含有大量的黑色碳颗粒。碳烟能影响道路的能见度，并因含有少量的带有特殊臭味的乙醛，往往引起人们恶心和头晕。

（5）硫化物主要为 SO_2，燃料中含有的硫与氧反应而生成。SO_2 有强烈的气味，可刺激人的咽喉与眼睛，甚至会使人中毒。若大气中含 SO_2 过多，还会形成"酸雨"，损害生物，使土壤与水源酸化，影响自然界的生态平衡。

二、汽油车排气污染物的标准及检测

（一）汽油车排气污染物的检验标准

我国于 1979 年颁布了《环境保护法》，1984 年实施了汽车污染物排放标准和测量方法的国家标准。其后，又相继制定了几项国家排放标准，并于 1993 年对上述排放标准进行了修订，从严规范了诊断参数限值和测量方法。

GB14761—1999《汽车排放污染物限值及测试方法》等效采用了联合国欧洲经济委员会（ECE）1995 年 7 月 2 日生效的 ECER83/02《按发动机对燃料的要求类别就污染排放物对车辆认证的规则》的全部技术内容，采用了国际通用的试验方法，在控制力度上达到了欧洲 20 世纪 90 年代初的水平。

GB18285—2000《在用汽车排气污染物限值及测试方法》是我国在用汽车排气污染物限值及测试方法的最新国家标准。该国家标准中的加速模拟工况试验限值及试验方法，是参照美国国家环保局标准 EPA-AA-RSPD-IM-96-2《加速模拟工况试验规程、排放标准、质量控制要求及设备技术要求技术导则》（1996 年 7 月）制定的，使我国治理在用汽车排气污染走上了更为严格的道路。

GB18285—2000《在用汽车排气污染物限值及测试方法》中规定，装配点燃式发动机的车辆，在检测中要进行怠速试验、双怠速试验和加速模拟工况（ASM）试验；该标准还规定，按 GB14761—1999《汽车排放污染物限值及测试方法》通过 B 类认证（燃用优质无铅汽油的车辆）、设计乘员数不超过 6 人且最大总质量不超过 2 500 kg 的 M1 类车辆和按该标准通过 B 类认证、设计乘员数超过 6 人或最大总质量超过 2 500 kg 但不超过 3 500 kg 的 M 类车辆和 N1 类车辆，要进行双怠速试验或加速模拟工况（ASM）试验；除上述规定以外的其他 M、N 类装配点燃式发动机的车辆要进行怠速试验。

GB18285—2000《在用汽车排气污染物限值及测试方法》中规定，怠速试验按 GB/T3845—1993《汽油车排气污染物的测量怠速法》的规定进行，双怠速试验按 GB/T3845—1993《汽油车排气污染物的测量怠速法》附录 C 的规定进行。

按照 GB18285—2000《在用汽车排气污染物限值及测试方法》的规定，对于装配点燃式四冲程发动机，最大总质量大于或等于 400 kg，最大设计车速大于或等于 50 km/h 的在用汽车，排放污染物限值如下：

（1）装配点燃式发动机的车辆进行双怠速试验排气污染物限值见表 8-1。从表中可以看出，高怠速排放测量值应低于怠速排放测量值。

表 8-1　装配点燃式发动机的车辆双怠速试验排气污染物限值

车 辆 类 型	怠　速		高 怠 速	
	CO/%	HC/10-6[①]	CO/%	HC/10-6[①]
2001 年 1 月 1 日以后上牌照的 M1[②]类汽车	0.8	150	0.3	100
2001 年 1 月 1 日以后上牌照的 N1[③]类汽车	1.0	200	0.5	150

注：① HC 容积浓度按正己烷当量；
　　② M1 指车辆设计乘员数（含驾驶员）不超过 6 人，且车辆的最大总质量不超过 2 500 kg；
　　③ N1 还包括设计乘员数（含驾驶员）超过 6 人，或车辆的最大总质量超过 2 500 kg 但不超过 3 500 kg 的 M 类车辆。

（2）装配点燃式发动机的车辆怠速试验排气污染物限值见表 8-2。

表 8-2　装配点燃式发动机的车辆怠速试验排气污染物限值

车辆类型	轻型车		重型车	
	CO/%	HC/10-6[①]	CO/%	HC/10-6[①]
1995 年 7 月 1 日以前生产的在用汽车	4.5	1 200	5.0	2 000
1995 年 7 月 1 日起生产的在用汽车	4.5	900	4.5	1 200

注：① HC 容积浓度按正己烷当量。

（二）汽油车排气污染物的检测

GB/T3845—1993《汽油车排气污染物的测量怠速法》规定汽油车排气污染物检测时，应采用不分光红外线分析仪（NDIR），并对检测工况和检测程序进行了具体规定。

1. 基本检测原理

汽车排气中的 CO、HC、NO 和 CO_2 等气体，对红外线分别具有吸收一定波长的性质，而且红外线被吸收的程度与废气浓度之间有一定的关系，如图 8-1 所示。不分光红外线分析法就是根据这一原理，即根据废气吸收一定波长红外线能量的变化，来检测废气中各种污染物的含量。在各种气体混在一起的情况下，这种检测方法具有测量值不受影响的特点。

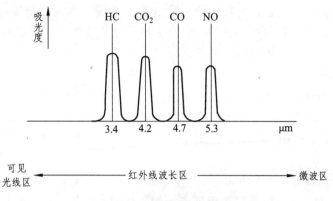

图 8-1 四种气体吸收红外线的情况

利用不分光红外线分析法制成的分析仪，既可以制成单独检测 CO 或 HC 含量的单项分析仪，也可以制成能测量这两种气体含量的综合分析仪。排气中 CO 的浓度是直接测量的，但 HC 的成分非常复杂，因此要把各种 HC 成分的浓度换算成正己烷（n—C_6H_{14}）的浓度后再作为 HC 浓度的测量值。

2. 不分光红外线气体分析仪的结构与工作原理

不分光红外线气体分析仪是一种能够从汽车排气管中采集气样，并对其中所含 CO 和 HC 的浓度进行连续测量的仪器。图 8-2 所示为分析仪的外形图。它由废气取样装置、废气分析装置、废气浓度指示装置和校准装置等组成。

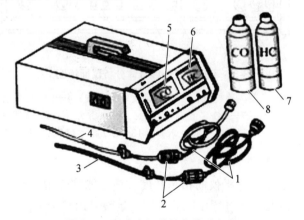

图 8-2 不分光红外线气体分析仪

1—导管；2—滤清器；3—低浓度取样探头；4—高浓度取样探头；5—CO 指示仪表；
6—HC 指示仪表；7—标准 HC 气样瓶；8—标准 CO 气样瓶

（1）废气取样装置。

废气取样装置由取样探头、滤清器、导管、水分离器和泵等组成。它通过取样探头、导管和泵从车辆排气管里采集废气，再用滤清器和水分离器把废气中的碳渣、灰尘和水分等除掉，只把废气送入分析装置。

（2）废气分析装置。

按传感器形式不同，废气分析装置可分为电容微音器式和半导体式等不同形式。废气分析装置由红外线光源、气样室、旋转扇轮（截光器）、测量室和传感器等组成。该装置按照不分光红外线分析法，从来自取样装置的、混有多种成分的废气中，测量出 CO 和 HC 的浓度，并以电信号形式输送给废气浓度指示装置。

（3）浓度指示装置。

综合式气体分析仪的浓度指示装置主要由 CO 指示装置和 HC 指示装置组成，有指针式仪表和数字式显示器两种类型。从废气分析装置送来的电信号，CO 的浓度在 CO 指示仪表上以体积百分数（%）表示；HC 的浓度在 HC 指示仪表上以正己烷当量体积的百万分数（10^{-6}）表示。

指针式气体分析仪如图 8-3 所示，可利用零点调整旋钮、标准调整旋钮和读数挡位转换开关等进行控制。此外，还可以通过气流通道一端设计的流量计，得知废气通道滤清器是否有脏污等异常情况。

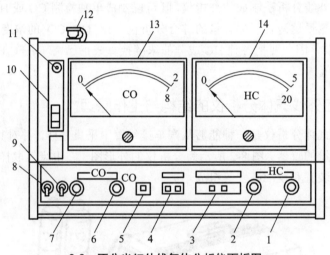

8-3 不分光红外线气体分析仪面板图

1—HC 标准调整旋钮；2—HC 零点调整旋钮；3—HC 读数转换开关；4—CO 读数转换开关；5—简易校准开关；6—CO 标准调整开关；7—CO 零点调整开关；8—电源开关；9—泵开关；10—流量计；11—电源指示灯；12—标准气样注入口；13—CO 指示仪表；14—HC 指示仪表

（4）校准装置。

校准装置是一种为了保持分析仪的指示精度，使之能准确指示测量值的装置。在此装置中，往往既设有用加入标准气样进行校准的装置，也设有用机械方式简易校准的装置。

标准气样校准装置是把分析仪生产厂附带来的供校准用的标准气样（CO 和 HC），从分析仪上专设的标准气样注入口直接送到废气分析装置，再通过比较标准气样浓度值和仪表指示值的方法来进行校准的一种装置。

简易校准装置是用遮光板把废气分析装置中通过测量气样室的红外线遮挡住一部分，用减少一定量红外线能量的方法进行简单校准的装置。

3. 汽油车污染物的检测方法

按照 GB/T3845—1993《汽油车排气污染物的测量怠速法》的规定，汽油车怠速污染物的检测应在怠速工况下进行，采用不分光红外线气体分析仪，按规定程序检测 CO 和 HC 的浓度值。双怠速试验按 GB/T3845—1993《汽油车排气污染物的测量怠速法》附录 C 的规定进行。

怠速工况是指发动机运转；离合器处于接合位置；油门踏板与手油门处于松开位置；变速器处于空挡位置；采用化油器的供油系统，其阻风门处于全开位置。

（1）仪器准备。

① 按仪器使用说明书的要求做好各项检查工作。

② 接通电源，对气体分析仪预热 30 min 以上。

③ 用标准气样校准仪器，先让气体分析仪吸入清洁空气，用零点调整旋钮把仪表指针调整到零点，然后把标准气样从标准气样注入口注入，再用标准调整旋钮把仪表指针调到标准指示值。注意：在灌注标准气样时，要关掉气体分析仪上的泵开关。

CO 校准的标准值就是标准气样瓶上标明的 CO 浓度值；HC 校准的标准值，由于是用丙烷作为标准气样，因而要按下式求出正己烷的换算值作为校准的标准值：

校准的标准值（即正己烷换算值）=标准气样（丙烷）浓度×换算系数

式中，标准气样（丙烷）浓度即标准气样瓶上标明的浓度值；换算系数是气体分析仪的给出值，一般为 0.472～0.578。

用简易装置校准仪器时，先接通简易校准开关，对于有校准位置刻度线的仪器，可用标准调整旋钮将仪表指针调整到正对标准刻度线位置。对于没有标准刻度线的仪器，要在标准气样校准后立即进行简易校准，使仪表指针与标准气样校准后的指示值重合。

④ 把取样探头和取样导管安装到气体分析仪上，此时如果仪表指针超过零点，则表明导管内壁吸附有较多的 HC，需要用压缩空气或布条等清洁取样探头和导管。

（2）受检车辆或发动机的准备。

① 进气系统应装有空气滤清器，排气系统应装有排气消声器，并不得有泄漏。

② 汽油应符合国家标准的规定。

③ 测量时发动机冷却水和润滑油温度应达到汽车使用说明书所规定的热状态。

（3）怠速测量程序。

① 必要时在发动机上安装转速计、点火定时仪、冷却水和润滑油测温计等测试仪器。

② 发动机由怠速工况加速至 0.7 倍额定转速，维持 60 s 后降至怠速状态。

③ 发动机降至怠速状态后，将取样探头插入排气管中，深度等于 400 mm，并固定于排气管上。

④ 先把指示仪表的读数转换开关打到最高量程挡位，再一边观看指示仪表，一边用读数转换开关选择适于排气含量的量程挡位。发动机在怠速状态维持 15 s 后开始读数，读取 30 s 内的最高值和最低值，其平均值即为测量结果。

⑤ 若为多排气管时，取各排气管测量结果的算术平均值。

⑥ 测量工作结束后，把取样探头从排气管里抽出来，让它吸入新鲜空气 5 min，待仪器指针回到零点后再关闭电源。

（4）双怠速测量程序。

① 必要时在发动机上安装转速计、点火定时仪、冷却水和润滑油测温计等测试仪器。

② 发动机由怠速工况加速至 0.7 倍额定转速，维持 60 s 后降至高怠速（即 0.5 倍额定转速）。

③ 发动机降至高怠速状态后，将取样探头插入排气管中，深度等于 400 mm，并固定于排气管上。

④ 先把指示仪表的读数转换开关打到最高量程挡位，再一边观看指示仪表，一边用读数转换开关选择适于排气含量的量程挡位。发动机在高怠速状态维持 15 s 后开始读数，读取 30s 内的最高值和最低值，取平均值即为高怠速排放测量结果。

⑤ 发动机从高怠速状态降至怠速状态，在怠速状态维持 15 s 后开始读数，读取 30 s 内的最高值和最低值，其平均值即为怠速排放测量结果。

⑥ 若为多排气管时，分别取各排气管高怠速排放测量结果的算术平均值和怠速排放测量结果的算术平均值。

⑦ 测量工作结束后，把取样探头从排气管里抽出来，让它吸入新鲜空气 5 min，待仪器指针回到零点后再关闭电源。

三、柴油车排气污染物的标准及检测

（一）柴油车排气污染物的检验标准

柴油车排出的烟色有黑烟、蓝烟和白烟三种。其中，以柴油机在全负荷和加速工况时排出的黑色碳烟最为常见。黑烟的发暗程度用排气烟度表示，排气烟度用烟度计检测。烟度计可分为滤纸式、透光式、重量式等多种形式。

根据 GB18285—2000《在用汽车排气污染物限值及测试方法》的规定，对于装配压燃式发动机的车辆，对按照 GB14761—1999《汽车排放污染物限值及测试方法》通过 C 类认证的车辆进行自由加速排气可见污染物试验，除通过 C 类认证以外的其他装配压燃式发动机的车辆须进行自由加速烟度试验。标准中又规定，自由加速排气可见污染物试验按 GB18285—2000《在用汽车排气污染物限值及测试方法》附录 B 进行，自由加速烟度试验按 GB/T3846—1993《柴油车自由加速烟度的测量滤纸烟度法》规定进行。

GB18285—2000《在用汽车排气污染物限值及测试方法》规定，对于装配压燃式发动机，最大总质量大于或等于 400 kg，最大设计车速大于或等于 50 km/h 的在用汽车，自由加速试验烟度排放限值见表 8-3。

表 8-3　装配压燃式发动机的车辆自由加速试验烟度排放限值

车辆类型	烟度值/Rb
1995 年 7 月 1 日以前生产的在用汽车	4.7
1995 年 7 月 1 日起生产的在用汽车	4.0

（二）柴油车排气污染物的检测

GB/T3846—1993《柴油车自由加速烟度的测量滤纸烟度法》规定柴油车排气烟度检测时，应采用滤纸式烟度计，并对检测工况和测量程序进行了具体规定。

1. 基本检测原理

滤纸式烟度计的测量原理：用一个活塞式抽气泵，从柴油机排气管中抽取一定容积的废气，使它通过一张一定面积的白色滤纸，废气中的碳烟存留在滤纸上，使其染黑。用检测装置测定滤纸的染黑度，再由指示装置指示出来，该染黑度即代表柴油车的排气烟度。

2. 滤纸式烟度计的结构与工作原理

滤纸式烟度计是应用最广的烟度计之一，有手动、半自动和全自动三种形式。其结构都是由废气取样装置、染黑度检测与指示装置和控制装置等组成，如图 8-4 所示。

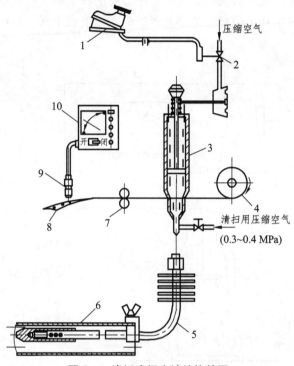

图 8-4　滤纸式烟度计结构简图

1—脚踏开关；2—电磁阀；3—抽气泵；4—滤纸卷；5—取样探头；6—排气管；7—进给机构；8—染黑的滤
纸；9—光电传感器；10—指示仪表

（1）废气取样装置。

废气取样装置由取样探头、活塞式抽气泵和取样软管等组成。

取样探头分为台架试验用和整车试验用两种形式。整车试验用取样探头带有散热片，其上装有夹具以便固定在排气管上。取样探头在活塞式抽气泵的作用下抽取废气，其结构形状应能保证在取样时不受排气动压的影响。

活塞式抽气泵由活塞泵、手柄、回位弹簧、锁止装置、电磁阀和滤纸夹持机构等组成。取样前，手动或自动压下抽气泵手柄，直至克服回位弹簧的张力，使活塞到达最下端，并由锁止机构锁紧。当需要取样时，踩下脚踏开关或按下"手动抽气"按钮，可操纵电磁阀，使压缩空气解除锁止机构对活塞的锁紧作用，活塞在回位弹簧张力作用下上升到顶端，完成取样过程。

滤纸夹持机构在取样时实现对滤纸的夹紧和密封，使取样过程中的排气经滤纸进入泵筒内，碳烟存留在滤纸上并将其染黑，并能保证滤纸的有效工作面直径为 $\phi 32$ mm。取样完成后，滤纸夹持机构松开，染黑的滤纸由进给机构送至染黑度检测装置。

取样软管把取样探头和活塞式抽气泵连接在一起，泵的抽气量与软管的容积有关，国标规定，取样软管长度为 5.0 m，内径为 ϕ(5-0.2) mm，取样系统局部内径不得小于 ϕ4 mm。

（2）染黑度检测与指示装置。

染黑度指示装置由光电传感器、指示仪表或数字式显示器、滤纸和标准烟样等组成。光电传感器由光源（白炽灯泡）、光电元件（环形硒光电池）等组成，其工作原理如图 8-5 所示。电源接通后，白炽灯泡发亮，其光亮通过带有中心孔的环形硒光电池照射到滤纸上，当滤纸的染黑度不同时，反射给环形硒光电池感光面的光线强度也不同，因而环形硒光电池产生的光电流强度也就不同。

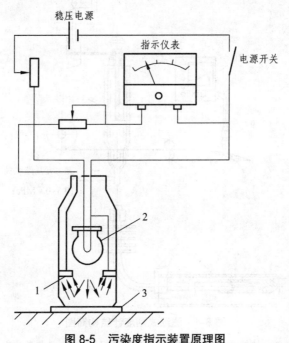

图 8-5 污染度指示装置原理图

1—光电元件；2—电灯泡；3—滤纸

指示电表是一块微安表，是滤纸染黑度（即排气烟度）的指示装置。当环形硒光电池送来的光电流强度不同时，指示仪表指针的位置也不同。指示表头以 Rb0～Rb10 表示。其中，0是全白滤纸的 Rb 单位，10 是全黑滤纸的 Rb 单位，从 0～10 均匀分布。

检测装置一般都备有供标定或校准用的标准烟样和符合规定的滤纸。标准烟样也称为烟度卡，应在烟度计上标定，精确度为 0.5%。当标准烟样用于标定烟度计时，按量程均匀分布不得少于 6 张；当用于校准烟度计时，每台烟度计 3 张，标定值选在 Rb5 左右。当烟度计指示仪表需要校准时，只要把标准烟样放在光电传感器下，用调节旋钮把指示电表的指针调整到标准烟样所代表的染黑度数值即可达到目的。这可使指示仪表保持指示精度，以得出准确的测量结果。烟度计必须定期标定，要求在有效期内使用。

滤纸有带状和圆片状两种。带状滤纸在进给机构的作用下能实现连续传送，适用于半自动式和全自动式烟度计；圆片状滤纸仅适用于手动式烟度计。

（3）控制装置。

控制装置包括用脚操纵的抽气泵电磁脚踏开关、滤纸进给机构和压缩空气清洗机构等。

压缩空气清洗机构能在废气取样前，用压缩空气清洗取样头和取样软管内的残留废气碳粒。

3. 柴油车自由加速烟度的检测方法

GB/T3846—1993《柴油车自由加速烟度的测量滤纸烟度法》规定，柴油车自由加速烟度的检测应在自由加速工况下，采用滤纸式烟度计，按测量规程进行。

自由加速工况是指柴油发动机于怠速工况（发动机运转，离合器处于接合位置，油门踏板与手油门处于松开位置，变速器处于空挡位置，具有排气制动装置的发动机，蹀形阀处于全开位置），将油门踏板迅速踏到底，维持 4 s 后松开。

（1）仪器准备。

① 通电前，检查指示仪表指针是否在机械零点上，否则用零点调整螺钉使指针与"10"的刻度重合。

② 接通电源，仪器进行预热。打开测量开关，在检测装置上垫 10 张全白滤纸，调节粗调及微调电位器，使表头指针与"0"的刻度重合。

③ 在 10 张全白滤纸上放上标准烟样，并对准检测装置，仪表指针应指在标准烟样的染黑度数值上，否则应进行调节。

④ 检查取样装置和控制装置中各部机件的工作情况，特别要检查脚踏开关与活塞抽气泵动作是否同步。

⑤ 检查控制用压缩空气和清洗用压缩空气的压力是否符合要求。

⑥ 检查滤纸进给机构的工作情况是否正常。检查滤纸是否合格（应洁白无污）。

（2）受检车辆准备。

① 进气系统应装有空气滤清器，排气系统应装有消声器并且不得有泄漏。

② 柴油应符合国家规定，不得使用燃油添加剂。

③ 测量时发动机的冷却水和润滑油温度应达到汽车使用说明书所规定的热状态。

④ 自 1975 年 7 月 1 日起新生产柴油车用的柴油机，应保证启动加浓装置在非启动工况下不再起作用。

（3）测量程序。

① 用压力为 0.3～0.4 MPa 的压缩空气清洗取样管路。

② 把抽气泵置于待抽气位置，将洁白的滤纸置于待取样位置，将滤纸夹紧。

③ 将取样探头固定于排气管内，插入深度等于 300 mm，并使其轴线与排气管轴线平行。

④ 将脚踏开关引入汽车驾驶室内，但暂不固定在油门踏板上。

⑤ 按照自由加速工况的规定加速 3 次，以清除排气系统中的积存物，然后把脚踏开关固定在油门踏板上，进行实测。

⑥ 测量取样，按照自由加速工况的规定和图 8-6 所示自由加速烟度测量规程，将油门踏板与脚踏开关一并迅速踩到底，持续 4 s 后立刻松开，维持怠速运转，循环测量 4 次，取后 3 个循环烟度读数的算术平均值作为所测烟度值。

⑦ 当汽车发动机出现黑烟冒出排气管的时间与抽气泵开始抽气的时间不同步现象时，应取最大烟度值作为所测烟度值。

⑧ 在被染黑的滤纸上记下试验序号、试验工况和试验日期等，以便保存。

⑨检测结束，及时关闭电源和气源。

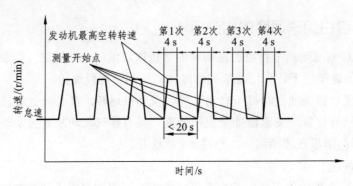

图 8-6　自由加速烟度测量规程

四、曲轴箱窜气的检测

曲轴箱排出的 HC 约占发动机 HC 排放总量的 15%～25%，它对大气环境的污染是非常严重的。

曲轴箱漏气对汽车发动机本身也带来不少危害：漏气（HC）在曲轴箱中，与机油发生作用，使机油稀释和变质，降低润滑性能，致使曲轴、连杆等机件磨损加快。铅粒和碳粒及难以燃烧的汽油胶质与机油混合后，形成油泥，易堵塞油道，导致严重故障。

如果曲轴箱内漏气量增加，则曲轴箱内的压力也随着增大，会造成曲轴后油封严重漏油，甚至机油会从机油加油口中冒出来。

基于上述原因，很有必要对曲轴箱的排放进行控制。曲轴箱通风系统有三种形式：开放式曲轴箱通风系统由于将所有曲轴箱内的"漏气"全部排到大气中，造成了大气污染，因此这种系统已被淘汰；半闭式曲轴箱通风系统由于仍有部分"漏气"排入大气，所以这种系统亦基本上停产了；现在绝大部分车辆都采用闭式曲轴箱强制通风系统。对于闭式曲轴箱强制通风系统，检测站在检车时应检查：

（1）检查车辆是否正确安装曲轴箱强制通风系统，包括 PCV 阀或流量孔相通风管。

（2）检查曲轴箱通风系统连接管路是否完好，胶管是否有断裂、老化、脱落，如有则应更换和紧固。

（3）与 PCV 阀或流量孔连接的曲轴箱或气门室罩内侧要有挡板，以防止机油进入进气管造成发动机烧机油，影响性能。

（4）许可时应用 U 形水压计或微型压力计在机油塞尺处检查怠速、50%额定转速的曲轴箱压力，并且压力不得为正值。

五、燃油蒸发排放的检验

燃油蒸发污染物是指从汽油车的燃油系统中的通大气口排放出来的汽油蒸气，主要是在汽车停车时从汽油箱的通大气口和浮子室通大气口，由于环境温度和环境气压的变化产生"呼吸作用"排出的汽油蒸气，成分为 HC。蒸发污染物的排放受汽油成分、环境温度、环境气压影响。一般环境温度越高且持续时间越长、昼夜温差越大、环境气压越低、汽油中烃成分越多，则排放量越高。

汽车运行时，由于汽油箱中汽油的消耗使油箱中形成真空，不会排出汽油蒸气，此时化油器也封死了通大气口，不会向大气排出汽油蒸气。

由于蒸发污染物排放的特点，只能采取被动的控制方式，也就是必须通过加装一套装置将停车时的排放物收集贮存起来，在汽车正常工作时再回收利用。

目前常见的控制系统有活性炭罐贮存式，其控制原理是：汽车停车时，通过蒸气管路和控制阀将汽油箱和化油器排出的汽油蒸气引入贮存系统中贮存起来；在发动机正常工作时，在进气歧管真空作用下，通过进气气流将贮存的汽油蒸气带入发动机燃烧室燃烧，同时对贮存系统进行脱附，以恢复贮存能力。

检测站对车辆进行检测时，应对汽车的燃油蒸发控制系统进行下列检查：

（1）检查车辆上是否安装了燃油蒸发控制装置。

（2）检查燃油蒸发控制装置是否在有效使用日期（或有效使用里程）内。

（3）检查某连接管路是否完好，胶管是否有断裂、老化、脱落。

模块二　汽车噪声及检验

一、汽车噪声的形成

噪声作为一种严重的公害已日益引起人们的关注，目前世界各国已纷纷制定出控制噪声的标准。噪声的一般定义：频率和声强杂乱无章的声音组合，造成对人和环境的影响。更人性化的描述：人们不喜欢的声音就是噪声。

汽车是一个综合噪声源，由行驶的汽车所产生的这种综合的声辐射称为汽车噪声。车辆噪声的噪声源主要包括：发动机的机械噪声、燃烧噪声、进排气噪声和风扇噪声，底盘的机械噪声、制动噪声和轮胎噪声，车厢振动噪声，货物撞击噪声，喇叭噪声和转向、倒车时的蜂鸣声等。在这些噪声源中，发出的噪声程度绝大多数都与车辆的使用情况有关。

噪声一般用声压、响度等指标来表示。声压是声学中表示声音强弱的指标。

车辆噪声一般为中等强度的噪声，大约为 60～90 dB。如公共汽车的噪声为 80 dB 左右，摩托车的噪声比一般汽车高 10 dB 左右。由于车辆噪声为游走性的，影响范围大，干扰时间长，因而受害人员多。据有关资料介绍，噪声会使人的听力减弱、视觉功能下降、神经衰弱、血压变化和胃肠道出现消化功能障碍，甚至影响人的睡眠、谈话、学习、工作和情绪等。总之，噪声不仅能引起人体的生理改变和损伤，而且能导致对心理、生活和工作的不利影响。噪声污染已经到了非治理不可的程度，特别是车辆噪声。

随着汽车向快速和大功率方面的发展，汽车噪声已成为一些大城市的主要噪声源。汽车噪声主要包括：发动机的机械噪声、燃烧噪声、进排气噪声和风扇噪声；底盘的机械噪声、制动噪声和轮胎噪声，车厢振动噪声，货物撞击噪声，喇叭噪声和转向、倒车时的蜂鸣声等。

（一）发动机噪声

发动机是一个包括各种不同性质噪声的综合噪声源，其中主要包括：燃烧噪声、机械噪声、进排气噪声和风扇噪声等。

1. 燃烧噪声和机械噪声

发动机的燃烧噪声是指气缸内燃料燃烧产生的声音，而机械噪声是由于发动机运转而引起的声音。两者难以严格区分，因为前者也是通过曲柄连杆机构、曲轴和机体向外传播的。为了研究方便起见，通常把燃烧时气缸压力通过活塞、连杆、曲轴、缸体及气缸盖等引起发动机结构表面振动而辐射出来的噪声叫燃烧噪声，把活塞对钢套的敲击声、配气机构、正时齿轮和喷油泵的噪声叫做机械噪声。

（1）燃烧噪声。

燃烧噪声是由于气缸受周期性变化的气体压力作用而产生的。主要表现为气体燃烧时急剧上升的气缸压力通过活塞、连杆、曲轴缸体及缸盖等引起发动机结构表面振动而辐射出来的噪声。

压力升高率是影响燃烧噪声的根本因素，因而，燃烧噪声主要集中于速燃期，其次是缓燃期。柴油机由于压缩比高，压力升高率过大，其燃烧噪声比汽油机高得多。

（2）机械噪声。

机械噪声是指由于气体压力及机件的惯性作用，使相对运动零件之间产生撞击和振动而形成的噪声。主要包括：活塞连杆组噪声（活塞、连杆、曲轴等运动件撞击气缸体产生的噪声）、配气机构噪声、柴油机供给系噪声等。

① 活塞连杆组噪声。

活塞敲缸噪声是发动机最主要的机械噪声源。其噪声大小与活塞和缸壁间隙、发动机转速、负荷、活塞与缸壁间润滑条件、活塞的结构及材料、活塞环数及张力、缸套厚度等有关。

② 配气机构噪声。

配气机构噪声是由于气门开启和关闭时产生的撞击以及系统振动而形成的噪声。气门运动速度、气门间隙、配气机构结构型式、零部件刚度及质量等是影响配气机构噪声的主要因素。

③ 齿轮机构噪声。

齿轮噪声是由齿轮啮合时所产生的噪声和齿轮固有振动噪声组成。影响齿轮噪声的因素主要有齿轮的运转状况、齿轮的设计参数、齿轮的加工精度等。

④ 柴油机供油系噪声。

喷油系统是柴油机的噪声源之一，喷油系统的噪声主要是由于喷油泵、喷油器和高压油管系统振动引起的，其中，喷油泵形成的噪声是主要的机械噪声。为降低喷油泵噪声，可提高泵体刚度，采用特种金属或塑料材料，采用隔声罩等。

2. 进、排气噪声

进、排气噪声是由于发动机在进、排气过程中的气体压力波动和气体流动所引起的振动而产生的噪声。进、排气噪声的强弱受发动机转速和负荷影响较大。随着发动机转速的提高，进气噪声增大，负荷对进气噪声影响较小；随着发动机转速的增加，空负荷比满负荷增加的比率更大些。降低进气噪声的最有效措施是，设计合适的空气滤清器，或采用进气消声器。

3. 风扇噪声

风扇噪声属于空气动力学方面的噪声，是汽车的主要噪声源之一；它由旋转噪声和涡流噪声所组成。此外，还包含一些机械噪声。旋转噪声是由于风扇旋转时叶片切割空气，引起空气振动而产生的。涡流噪声是由于风扇旋转时叶片周围产生的空气涡流而造成的。影响风扇噪声的主要因素是风扇转速。

（二）传动系噪声

传动系噪声包括变速器噪声、传动轴噪声及驱动桥噪声。

（三）制动噪声

制动噪声是汽车制动过程中由制动器摩擦，引起制动器等部件振动发出的声响，通称为制动尖叫声。这种尖叫声类似"猪嚎"声，特别是制动器由热态转为冷态时更容易产生这种噪声。该高频噪声不仅影响汽车的舒适性，还会给驾驶员带来不必要的担心。

鼓式制动器比盘式制动器产生的噪声大。通常发生在制动蹄摩擦片端部和根部与制动鼓接触的情况下。某噪声大小取决于制动蹄摩擦片长度方向上的压力分布规律，还受制动系统及零部件刚度的影响。

（四）轮胎噪声

轮胎噪声包括轮胎花纹噪声、道路噪声、弹性振动噪声以及轮胎旋转时搅动空气引起的风噪声。

花纹噪声和道路噪声都是轮胎和路面相互作用而产生的噪声。汽车行驶时，轮胎接地部分胎面花纹沟槽的空气以及路面的微小凹凸与地面间的空气，在轮胎离开时，受到一种类似于泵的挤压作用引起周围空气压力变化，从而产生噪声。弹性振动噪声是指由于轮胎不平衡、胎面花纹刚度变化或路面凹凸不平等原因激发胎体振动而产生的噪声。

影响轮胎噪声的因素主要有：轮胎花纹、车速及负荷、轮胎气压、装配情况、轮胎磨损程度、路面状况等。

二、噪声的评价指标

1. 噪声的声压和声压级

噪声的主要物理参数有声压与声压级、声强与声强级和声功率与声功率级。其中，声压与声压级是表示声音强弱的最基本的参数。

声压是指由于声波的存在引起在弹性介质中压力的变化值。声音的强弱取决于声压，声压越大听到的声音越强。人耳可以听到的声压范围是 2×10^{-5}（听阈声压）～20 Pa（痛阈声压），相差 100 万倍，因此用声压的绝对值表示声音的强弱会很不方便，所以人们常用声压级来表示声音的强弱。

声压级是指某点的声压 P 与基准声压（听阈声压）P_0 的比值取常用对数再乘以 20 的值，即

$$L_P = 20\lg \frac{P}{P_0}$$

单位为分贝（dB）。可闻声声压级范围为 0～120 dB。

2. 噪声的频谱

人耳对声音的感觉不仅与声压有关，而且还与声音的频率有关。人耳可闻声音的频率范围为 20～20 000 Hz。一般的声源，并不是仅发出单一频率的声音，而是发出具有很多频率成分的复杂声音。声音听起来之所以会有很大的差别，就是因为它们的组成成分不同。因此，为全面了解一个声源的特性，仅知道它在某一频率下的声压级和声功率级是不够的，还必须知道它的各种频率成分和相应的声音强度，这就是频谱分析。

噪声的频谱也是噪声的评价指标之一。以声音频率（Hz）为横坐标、以声音强度（如声压级 dB）为纵坐标绘制的噪声测量图形，称为频谱图。

人耳可闻声音的频率有 1 000 多倍的变化范围，在实际频谱分析中不可能逐个频率分析噪声。在声音测量中，让噪声通过滤波器把可闻声音的频率范围分割成若干个小的频段，称为频程或频带。频带的上限频率 f_h（或称上截止频率）与下限频率 f_L（或称下截止频率）具有 $f_h / f_L = 2^n$ 的关系，频带的中心频率 $f_m = \sqrt{f_h \cdot f_L}$，当 $n = 1$ 时，称为倍频程或倍频带。可闻声音频率范围用 10 段倍频程表示，见表 8-4。

表 8-4　倍频程中心频率及频率范围（Hz）

中心频率	31.5	63	125	250	500
频率范围	22～45	45～90	90～180	180～355	355～710
中心频率	1 000	2 000	4 000	8 000	16 000
频率范围	710～1 400	1 400～2 800	2 800～5 600	5 600～11 200	11 200～22 400

如果需要更详细地分析噪声，可采用 1/3 倍频程。

3. 噪声级

声压级相同的声音，若频率不同，则听起来并不一样响，相反，不同频率的声音，虽然声压级也不同，但有时听起来却一样响，因此，用声压级测定的声音强弱与人们的生理感觉往往不一样。因而，对噪声的评价常采用与人耳生理感觉相适应的指标。

为了模拟人耳在不同频率有不同的灵敏性，在声级计内设有一种能够模拟人耳的听觉特性，把电信号修正为与听觉近似值的网络，这种网络称作计权网络。通过计权网络测得的声压级，已不再是客观物理量的声压级，而是经过听感修正的声压级，称作计权声级或噪声级。

国际电工委员会（IEC）对声学仪器规定了 A、B、C 等几种国际标准频率计权网络，它们是参考国际标准等响曲线而设计的。由于 A 计权网络的特性曲线接近人耳的听感特性，故目前普遍采用 A 计权网络对噪声进行测量和评价，记作 dB（A）。

三、汽车噪声的标准及检测

（一）汽车噪声检验标准

GB7258—2004《机动车运行安全技术条件》对客车车内噪声级、汽车驾驶员耳旁噪声级和机动车喇叭声级作了规定，GB1495—79《机动车辆允许噪声》和 GB1496—79《机动车噪声测量方法》对车外最大噪声级及其测量方法作了规定。

（1）车外最大允许噪声级。汽车加速行驶时，车外最大允许噪声级应符合表8-5的规定。表中所列各类机动车辆的变型车或改装车（消防车除外）的加速行驶车外最大允许噪声级，应符合其基本型车辆的噪声规定。

表8-5　车外最大允许噪声级

车辆类型		车外最大允许噪声级[dB（A）]	
		1985 年 1 月 1 日以前生产的汽车	1985 年 1 月 1 日起生产的汽车
载货汽车	8 t≤载质量＜15 t	92	89
	3.5 t≤载质量＜8 t	90	86
	载质量＜3.5 t	89	84
轻型越野车		89	84
公共汽车	4 t≤载质量＜11 t	89	86
	载质量≤4 t	88	83
轿车		84	82

（2）车内最大允许噪声级。客车车内最大允许噪声级不大于 82 dB。

（3）汽车驾驶员耳旁噪声级。汽车驾驶员耳旁噪声级应不大于 90 dB。

（4）机动车喇叭声级。喇叭声级在距车前 2 m、离地高 1.2 m 处测量时，其值应为 90～115 dB。

（二）声级计的结构与工作原理

在汽车噪声的测量方法中，国家标准规定使用的仪器是声级计。

声级计是一种能对噪声以近似于人耳听觉特性进行测定的仪器。可以用来检测机动车的行驶噪声、排气噪声和喇叭声音响度级。

根据测量精度不同，声级计可分为精密声级计和普通声级计两类；根据所用电源不同，声级计可分为交流式声级计和直流式声级计两类。直流式声级计也可以称为便携式声级计，具有体积小、重量轻和现场使用方便等特点。

声级计一般由传声器、放大器、衰减器、计权网络、检波器、指示表头和电源等组成。其工作原理是：被测的声波通过传声器被转换为电压信号，根据信号大小选择衰减器或放大，放大后的信号送入计权网络处理，最后经过检波并在以 dB 标度的表头上指示出噪声数值。图 8-7 所示为我国生产的 ND2 型精密声级计。

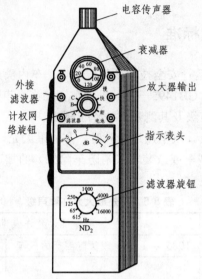

图 8-7　ND2 型精密声级计

1. 传声器

传声器是将声波的压力转换成电压信号的装置，也称为话筒，是声级计的传感器。常见的传声器有动圈式和电容式等多种形式。

动圈式传声器由振动膜片、可动线圈、永久磁铁和变压器等组成。振动膜片受到声波压力作用产生振动，它带动着和它装在一起的可动线圈在磁场内振动而产生感应电流。该电流根据振动膜片受到声波压力的大小而变化。声压越大，产生的电流就越大。

电容式传声器由金属膜片和金属电极构成平板电容的两个极板，当膜片受到声压作用发生变形，使两个极板之间的距离发生变化时，电容量也发生变化，从而实现了将声压转换为电信号的作用。电容式传声器具有动态范围大、频率响应平直、灵敏度高和稳定性好等优点，因而应用广泛。

2. 放大器和衰减器

在放大线路中都采用两级放大器，即输入放大器和输出放大器，其作用是将微弱的电信号放大。输入衰减器和输出衰减器是用来改变输入信号的衰减量和输出信号衰减量的，以便使表头指针指在适当的位置上。衰减器每一挡的衰减量为 10 dB。

3. 计权网络

计权网络一般有 A、B、C 三种。A 计权声级模拟人耳对 55 dB 以下低强度噪声的频率特性，B 计权声级模拟 55～85 dB 的中等强度噪声的频率特性，C 计权声级模拟高强度噪声的频率特性。三者的主要差别是对噪声低频成分的衰减程度不同，A 衰减最多，B 次之，C 衰减量最少。A 计权声级由于其特性曲线接近人耳的听感特性，因此目前应用最广泛，B、C 计权声级已逐渐不被采用。

4. 检波器和指示表头

为了使经过放大的信号通过表头显示出来，声级计还需要有检波器，以便把迅速变化的电压信号转变成变化较慢的直流电压信号。这个直流电压的大小要正比于输入信号的大小。根据测量的需要，检波器有峰值检波器、平均值检波器和均方根值检波器之分。峰值检波器能给出一定时间间隔中的最大值，平均值检波器能在一定时间间隔中测量其绝对平均值。

多数的噪声测量中均采用均方根值检波器。均方根值检波器能对交流信号进行平方、平均和开方，得出电压的均方根值，最后将均方根电压信号输送到指示表头。指示表头是一只电表，只要对其刻度进行标定，就可从表头上直接读出噪声级的 dB 值。

声级计表头阻尼一般都有"快"和"慢"两个挡。"快"挡的平均时间为 0.27 s，很接近于人耳听觉器官的生理平均时间；"慢"挡的平均时间为 1.05 s。当对稳态噪声进行测量或需要记录声级变化过程时，使用"快"挡比较合适；在被测噪声的波动比较大时，使用"慢"挡比较合适。

声级计面板上一般还备有一些插孔，这些插孔如果与便携式倍频带滤波器相连，可组成小型现场使用的简易频谱分析系统；如果与录音机组合，则可把现场噪声录制在磁带上储存下来，待以后再进行更详细的研究；如果与示波器组合，则可观察到声压变化的波形，并可存储波形或用照相机把波形摄制下来；还可以把分析仪、记录仪等仪器与声级计组合、配套使用，这要根据测试条件和测试要求而定。

（三）汽车噪声的测量方法

国家标准规定汽车噪声使用的测量仪器有精密声级计或普通声级计和发动机转速表，声级计误差不超过±2 dB，并要求在测量前后，按规定进行校准。

1. 声级计的检查与校准

（1）在未接通电源时，先检查并调整仪表指针的机械零点。可用零点调整螺钉使指针与零点重合。

（2）检查电池容量。把声级计功能开关对准"电池"，此时电表指针应达到额定红线，否则读数不准，应更换电池。

（3）打开电源开关，预热仪器 10 min。

（4）校准仪器。每次测量前或使用一段时间后，应对仪器的电路和传声器进行校准。根据声级计上配有的电路校准"参考"位置，校验放大器的工作是否正常。如不正常，应用微调电位计进行调节。电路校准后，再用已知灵敏度的标准传声器对声级计上的传声器进行对比校准。

常用的标准传声器有声级校准器和活塞式发声器，它们的内部都有一个可发出恒定频率、恒定声级的机械装置，因而很容易对比出被检传声器的灵敏度。声级校准器产生的声压级为 94 dB，频率为 1 000 Hz；活塞式发声器产生的声压级为 124 dB，频率为 250 Hz。

（5）将声级计的功能开关对准"线性"、"快"挡。由于室内的环境噪声一般为 40～60 dB，声级计上应有相应的示值。当变换衰减器刻度盘的挡位时，表头示值应相应变化 10 dB 左右。

（6）检查计权网络。按上述步骤，将"线性"位置依次转换为"C"、"B"、"A"。由于室内环境噪声多为低频成分，故经三挡计权网络后的噪声级示值将低于线性值，而且应依次递减。

（7）检查"快"、"慢"挡。将衰减器刻度盘调到高分贝值处（如 90 dB），通过操作人员发声，来观察"快"挡时的指针能否跟上发音速度，"慢"挡时的指针摆动是否明显迟缓。

（8）在投入使用时，若不知道被测噪声级多大，必须把衰减器刻度盘预先放在最大衰减位置（即 120 dB），然后在实测中再逐步旋至被测声级所需要的衰减挡。

2. 车外噪声测量方法

（1）测量条件。

① 测量场地应平坦而空旷，在测试中心以 25 m 为半径的范围内，不应有大的反射物，如建筑物、围墙等。

② 测试场地跑道应有 20 m 以上平直、干燥的沥青路面或混凝土路面。路面坡度不超过0.5%。

③ 本底噪声（包括风噪声）应比所测车辆噪声至少低 10 dB，并保证测量不被偶然的其他声源所干扰。本底噪声是指测量对象噪声不存在时，周围环境的噪声。

④ 为避免风噪声干扰，可采用防风罩，但应注意防风罩对声级计灵敏度的影响。

⑤ 声级计附近除测量者外，不应有其他人员，如不可缺少时，则必须在测量者背后。

⑥ 被测车辆不载重，测量时发动机应处于正常使用温度。车辆带有其他辅助设备亦是噪声源，测量时是否开动应按正常使用情况而定。

（2）测量场地及测点位置。

图 8-8 所示为汽车噪声的测量场地及测量位置，测试传声器位于 20 m 跑道中心点 O 两侧，各距中线 7.5 m，距地面高度 1.2 m，用三脚架固定，传声器平行于路面，其轴线垂直于车辆行驶方向。

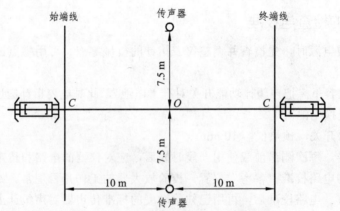

图 8-8　车外噪声测量场地及测量位置

（3）加速行驶车外噪声测量方法。

① 车辆须按规定条件稳定地到达始端线，前进挡位为四挡以上的车辆用第三挡，前进挡位为四挡或四挡以下的用第二挡，发动机转速为其标定转速的 3/4。如果此时车速超过了50 km/h，那么车辆应以 50 km/h 的车速稳定地到达始端线。对于自动变速器的车辆，使用在试验区间加速最快的挡位。辅助变速装置不应使用。在无转速表时，可以控制车速进入测量

区，即以所定挡位相当于 3/4 标定转速的车速稳定地到达始端线。

② 从车辆前端到达始端线开始，立即将加速踏板踏到底或节气门全开，直线加速行驶，当车辆后端到达终端线时，立即停止加速。车辆后端不包括拖车以及和拖车连接的部分。

本测量要求被测车在后半区域发动机达到标定转速；如果车速达不到这个要求，可延长 OC 距离为 15 m；如仍达不到这个要求，车辆使用挡位要降低一挡；如果车辆在后半区域超过标定转速，可适当降低到达始端线的转速。

③ 声级计用"A"计权网络、"快"挡进行测量，读取车辆驶过时的声级计表头最大读数。

④ 同样的测量往返进行 1 次。车辆同侧两次测量结果之差应不大于 2 dB，并把测量结果记入规定的表格中。取每侧 2 次声级平均值中最大值作为检测车的最大噪声级。若只用 1 只声级计测量，则测量同样应进行 4 次，即每侧测量 2 次。

（4）匀速行驶车外噪声测量方法。

① 车辆用常用挡位，加速踏板保持稳定，以 50 km/h 的车速匀速通过测量区域。

② 声级计用"A"计权网络、"快"挡进行测量，读取车辆驶过时声级计表头的最大读数。

③ 同样的，测量往返进行 1 次，车辆同侧两次测量结果之差不应大于 2 dB，并把测量结果记入规定的表格中。若只用 1 个声级计测量，则测量同样应进行 4 次，即每侧测量 2 次。

3. 车内噪声测量方法

（1）测量条件。

① 测量跑道应有足够试验需要的长度，应是平直、干燥的沥青路面或混凝土路面。

② 测量时风速（指相对于地面）应不大于 3 m/s。

③ 测量时车辆门窗应关闭。车内带有的其他辅助设备也是噪声源，测量时是否开动，应按正常使用情况而定。

④ 车内本底噪声比所测车内噪声至少低 10 dB，并保证测量不被偶然的其他声源所干扰。

⑤ 车内除驾驶员和测量人员外，不应有其他人员。

（2）测点位置。

① 车内噪声测量通常在人耳附近布置测点，传声器朝车辆前进方向。

② 驾驶室内噪声测点的位置如图 8-9 所示。

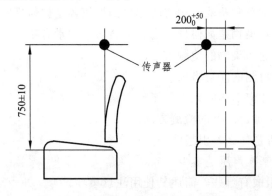

图 8-9　驾驶室内噪声测点的位置

③ 载客车室内噪声测点可选在车厢中部及最后一排座的中间位置，传声器高度如图 8-9 所示。

（3）测量方法。

① 车辆以常用挡位、50 km/h 以上的不同车速匀速行驶，分别进行测量。

② 用声级计"慢"挡测量"A"、"C"计权声级，分别读取表头指针最大读数的平均值，测量结果记入规定的表格中。

③ 做车内噪声频谱分析时，应包括中心频率为 31.5 Hz、63 Hz、125 Hz、250 Hz、500 Hz、1 000 Hz、2 000 Hz、4 000 Hz、8 000 Hz 的倍频带。

4. 驾驶员耳旁噪声的测量方法

（1）车辆应处于静止状态且变速器置于空挡，发动机应处于额定转速状态。

（2）测点位置如图 8-9 所示。

（3）声级计应置于"A"计权、"快"挡。

5. 汽车喇叭声的测量

汽车喇叭声的测点位置如图 8-10 所示，测量时应注意不被偶然的其他声源峰值所干扰。测量次数宜在 2 次以上，并注意监听喇叭声是否悦耳。

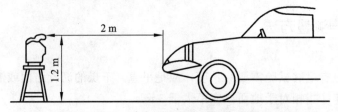

图 8-10　汽车喇叭噪声的测点位置

思考与练习

1. 汽车污染主要包括哪 3 部分？检测汽车的排放有何意义？

2. 汽车排放污染物主要有哪几类？危害现象是什么？

3. 汽油车的主要排气污染物主要有哪些？柴油车的排气污染物主要有哪些？

4. 国家标准中，汽油车和柴油车排气污染物的限值各是如何规定的？

5. 汽油车主要排气污染物是如何形成的？主要影响因素有哪些？

6. 简述汽油车双怠速污染物的检测方法。

7. 简述排气污染物检测的注意事项。

9. 柴油车的碳烟是如何形成的？主要影响因素有哪些？

10. 简述柴油车自由加速烟度的检测方法。

11. 汽车噪声的危害是什么？引起原因是什么？

12. 什么是声压级?基准声压是多少？

13. 声级计的主要组成有哪些？简述其使用注意事项。

14. 简述车外噪声的测量方法。

15. 国标对汽车驾驶员耳旁噪声级、机动车喇叭声级有何规定？

项目九　汽车通过性和平顺性检测

学习目标：

（1）掌握汽车行驶的平顺性与通过性的定义及评价指标；

（2）能分析汽车行驶的平顺性与通过性的影响因素；

（3）学习对汽车悬架的检测方法。

模块一　汽车的平顺性与通过性

一、汽车的行驶平顺性

（一）定　义

汽车的平顺性是指汽车行驶时对不平路面的隔震特性。汽车是由车轮、悬架弹簧及弹性减震坐垫等具有固有振动特性的弹性元件组成的，这些弹性元件可缓和不平路面对汽车的冲击，使乘员舒适和减少货物损伤。但路面不平激起的振动达到一定程度时，会使乘员感到不适和疲劳或使运载的货物损坏，车轮载荷的波动还影响地面与车轮间的附着性能，影响到汽车的操纵稳定性。为防止上述现象的发生，不得不降低车速。同时振动还会影响汽车的使用寿命。汽车在行驶中对路面不平的降振程度，称为汽车的行驶平顺性。

（二）汽车行驶平顺性的评价指标

通常用客车和轿车采用"舒适降低界限"车速特性。当汽车速度超过此界限时，就会降低乘坐舒适性，使人感到疲劳或不舒服。该界限值越高，说明平顺性越好。货车采用"疲劳降低工效界限"车速特性。汽车车身的固有频率也可作为平顺性的评价指标。从舒适性出发，车身的固有频率在 $600 \sim 850\ \text{Hz}$ 的范围内较好。

高速汽车尤其是轿车要求具有优良的行驶平顺性。轮胎的弹性、性能优越的悬挂装置、座椅的降震性能以及尽量小的非悬挂质量，都可以提高汽车的行驶平顺性。

目前常用的 3 种评价汽车行驶平顺性的方法是：1/3 倍频带分别评价法、总加权值评价法和 1/2 总加权值评价法。

汽车行驶平顺性的物理评价：

1. 暴露极限

当人体承受的振动强度在这个极限以下时，能保持人的健康和安全。这个极限值常作为人体能够承受振动量的上限。

2. 疲劳降低工作效率界限

当驾驶员承受的振动在此界限以下时，能保证正常驾驶，不致太疲劳以致工作效率降低。

3. 舒适最低界限

在此界限之下时，成员能在车上进行吃、读、写等动作。

二、汽车的通过性

通过性是指车辆通过一定情况路况的能力。通过能力强的车子，可以轻松翻越坡度较大的坡道，可以放心地驶入一定深度的河流，也可以高速地行驶在崎岖不平的山路上，在城市中也不用为停车上下马路而担心，总之，它可以使你比其他车辆更可能去你想去的地方，让你体验到征服自然的感觉。

在通过性中，我们选取了以下 15 个参数作为表征汽车通过性能好坏的重要点：

（1）前桥差速器锁：普通差速器虽然可以允许左右车轮以不同速度转动，但当其中一个车轮空转时，另一个在良好路面上的车轮也得不到扭矩，汽车就失去了行驶的动力。在这种情况下，没有差速器更好，这样两个车轮连在一起，动力至少可以传递到另一侧车轮，使汽车得到行驶的动力，从而摆脱困境。

在一辆汽车上，一般来说前桥差速器锁的安装不像中间和后桥差速器锁这么明显，有它的车辆非常有限，因此，这个参数比较重要。一辆车不会因为有了前差速器锁而使通过性能一下子高出许多。

（2）中央差速器锁：其作用同前桥差速器锁，只不过此时前后桥等同于前差速器锁的左右车轮。

在一辆汽车尤其是 SUV 上面，安装中央差速器锁比较普遍，因此，若一辆讲究通过性能的车辆没有中央差速器锁，就会比其他安装了的车辆落后比较多。因此，这个参数对于车辆的通过性相当重要。

（3）后桥差速器锁：其作用等同于前桥差速器锁。

后桥差速器锁在车辆尤其是四驱车辆的安装上尤其普遍，它的安装与否甚至直接影响到车子的通过性能，因此，这个参数对车辆通过性能非常重要。

（4）车体结构：车体结构按照受力情况可分为非承载式、半承载式和承载式 3 种。

非承载式车身的汽车有一刚性车架，又称底盘大梁架。车架与车身的连接通过弹簧或橡胶垫作柔性连接，车身等总成部件用悬架装置固定在车架上。一般用在货车、客车和越野吉普车上。

承载式车身的汽车没有刚性车架，只是加强了车头、侧围、车尾、底板等部位，发动机、前后悬架、传动系的一部分等总成部件装配在车身上设计要求的位置。大部分的轿车采用了这种车身结构。

半承载式车身就是车身与车架用螺钉连接、铆接或焊接等方法刚性地连接。在此种情况下，汽车车身除了承受上述各项载荷外，还在一定程度上有助于加固车架，分担车架的部分载荷。

车体结构直接决定着汽车在复杂路面行驶时车体的受力状况，能受的力越强，汽车的通过性就越强。业界一般认为非承载式＞半承载式＞承载式，不过车体结构对汽车的通过性影响在当今来看差距不是十分的明显了，例如，路虎揽胜和大众途锐，都是通过性能相当不错的汽车，它们就是用的承载式车身。不过若是将目标放大到所有的车型上，上述不等式还是成立的。

（5）底盘保护：它分为底盘封塑、底盘装甲、底盘防护钢板等几类，这在通过性里不是一个很重要的参数，因为它只能适当保护底盘部件不受伤害，并不能从根本上改善汽车的通过性。

汽车行驶在崎岖路面上时，会发生底盘托底现象，这时候适当的底盘保护有助于汽车顺利通过。不过像底盘封塑、底盘装甲只是一种喷涂在汽车底盘上的化学涂剂，在真正发生托底时，它们和没有底盘保护的效果是一样的，因此不是重要的。底盘防护钢板在此时的用处就大得多，它至少能保证发动机和传动系统不受伤害，为汽车的通过打下了基础，因此是比较重要的。

（6）动器类型：分动器是一种将动力传递给平时非驱动桥的一种装置，分为手动和自动两种，它对于通过性的影响是比较重要的。

其中，自动分动器由于需要电子装置进行介入，常常会比实际需要的情况慢上半拍，并且电子装置在某些恶劣环境下并不是十分可靠，因此，单从通过性能角度上来看，手动的比自动的要更来得可靠，并且人的经验也是电脑无法比拟的。

（7）接近角：水平面与切于前轮轮胎外缘（静载）的平面之间的最大夹角。接近角越大，汽车在上下渡船或进行越野行驶时，就越不容易发生触头事故，汽车的通过性能就越好。因此接近角对汽车的通过性能非常重要。

（8）离去角：水平面与切于车辆最后车轮轮胎外缘（静载）的平面之间的最大夹角。相对于接近角用在爬坡时，离去角则是适用在下坡时。车辆一路下坡，当前轮已经行驶到平地上，后轮还在坡道上时，后保险杠会不会卡在坡道上，关键就在于离去角。离去角越大，车辆就可以由越陡的坡道上下来，而不用担心后保险杠卡住动弹不得。离去角相对于接近角，不像接近角那样直接决定着是否能通过一个坡度，当车辆开上土坡并离去时，即使后保险杠稍稍碰到坡面上，也会因车子的惯性而通过，因此，离去角的重要性比接近角稍差一点。

（9）最小离地间隙：除了接近角和离去角以外，表征汽车通过性能的另一"角"便是纵向通过角，它是指汽车前后车轮中间离地距离最小的刚性部件，与前后车轮外沿的连线的夹角的补角。因此，当轴距一定之后，最小离地间隙就对车子的通过性能非常重要了。最小离地间隙就是指地面与车辆底部刚性物体最低点之间的距离。最小离地间隙反映的是汽车无碰撞通过有障碍物或凹凸不平的地面的能力。

（10）前悬挂形式：前悬挂形式分为非独立悬挂和独立悬挂。所谓非独立悬挂就是车轮装在一根整体车轴的两端。独立悬挂的车轴分成两段，每只车轮用螺旋弹簧独立地安装在车架下面。独立悬挂又可分为麦弗逊式、双叉臂式和多连杆式。从通过性的角度来看，非独立悬架受冲击性能最强，双叉臂式其次，麦弗逊式和多连杆式几乎不相上下，但考虑到麦弗逊式其实是少了一个上摆臂的双叉臂，而多连杆的连杆更多的是进行车轮定位用的，因此麦弗逊式在通过性能上还是普遍优于多连杆式式的。

（11）后悬挂形式：同前悬挂形式。

（12）最大爬坡度：汽车的最大爬坡度是指汽车满载时在良好路面上用第一挡克服的最大坡度。爬坡度用坡度的角度值（以度数表示）或以坡度起止点的高度差与其水平距离的比值（正切值）的百分数来表示。最大爬坡度最直接形象地表明了一个汽车通过一个障碍的能力，其值越大，通过性能越强。

（13）水深度：最大涉水深度是评价汽车越野通过性的重要指标之一，指汽车所能通过的最深水域，也是安全深度。它也直接形象地表明了一个汽车通过一定复杂路况的能力。最大涉水深度越大，通过性能越强。

（14）车身高度可调：车身高度可调指的是利用车辆的悬架高度调节，来调节整体车身高度。一个车辆能进行高度调节，并且可调的高低范围越大，它的通过能力就越强。

（15）轴距：轴距是指汽车前轴中心到后轴中心的距离。汽车的轴距短，汽车长度就短，最小转弯半径和纵向通过半径也小，汽车的通过性就好。反之，不仅上述两值变大，而且还易发生托底现象。

模块二　汽车悬架的检测

悬架装置是汽车底盘的一个重要装置，通常由弹性元件、导向装置和减振器3部分组成。汽车悬架系统的故障将直接影响汽车的行驶平顺性、操纵稳定性和行驶安全性。因此，悬架装置的技术状况和工作性能对汽车整体性能有着重要影响。所以，检测悬架装置的工作性能是十分重要的。

汽车悬架装置工作性能的检测方法有经验法、按压车体法和试验台检测法3种类型。

经验法是通过人工外观检视的方法，主要从外部检查悬架装置的弹簧是否有裂纹，弹簧和导向装置的连接螺栓是否松动，减振器是否漏油、缺油和损坏等项目。

按压车体法既可以人工按压车体，也可以用试验台的动力按压车体。按压使车体上下运动，观察悬架装置减振器和各部件的工作情况，凭经验判断是否需要更换或修理减振器和其他部件。

检测台能快速检测、诊断悬架装置工作性能，并能进行定量分析。根据激振方式不同，悬架装置检测台可分为跌落式和共振式两种类型。其中，共振式悬架装置检测台根据检测参数的不同，又可分为测力式和测位移式两种类型。

一、悬架检测台的结构与检测方法

（一）悬架装置检测台的工作原理

1. 跌落式悬架装置检测台

测试中，先通过举升装置将汽车升起一定高度，然后突然松开支撑机构，车辆落下产生自由振动。用测量装置测量车体振幅或者用压力传感器测量车轮对台面的冲击压力，对振幅或压力分析处理后，评价汽车悬架装置的工作性能。

2. 共振式悬架装置检测台

如图 9-1 所示，通过试验台的电动机、偏心轮、蓄能飞轮和弹簧组成的激振器，迫使试验台台面及其上被检汽车悬架装置产生振动。在开机数秒后断开电机电源，从而由蓄能飞轮产生扫频激振。由于电机的频率比车轮固有频率高，因此蓄能飞轮逐渐降速的扫频激振过程总可以扫到车轮固有振动频率处，从而使台面-汽车系统产生共振。通过检测激振后振动衰减过程中力或位移的振动曲线，求出频率和衰减特性，便可判断悬架装置减振器的工作性能。

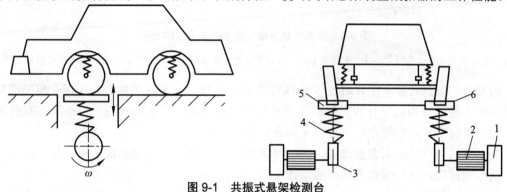

图 9-1　共振式悬架检测台

1—蓄能飞轮；2—电动机；3—偏心轮；4—激振弹簧；5—台面；6—测量装置

测力式悬架装置检测台和测位移式悬架装置检测台，一个是测振动衰减过程中的力，另一个是测振动衰减过程中的位移量，它们的结构如图 9-2 所示。由于共振式悬架装置检测台性能稳定、数据可靠，因此应用广泛。

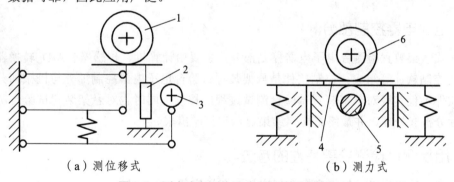

（a）测位移式　　　　　　　　　　（b）测力式

图 9-2　测力式和测位移式悬架检测台结构

1、6—车轮；2—位移传感器；3—偏心轮；4—力传感器；5—偏心轴

（二）共振式悬架装置检测台的结构

共振式悬架装置检测台一般由机械部分和电子电器控制部分组成。

1. 机械部分

共振式悬架装置检测台的机械部分由箱体和左右两套相同的振动系统构成，结构如图 9-3 所示。每套振动系统由上摆臂、中摆臂、下摆臂、支承台面、激振弹簧、驱动电机、蓄能飞轮和传感器等构成。传感器一端固定在箱体上，另一端固定在台面上。

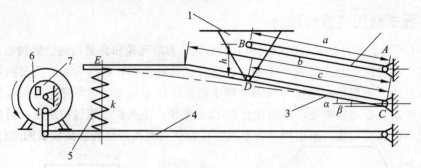

图 9-3　共振式悬架检测台单轮支承结构简图

1—支承台面；2—上摆臂；3—中摆臂；4—下摆臂；5—激振弹簧；6—驱动电机；7—偏心惯性结构

上摆臂、中摆臂和下摆臂通过 3 个摆臂轴和 6 个轴承安装在箱体上。上摆臂和中摆臂与支承台面连接，并构成平行四边形的四连杆机构，以保证上下运动时能平行移动以及台面受载时始终保持水平。中摆臂和下摆臂端部之间装有弹簧。

驱动电机的一端装有蓄能飞轮，另一端装有凸缘，凸缘上有偏心轴。连接杆一端通过轴承和偏心轴连接，另一端和下摆臂端部连接。

检测时，将汽车驶上支承平台，启动测试程序，驱动电机带动偏心机构使整个汽车-台面系统振动。激振数秒钟达到角频率为 ω_0 的稳定强迫振动后，断开驱动电机电源，接着由蓄能飞轮以起始频率为 ω_0 的角频率进行扫频激振。由于停在台面上车轮的固有频率处于 ω_0 和 0 之间，因此蓄能飞轮的扫频激振总能使汽车-台面系统产生共振。断开驱动电机电源的同时，启动采样测试装置，记录数据和波形，然后进行分析、处理和评价。

2. 电子电器控制部分

共振式悬架装置检测台电子电器控制部分，主要由计算机、传感器、A/D 转换器、电磁继电器及控制软件等组成。控制软件是悬架装置试验台电子电器控制部分与机械部分联系的桥梁。软件不仅实现对悬架装置试验台测试过程的控制，同时也对悬架装置试验台所采集的数据进行分析和处理，并最终将检测结果显示和打印出来。

3. 用检测台检测悬架特性的方法

（1）汽车轮胎规格、气压应符合规定值，车辆空载，不乘人。

（2）将车辆每轴车轮驶上悬架检测台，使轮胎位于台面的中央位置，驾驶员离车。

（3）启动检测台，使激振器迫使汽车悬挂产生振动，使振动频率增加至超过振荡的共振频率。

（4）在共振点过后，将激振源关断，振动频率减少，并将通过共振点。

（5）记录衰减振动曲线，纵坐标为动态轮荷，横坐标为时间，测量共振时动态轮荷。计算并显示动态轮荷与静态轮荷的百分比及其同轴左右轮百分比的差值。

二、悬架装置工作性能的诊断标准

GB18565—2001《营运车辆综合性能要求和检验方法》中规定：对于最大设计车速

≥100 km/h、轴载质量≤1 500 kg 的载客汽车，应用悬架检测台按规定的方法检测悬架特性，受检车辆的车轮在受外界激励振动下测得的吸收率，即被测汽车共振时的最小动态车轮垂直载荷与静态车轮垂直载荷的百分比值（又称车轮接地性指数），应不小于 40%，同轴左右轮吸收率之差不得大于 15%。

　　车轮接地性指数可以表征悬架装置的工作性能，车轮接地性指数表明了悬架装置在汽车行驶中确保车轮与路面相接触的最小能力。汽车行驶中，所有车轮的接地性指数是不一样的，这是由各轮悬架装置工作性能不一、各轮承受载荷不一、各轮气压不一等原因造成的。如果在检测台上，人为使各轮承受的载荷和轮胎气压一致，那么，车轮接地性指数就主要决定于悬架装置的工作性能。因此，完全可以用车轮接地性指数评价悬架装置的工作性能。

　　在欧美一些国家，悬架装置检测台已被广泛应用在检测汽车悬架装置工作性能上。欧洲使用的悬架装置检测台主要的生产厂家有德国的 HOFMANN 公司和意大利的 CEMB 公司等。他们生产的悬架检测台在检测中，悬架检测台台板连同其上的被检汽车按正弦规律作垂直振动，激振振幅固定而频率变化。力传感器感应到车轮作用到台板上的垂直作用力，并将力信号存入存储器。当对全车所有车轮悬架装置检测完后，计算机将力信号进行分析和处理，便可获得车轮的接地性指数。

　　欧洲减振器制造协会（EUSAMA）推荐的评价车轮接地性指数的参考标准见表 9-1，可供我国检测悬架装置工作性能时参考。

表 9-1　车轮接地性指数参考标准

车轮接地性指数（%）	车轮接地状态	车轮接地性指数（%）	车轮接地状态
60~100	优	20~30	差
45~60	良	1~20	很差
30~45	一般	0	车轮与路面脱离

思考与练习

1. 通过性的评价指标是什么？
2. 影响汽车通过性的主要因素是什么？
3. 汽车通过性的一般检测项目是什么？
4. 汽车平顺性的评价指标有哪些？
5. 如何用按压法检查悬架性能？

第二篇　汽车故障诊断技术

项目十　汽车故障诊断基本知识

学习目标：

（1）掌握汽车故障诊断的基本概念及分类方法；

（2）掌握汽车故障产生的原因；

（3）了解汽车故障诊断技术的发展历程。

随着科学技术的发展，汽车的技术含量越来越高，其结构也日趋复杂。在汽车的使用过程中，由于某一种或几种原因的影响，其技术状况将随行驶里程的增加而变化，其动力性、经济性、可靠性、安全性逐渐或迅速下降，排气污染和噪声加剧，故障率增加，这不仅对汽车的运行安全、运行消耗、运输效率、运输成本及环境造成极大的影响，甚至还直接影响到汽车的使用寿命。因此，研究汽车故障的变化规律，定期检测汽车的使用性能，及时而准确地诊断出故障部位并排除故障就成为汽车使用技术的一项重要内容。而汽车故障诊断技术则是汽车使用技术的中心环节，是恢复汽车使用寿命的关键。

汽车故障诊断技术是指在整车不解体的情况下，确定汽车技术状况，查明故障原因和故障部位的汽车应用技术，它包括汽车故障诊断和检测两部分内容。

汽车故障诊断技术是随着汽车的发展从无到有逐渐发展起来的一门技术。在一些发达国家，早在 20 世纪四五十年代就形成了以故障诊断和性能调试为主的单项检测技术。进入 20 世纪 60 年代后，故障诊断与检测技术获得了较大发展，声学、光学、电子技术、理化与机械相结合的光机电、理化机电一体化检测技术的大量应用，逐渐将单项检测技术连线建站（出现汽车检测站）演变成为既能进行维修诊断，又能进行安全环保检测的综合检测技术。随着电子计算机的发展，20 世纪 70 年代初出现了检测控制自动化、数据采集自动化、数据处理自动化、检测结果自动打印的现代综合故障检测技术，检测效率极高。进入 20 世纪 80 年代后，发达国家的汽车故障诊断技术已达到广泛应用的阶段，在管理方面实现了"制度化"，在基础技术方面实现了"标准化"，在检测技术上向"智能化、自动化检测"方向发展，在交通安全、环境保护、节约能源、降低运输成本和提高运输力等方面带来了明显的社会效益和经济效益。

我国的汽车故障诊断技术起步较晚，在 20 世纪六七十年代开始引进和研制汽车检测设备；进入 20 世纪 80 年代以后，随着国民经济的发展，特别是随着汽车制造业、公路交通运输业的发展和进口车辆的增多，我国的机动车保有量迅速增加，汽车故障诊断技术成为国家"六五"重点推广项目，并视其为推进汽车维修现代化管理的一项重要技术措施。交通部门自 1980 年开始，有计划地在全国公路运输系统筹建汽车综合性能检测站，公安部门也在全国的中等以上城市建成了许多安全性能检测站。20 世纪 90 年代初，除交通、公安两部门外，机械、石油、冶金、外贸等系统和部分大专院校也建成了相当数量的汽车检测站。到 20 世纪 90 年代末，我国汽车故障诊断技术已初具规模，基本形成了全国性的汽车检测网。与此同时，在

20世纪90年代初，我国交通部颁布了第13号部令《汽车运输业车辆技术管理规定》、第28号部令《汽车维修质量管理办法》和第29号部令《汽车运输业车辆综合性能检测站管理办法》，对汽车故障诊断与检测技术、检测制度和综合性能检测站等均做出了明确规定，其组织管理也步入正轨。如今，除少数专用设备外，绝大部分检测设备都已实现了国产化，满足了国内需求。随着公路交通运输企业、汽车制造企业和整个国民经济的发展，我国的汽车故障诊断技术在本世纪必将获得更大的发展。

模块一　汽车故障诊断的基本概念

一、汽车故障

1. 定　义

汽车故障是指汽车部分或完全丧失工作能力的现象，其实质是汽车零件本身或零件之间的配合状态发生了异常变化。汽车的工作能力是动力性、经济性、工作可靠性及安全环保等性能的总称。

2. 汽车故障的分类

汽车故障的分类方法多种多样，常见的分类方法如下：

（1）按汽车丧失工作能力的程度可分为局部故障和完全故障。

局部故障是指汽车部分丧失了工作能力，降低了使用性能的故障。完全故障是指汽车完全丧失了工作能力，不能行驶的故障。

（2）按故障发生的后果可分为轻微故障、一般故障、严重故障和致命故障。

轻微故障不会导致停驶，暂不影响正常行驶，故障排除时不需要更换零件，可用随车工具在短时间内排除。一般故障不会导致主要零部件损坏，虽未造成停驶，但已影响汽车的正常行驶，可在短时间内用随车工具通过调整或更换低值易耗件进行修复。严重故障会导致整车性能严重下降及主要零部件损坏，且不能用随车工具在短时间内修复。致命故障会造成汽车重大损坏及主要总成报废，还可能导致人身伤亡。

（3）按故障发生的性质可分为自然故障和人为故障。

自然故障是指在汽车使用期内，由于内、外部不可抗拒的自然因素的影响而产生的故障。人为故障是指在汽车制造和维修中，由于使用了不合格的零件或违反了装配技术要求，或在使用中没有遵守使用条件和操作工艺规程及运输、保管不当等人为因素所造成的故障。

（4）按故障发生的速度可分为突发性故障和渐进性故障。

突发性故障是指零件在损坏前没有可以察觉到的征兆，故障是瞬间产生的，具有偶然性和突发性，一般不受运行时间的影响，难以预测。但这种故障容易排除，通常不影响汽车的使用寿命。渐进性故障是由于汽车某些零件的初始参数逐渐恶化，其参数值超出允许范围而引起的故障，其故障率与运行时间有关，在汽车有效寿命的后期才会明显地表现出来。渐进性故障是汽车需进行大修的标志，通过诊断和检测，可以预测故障发生的时间。

（5）按故障表现的稳定程度可分为持续性故障和间歇性故障。

持续性故障的症状稳定，故障规律明显，其故障部位技术状况稳定，一般较易诊断和排除。间歇性故障时有时无，具有突发性，且无明显规律可循，其故障部位的技术状况会发生不规则变化。

（6）按故障显现程度可分为可见性故障和潜在性故障。

可见性故障是指已经导致汽车功能丧失或性能下降的故障。潜在性故障是指逐渐发展但尚未对汽车性能产生影响的故障。

二、汽车故障诊断

1. 汽车故障诊断的涵义

汽车故障诊断是指在不解体（或仅拆下个别小零件）的情况下，确定汽车的技术状况，查明故障部位及故障原因的汽车应用技术。

汽车技术状况是指定量测得的表征某一时刻汽车外观和性能参数值的总和。

2. 汽车故障诊断方法

汽车技术状况的诊断是通过检查、测量、分析、判断等一系列活动完成的，其基本方法主要分为人工经验诊断法和现代仪器设备诊断法。

（1）人工经验诊断法：诊断人员凭丰富的实践经验和一定的理论知识，在汽车不解体或局部解体的情况下，依靠直观的感觉印象，借助简单工具和仪表，采用眼观、耳听、手摸和鼻闻等手段，进行检查、试验、分析，确定汽车的技术状况，查明故障原因和故障部位的诊断方法。

（2）现代仪器设备诊断法：在汽车不解体的情况下，利用测试仪器、检测设备和检验工具，检测整车、总成或机构的参数、曲线和波形，为分析、判断汽车技术状况提供定量依据的诊断方法。

在实际的故障诊断过程中，上述两种方法往往同时综合使用，也称为综合诊断法。人工经验诊断法简单实用，不需要专用仪器设备，投资少、见效快，但对复杂故障诊断速度慢、准确性差，不能进行定量分析，需要诊断人员有较高的技术水平和丰富的实践经验。现代仪器设备诊断法检测速度快、准确性高、能定量分析、可实现快速诊断，而且采用计算机控制的现代电子仪器设备能自动分析、判断、存储并打印出汽车各项性能参数，但其投资大、检测成本高。

现代仪器设备诊断法是汽车故障诊断检测技术发展的必然趋势。人工经验诊断法虽然有一定不足，但在相当长的历史时期内仍有十分重要的实用价值，即使普遍使用了现代仪器设备诊断法，也不能完全脱离人工经验诊断法。现代仪器设备诊断法也是把人脑的分析、判断，通过计算机语言变成了电脑的分析、判断，所以，不能鄙薄人工经验诊断法，更不能忽视其实用性，只有将二者有机结合，才能提高故障诊断效率。

3. 汽车故障分析

汽车故障分析就是根据汽车的故障现象，通过检测、分析和推理判断出故障原因和故障部位之所在。而清晰的检测思路、缜密的综合分析和逻辑推理就是实现快速、准确判断的关键。汽车故障诊断过程中常用故障树分析法和故障诊断流程图进行故障分析。

（1）故障树分析法。将系统故障形成的原因由总体至部分按树枝状逐级细化的分析方法即为故障树分析法，它是汽车故障诊断最常用的分析方法。

故障树分析法又称为故障树诊断法，它将汽车的故障现象作为分析目标，找出导致此故障发生的全部直接原因，然后再找出导致下一级故障的全部直接原因，一直追查到那些最基本的、无需再深究细解的原因为止，形成了反映汽车故障因果关系的树枝状图形——故障树。故障树是对复杂系统进行故障分析的有效方法，其目的是通过推理分析判明故障原因和故障部位。

（2）汽车故障诊断流程图。根据汽车故障征兆和技术状况间的逻辑关系，反映汽车故障诊断的综合分析、逻辑推理和判断思路，描述汽车故障诊断操作顺序和具体方法，从原始故障现象到具体故障部位和原因的顺序框图即为汽车故障诊断流程图，它是汽车故障诊断过程中检测思路、综合分析、逻辑推理和判断方法最常用的具体表达方式。

在进行具体的故障分析时，较为有效的分析方法是将故障树分析法和故障诊断流程图结合起来使用。先绘制出故障树，然后根据汽车故障诊断和维修经验，剔除故障率很小的那些故障原因（视车型和具体故障征兆而定），按照从总体到局部、由表及里、先易后难、层层推进的故障诊断原则，找出汽车故障诊断的最佳操作顺序，阐明具体操作方法，并用流程图的形式表示出来。

模块二　汽车故障的成因及其变化规律

一、汽车故障产生的原因

零件失效是汽车故障产生的主要原因，除此之外，一些人为因素，如设计上的缺陷，制造、维修及配件、燃润料质量，非正常维护与使用等均可导致故障产生。

汽车零件失效的主要形式为零件之间的自然磨损或异常磨损、零件与有害物质接触造成的腐蚀、零件在长期交变载荷下的疲劳断裂、在外载荷及温度残余内应力下的变形、非金属零件及电器元件的老化、偶然的损伤等。其中，老化是非金属零件及电器元件失效的主要原因，而金属零件失效的主要原因是磨损，且汽车零件的内在磨损有一定的规律性。

二、汽车零件的磨损规律

零件的磨损规律是指两个相配合零件的磨损量与汽车行驶里程的关系，又称为零件的磨损特性。图 10-1 所示为二者的关系曲线——汽车零件的磨损特性曲线。

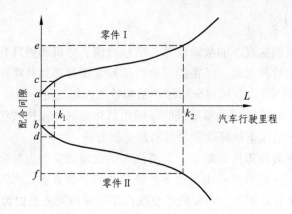

图 10-1　汽车零件的磨损特性曲线

零件的磨损可分为如下三个阶段：

1. 零件的磨合期

由于零件表面粗糙度的存在，在配合初期，其实际接触面积较小，比压力极高，因此初期磨损量较大。但随着行驶里程的增加，配合质量不断提高，磨损量的增长速度开始减慢。零件在磨合期的磨损量主要与零件的表面加工质量及对磨合期的使用有关。

2. 正常工作期

在正常工作期（k_1k_2），由于零件已经过了初期磨合阶段，零件的表面质量、配合特性均达到最佳状态，润滑条件也得到相应改善，因而磨损量较小，磨损量的增长也比较缓慢，就整个阶段的平均情况来看，其单位行驶里程的磨损量变化不大。零件在正常工作期的磨损属于自然磨损，磨损程度取决于零件的结构、使用条件和使用情况，合理使用将会使正常工作期相应延长。

3. 加速磨损期

加速磨损期又称极限磨损期。随着磨损量的不断积累，零件间的配合间隙不断增大，当配合间隙达到极限值时，润滑条件恶化，磨损量急剧增加，若继续使用，将会由自然磨损发展为事故性磨损，造成零件恶性损坏。

由上述分析可知，要延长零件的使用寿命，应降低磨合期的磨损，减缓正常工作期的磨损，推迟加速磨损期的到来。

三、汽车故障的变化规律

汽车故障的变化规律是指汽车的故障率随行驶里程的变化规律。汽车故障率是指使用到某行驶里程的汽车，在单位行驶里程内发生故障的概率，也称为失效率或故障程度。它是度量汽车可靠性的一个重要参数，体现了汽车在使用中工作能力的丧失程度。

汽车故障的变化规律曲线就是汽车的故障率 $\lambda(L)$ 与行驶里程 L 的关系曲线，也称为浴盆曲线，它与汽车零件的磨损特性曲线存在一定的对应关系，如图 10-2 所示。

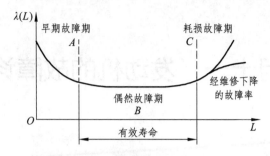

图 10-2　汽车故障变化规律曲线

与零件的磨损规律相对应,汽车故障的变化规律也分为如下三个阶段:

1. 早期故障期

早期故障期相当于汽车的走合期。因初期磨损量较大,所以故障率较高,但随着行驶里程增加而逐渐下降。

2. 偶然故障期

在偶然故障期,故障的产生是随机的,没有一种特定的因素起主导作用,多由于使用操作不当、润滑不良、未正常维护及材料内部隐患、工艺和结构缺陷等偶然因素所致,此阶段又称为随机故障期。在此期间,汽车或总成处于最佳状态,故障率低而稳定,其对应的行驶里程一般称为汽车的有效寿命。

3. 耗损故障期

在耗损故障期,由于零件磨损量急剧增加,大部分零件严重耗损,特别是大多数受交变载荷作用而极易磨损的零件已经老化衰竭,导致故障率急剧上升,出现大量故障,若不及时维修,将导致汽车或总成报废。因此,必须把握好耗损点,制定合适的维修周期。早期故障期和随机故障期所对应的行驶里程即为汽车的修理周期或称为修理间隔里程。

思 考 与 练 习

1. 解释汽车故障和汽车故障诊断的概念,并简述其分类方法。
2. 汽车产生故障的内在原因是什么?
3. 如何进行汽车故障分析?
4. 现在常用的故障诊断方法有哪几种? 各有何优缺点?
5. 作图分析汽车零件的磨损特性。
6. 分析汽车故障的变化规律,其各阶段有何特点?

项目十一　发动机的故障诊断

学习目标：

（1）掌握电子控制燃油喷射系统的组成；

（2）掌握电子控制汽油喷射系统的故障诊断方法；

（3）学会对电子控制汽油喷射系统的主要元件进行检测；

（4）掌握汽油发动机点火系统的故障诊断方法。

现代轿车的发动机均采用电子控制燃油喷射系统，以电子控制单元为核心，以发动机转速和进气量信号为控制基础，以喷油器和点火时刻为控制对象，使发动机在各种工况下都能得到与工况相匹配的最佳空燃比和最佳点火时刻。

电子控制汽油喷射系统由进气系统、燃油供给系统和电子控制系统组成，如图11-1所示。进气系统通常由空气滤清器、空气流量计、节气门体、进气管道、稳压箱、进气歧管等组成，在节气门体上还设有怠速空气控制和调节装置。该系统根据发动机的运行工况提供适量的空气，并对进气量实行检测和调节。燃油供给系统一般由油箱、电动油泵、燃油滤清器、燃油压力调节器、喷油器、油管等组成，它为发动机的各种工况提供适时、适量的燃油，并调节油压，同时接受电子控制单元的指令，完成燃油量的调节。电子控制系统通常由节气门位置传感器、空气流量传感器、冷却液温度传感器、进气压力传感器、进气温度传感器、氧传感器、爆震传感器、曲轴位置传感器、凸轮轴位置传感器、喷油器、怠速控制阀、点火线圈或

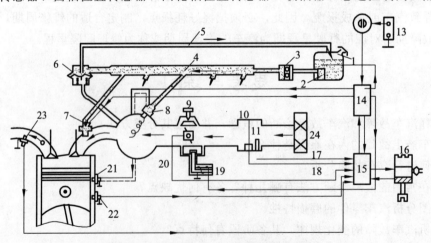

图 11-1　LH 型电子控制燃油喷射系统

1—油箱；2—燃油泵；3—燃油滤清器；4—进油管；5—回油管；6—燃油压力调节器；7—喷油器；
8—冷启动喷油器；9—怠速控制阀；10—空气流量计；11—流量计热线；12—点火开关；13—蓄电池；
14—继电器；15—ECU；16—分电器；17—进气温度信号；18—空气流量信号；19—辅助空气阀；
20—节气门位置信号；21—温控开关；22—冷却液温度传感器；23—氧传感器；24—空气滤清器

点火器、EGR 阀、活性炭罐电磁阀、发动机电子控制单元等组成，其中，电子控制单元根据空气流量传感器和发动机转速传感器（或曲轴位置传感器）信号确定发动机在各种工况下的基本燃油供给量和基本点火时刻。

发动机在某一工况工作时，各传感器检测发动机的各项运行参数，并将信息输送给电子控制单元（ECU）；ECU 接收各传感器的信息，经处理、计算，并与预先存储设定的程序进行对比分析和判断，然后向各执行元件发出指令，控制执行元件的动作，完成对发动机的供油、点火、怠速、排放等控制。

模块一　电子控制汽油喷射系统的故障诊断基础

一、电子控制汽油喷射系统的常见故障部位

电子控制汽油喷射系统的各项功能是由许多元件相互配合完成的，如果元件产生故障，必将影响整个系统正常工作。电子控制汽油喷射系统的常见故障部位及危害如下：

（1）蓄电池电压异常：过低可能导致启动困难、无法启动、熄火、喘振等，过高则会损害系统中的电子元件。

（2）空气流量计故障：发动机启动困难、启动后又熄火、发动机间歇熄火、喘振、转速不稳、加速迟缓、点火爆震、动力不足、怠速不稳、游车、燃油消耗过大、排放超标等。如电控单元检测到其发生故障，将记忆相应故障码，可能进入安全-失效模式。

（3）曲轴位置传感器故障：绝大多数发动机不能启动、发动机熄火、有时启动困难，如信号轮轮齿损坏，还可能导致缺火、喘振等。

（4）凸轮轴位置传感器故障：无法启动、启动困难、发动机熄火。有些机型不影响启动，但影响燃油喷射正时控制，如可能出现动力下降、排放增大的现象等。

（5）冷却液温度传感器故障：冷启动困难、热启动困难、怠速过高、加速不良、动力不足、怠速不稳、排放超标、燃油消耗过大等。

（6）节气门位置传感器故障：怠速过高或怠速不稳、加减速不良或不能降回怠速、进入安全-失效模式等。在不装备电子节气门的车上，还会出现加速不良、动力不足、启动困难等现象，同时它也是自动变速器换挡控制信号之一，发生故障后将引起换挡点不正常等。

（7）加速踏板位置传感器故障：动力不足、加速不良、转速不稳、喘振、点火爆震等，它还是自动变速器换挡控制的主要控制信号之一，发生故障后将引起换挡点不正常等。

（8）电子节气门控制执行器故障：启动困难、无法启动、发动机熄火、喘振、转速不稳、加速迟缓、动力不足、加速不良、怠速过高、怠速不稳、游车、抖动、燃油消耗过大等，视故障情况进入安全-失效模式。

（9）进气温度传感器故障：故障灯亮、油耗增大，对增压发动机则可能产生爆震等。

（10）燃油压力调节器故障：发动机无法启动或启动困难、加速迟缓、动力不足、燃油消耗过大、排放超标等。

（11）喷油器故障：冷启动困难、热启动困难、怠速不稳、加速不良、排放超标、燃油消耗过大等。

（12）氧传感器故障：排放超标、排气管冒黑烟、放炮、油耗升高、发动机无力、怠速不稳、热车启动困难等。

（13）爆震传感器故障：喘振、爆燃、转速不稳、加速迟缓、燃油消耗过大等。

（14）火花塞故障：发动机缺火、火弱、怠速不稳、加速不良、燃油消耗过大、排放超标等。

（15）燃油泵故障：发动机无法启动或启动困难、发动机熄火、喘振、转速不稳、加速迟缓、爆震、动力不足、怠速抖动、燃油消耗过大、排放超标等。

（16）点火线圈（带功率晶体管）或点火模块故障：发动机缺火、无火、怠速不稳、抖动、喘振、加速不良、动力不足、燃油消耗过大、排放超标等。对有分电器的电子点火系主要是启动困难、无法启动、发动机熄火、急加速不良、高速不良等。

（17）ECU 或 ECM 故障：发动机无法启动或启动困难、熄火、喘振、转速不稳、加速迟缓、点火爆震、动力不足、怠速抖动、游车、燃油消耗过大、排放超标等。

（18）进气管道或真空罐、真空管泄漏：怠速不稳、发动机易熄火、喘振、转速不稳、游车、排放超标、相关的真空控制系统工作不良等。

（19）冷却风扇电机：发动机过热，空调系统制冷不足。当发动机过热后也将伴随着动力不足、加速不良、爆震、发动机熄火等现象。如果冷却风扇一直高速运转，会使发动机升温太慢，暖机时间长，加剧磨损，增加噪声与油耗等。

（20）PCV 阀故障：怠速不良、机油消耗量过大。

（21）EVAP 活性炭罐故障：炭罐饱和汽油味大、油耗增大等。

（22）EVAP 活性炭罐电磁阀故障：怠速不稳、汽油味大、混合气过浓、有时熄火、排放超标、油耗增大等。

（23）EGR 系统故障：启动困难或不能启动、怠速不稳甚至熄火、加速不良、动力不足、排放超标等。

（24）三元催化器故障：尾气排放超标、动力不足、加速不良、不能高速运转、行驶无力、启动困难甚至不能启动；如一侧的三元催化器堵塞，会导致这一侧的气缸工作不良。

（25）挡位开关故障：启动机不工作、怠速过高或停车挂挡时怠速不稳、油耗增大等。

（26）进气动力阀真空促动器故障：高速大负荷动力不足。

（27）动力转向压力传感器故障：转向时发动机怠速抖动、熄火、怠速过高或不稳。

二、电子控制汽油喷射系统的故障诊断方法

1. 电控发动机的故障诊断方法

电控汽油喷射系统十分复杂，且在控制系统中设有故障自诊断功能，因此电控发动机的故障诊断可以采用人工经验法，但更多的是利用仪器和发动机控制系统的自诊断程序进行故障诊断。目前，发动机电控汽油喷射系统的诊断方法主要有以下 3 种：

（1）仪器诊断法。利用各种形式的诊断仪器通过发动机诊断检测接口提取故障码，并用各种形式的仪表测量各传感器的静态和动态参数，判断故障的具体部位。

（2）故障指示灯诊断法。利用仪表板上的指示灯或利用 LED 灯提取故障码。

（3）人工经验法。在全面掌握电喷系统的工作原理及各元件结构的情况下，根据故障现象，凭借维修经验进行综合分析判断，确定故障原因和故障部位。

在上述 3 种主要诊断方法中，人工经验法是在任何情况下都必不可少的一种方法。虽然先进仪器的检测效率和检测精度都比较高，但仪器只能从宏观角度提出一个总的方向，而对具体故障的诊断和排除，最终还是要依靠人来解决。因此，不能忽视人工经验法的实用性。

2. 电控发动机故障诊断的一般原则

（1）先思后行。

当发动机出现故障时，先根据故障现象进行故障分析，在清楚可能的故障原因后再选择适当的程序和方法进行故障诊断操作，以防止故障诊断操作的盲目性，尤其是对故障原因比较复杂的故障现象，"先思后行"既可避免对无关部位做无效的检查，又不会漏检有关的故障部位，达到准确迅速排除故障之目的。

（2）先外后内。

在选择故障诊断程序和操作次序时，先对发动机电子控制系统以外的故障原因进行检查，然后再对电子控制系统进行诊断操作，以避免费时费力地去检查发动机电子控制系统，而不能及时找到真正的故障原因。

（3）故障码优先。

当故障自诊断系统监测到电子控制系统故障时，均会以故障码的方式储存故障信息，但并不是所有的故障都通过发动机故障警告灯报警，因此无论仪表板上的发动机故障警告灯是否亮起报警，在对发动机电子控制系统进行检查以前，均应先进行读取故障码操作，以便充分利用故障自诊断系统迅速而准确地排除故障。

（4）先简后繁。

能以简单方法检查的可能故障部位优先检查。直观检查最为简单，一些通过看、摸、听、闻等方法可以确认的故障部位优先检查；需要用仪器、仪表或其他专用工具进行检测的部位，也应将较易检查的安排在前面。这样可使电控发动机的故障诊断变得较为简单。

（5）先熟后生。

电控发动机的一些故障现象可能有多个故障原因，不同故障原因出现的概率是不同的，对常见的故障部位先进行检查，往往可迅速确定故障部位，省时省力。

（6）先备后用。

电子控制系统元件性能是否良好、电路是否正常，通常以电压或电阻等参数值来判断。没有这些诊断参数，不了解检测的位置，往往会使电子控制系统的故障诊断变得很困难或根本无法进行。所谓先备后用就是在检修前，应准备好有关的诊断参数、检修资料或备件，以保证故障诊断的顺利进行。

3. 系统故障检修程序

对于电喷发动机，一般采用下列程序进行诊断：

（1）向用户询问故障产生的过程、是否已经过检修、是否更换过零部件等。

（2）利用自诊断或仪器诊断的方法读取故障码，并进行验证。

（3）故障码如被正确读出，则按仪器显示的故障原因或按维修手册中的故障代码表进行检测和维修。

（4）若无故障码，或显示代码正常，则按运行数据流和故障症状进行诊断。

（5）验证故障是否已经排除。

4. 故障征兆的模拟方法

如果发动机出现故障，但又没有明显的故障征兆，在这种情况下必须模拟与用户车辆出现故障时相同或相似的条件和环境，然后进行全面的故障分析。例如，一些故障只有在发动机冷态时出现，热车后正常；一些故障是由于车辆行驶时振动引起，时有时无。这些故障决不能仅仅依靠发动机热态和车辆停驶时的故障征兆来进行确诊，故障征兆模拟试验就是解决这种故障的一种有效措施，它可以在停车条件下判断出故障所在。在试验之前，必须把可能发生故障的电路范围缩小，然后进行故障征兆模拟试验，判断被测试的电路是否正常，同时也验证了故障征兆。

（1）振动法（当振动可能是主要原因时）。

① 连接器：在垂直和水平方向轻轻摇动连接器。

② 配线：在垂直和水平方向轻轻地摇动配线，如图 11-2 所示。连接器的接头、固定支架和穿过开口的连接器体都是应仔细检查的部位。

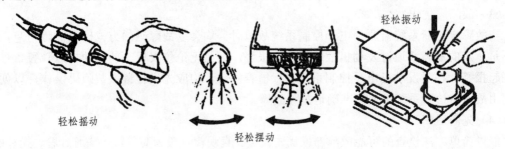

轻松振动

轻松摇动

轻松摆动

图 11-2　检查电路有无瞬时故障

③ 零件和传感器：用手指轻拍装有传感器的零件，检查是否失灵。注意：不可用力拍打继电器，否则可能会使继电器断路。

（2）加热法（当怀疑某一部位是受热而引起故障时）。

用电吹风机或类似工具加热可能引起故障的零件，检查是否出现故障。注意：加热温度不得高于 60 ℃，且不可直接加热 ECU 中的零件。

（3）水淋法（当故障可能是雨天或高湿度环境引起时）。

用水喷淋在车辆上，检查是否发生故障，且应注意：

① 不可将水直接喷在发动机零部件上，而应喷在散热器前面，间接改变温度和湿度。

② 不可将水直接喷在电子器件上。如果车辆漏水，则漏入的水可能侵入 ECU，因而此法要慎用。

（4）电器全接通法（当怀疑故障可能是用电负荷过大而引起时）。

接通所有电器负载，包括空调器、鼓风机、前照灯、后窗除雾器等，检查是否发生故障。

5. 系统基本检查程序

发动机故障一般都应按图 11-3 所示顺序做基本检查，将故障范围缩小到某一系统，有利于快速、准确地排除故障。有的检查也可通过询问驾驶员来完成。

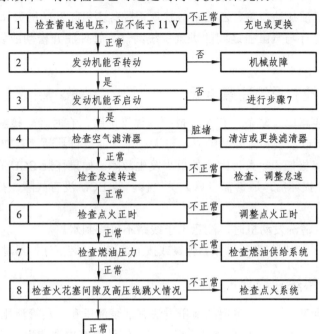

图 11-3　发动机故障基本检查程序

三、电子控制汽油喷射系统的诊断注意事项

1. 维修电喷系统注意事项

（1）在安装蓄电池时，应注意正、负极不可接反。

（2）在拆卸电喷系统各导线连接器时，首先要关闭点火开关，并拆下搭铁线。检查发动机电子控制系统时，只关闭点火开关即可。若拆下搭铁线，ECU 中储存的所有故障码和自适应值都会被清除。因此，检测时如果需要拆下搭铁线，应先读取故障码。带安全气囊的汽车，应在拆下搭铁线 120 s 或更长一段时间后，才能开始诊断工作。

（3）拆装时，注意零部件不要弄混，要严防火星。

（4）ECU 不能承受下列情况：高于 70 ℃ 的温度环境、磁场作用、振动、焊接、水、通信设备干扰、人体静电作用等。

（5）充电时，要拆下蓄电池导线，不允许在车上充电。

（6）启动时，应按程序启动。当发动机系统蜂鸣器鸣叫时不能启动，汽车过水后不准启动。

（7）检测时，不能像检测货车那样用试灯检测，可以用发光二极管串联一个阻值较大的电阻，或者使用高阻抗的万用表。

（8）拆卸供油元件和油管时，必须先卸压。

（9）没有正确、全面的维修资料时，不要盲目检修车辆。

2. 维修进气系统注意事项

ECU 主要是根据空气流量来控制喷油量，因此进气系统的密封情况对电喷系统有很大的影响。

（1）机油尺、机油加油口盖、乙烯塑料软管等脱落会引起发动机失调。

（2）当空气流量计与气缸盖之间的进气系统漏气、管件脱开松动或裂开时，均会导致发动机失调。

3. 维修电子控制系统注意事项

（1）因为电子线路比较复杂，存在大量的晶体管电路，有时轻轻接触一下端子，也可能人为地制造故障，所以检查和排除故障时不可大意，不能盲目乱动，否则可能导致新的故障。

（2）ECU 故障率极低，除人为因素外很少发生故障。如果怀疑 ECU 有故障，尽量不要打开 ECU，因为 ECU 损坏后，通常需专修人员检修。若 ECU 没有故障，打开盖子有可能导致人为损坏。

（3）雨天检修及清洗发动机时，注意电子线路不可溅到水。

（4）拆出导线连接器时，要松开锁紧弹簧或按下锁扣。在装复连接器时，应按到底并锁止。

4. 维修燃油系统注意事项

（1）拆卸油管前应先卸压。常用的泄压方法有油泵泄压和来油管泄压。

① 油泵泄压。为防止大量汽油漏出，可以拔下燃油泵继电器或熔丝，再启动发动机，直至发动机自然停机，再松开油管接头。

② 来油管泄压。将一油盆放在油管接头下面，用毛巾等物盖住，拧开油管，并将油导入油盆。

（2）当将连接螺母或接头螺栓与高压油管接头连接时，应注意操作顺序，并按规定力矩拧紧。

（3）拆装喷油器时应注意以下几个方面：

① 切勿重复使用 O 形圈；

② 把 O 形圈装入喷油器时，小心不要损坏；

③ 安装前，用汽油湿润 O 形圈，切勿使用机油、齿轮油或制动油。

（4）燃油系统维修后要确认无漏油现象。

① 在发动机停机情况下，多次将点火开关旋至"ON"位，观察是否漏油。

② 给燃油泵继电器通电，使燃油泵工作，适当夹住回油软管，高压油管内的汽油压力会升高。在此状态下，检查和观察燃油系统是否有漏油部位（注意只能夹住软管，不可弯曲软管，否则会使软管破裂）。

四、电子控制汽油喷射系统的自诊断

（一）自诊断系统的功能与故障确认方法

1. 自诊断系统的功能

现代汽车的电控系统都配备有自诊断系统，ECU 的自诊断系统主要用于检测电子控制系统各部件的工作情况。自诊断系统具有以下功能：

（1）检测电子控制系统的故障。

（2）将故障代码存储在 ECU 的存储单元中。

（3）提示驾驶员 ECU 已检测到故障，应谨慎驾驶。

（4）启用故障保护功能，确保车辆安全运行。

（5）协助维修人员查找故障，为故障诊断提供信息。

2. 故障的确认方法

当某一电路出现超出规定范围的信号时，诊断系统就判定该信号线路出现故障。如果故障状态存在超过一定的时间，则此故障代码就会储存在电控单元 ECU 的随机存储器中。如果在一定时间内该故障状态不再出现，则电控系统把它判定为偶发性故障（也叫间歇性故障）。如果发动机启动 50 次故障不再出现，则该偶发性故障代码就会自动消除。

故障的出现不仅与传感器和执行机构有关，而且与整个线路有关。为了找出故障所在，除了检查传感器和执行机构外，还需检查线束、连接器、ECU 以及与该信号有关的其他元件。

（二）故障代码的读取与清除方法

1. 准备工作

（1）拉紧驻车制动，变速器置于空挡。

（2）用直观检查法对发动机控制系统进行全面检查。

（3）检查蓄电池电压，电压值应在 11 V 以上。

（4）启动发动机，怠速运转，使发动机达到正常工作温度。

（5）关闭所有电控系统和辅助设备。

（6）检查发动机故障指示灯是否正常。

2. 操　作

按照解码仪的使用说明进行。

模块二　电子控制汽油喷射系统主要元件的检测

电子控制系统由传感器、执行元件和 ECU 等组成，其主要电子控制元件如图 11-4 所示。发动机工作时，ECU 不断检测传感器的性能参数，经计算、处理后，再控制执行元件动作。如果发动机主要元件出现故障，可通过读取故障代码的方法确定故障部位。

一、传感器的检测

按信号的产生方式，传感器一般可分为信号改变传感器和信号产生传感器。

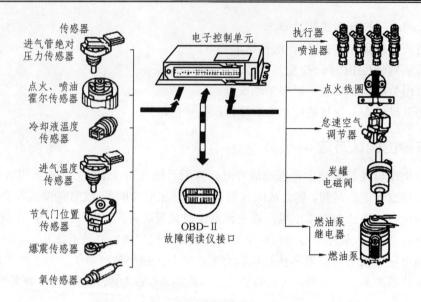

图 11-4　电子控制汽油喷射系统的主要元件

（一）信号改变传感器的检测

信号改变传感器本身没有产生电压的能力，它一般把 ECU 的电压（5 V）当做自己的参考电压，随着发动机状态的变化，改变自己的参考电压值，并将它输送到发动机 ECU。这类传感器主要有空气流量传感器、节气门位置传感器、进气歧管压力传感器、发动机冷却液温度传感器和进气温度传感器等。根据其导线的数目可分为单导线型、双导线型和三导线型。

1. 单导线型传感器的检测

单导线型传感器的电路原理如图 11-5 所示，其检测步骤为：

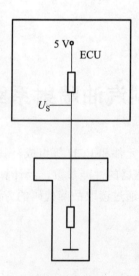

图 11-5　单导线信号改变传感器电路原理

（1）断开传感器导线连接器，打开点火开关，测量导线与搭铁之间的电压是否为参考电压。如果测量结果不正确，则应检查导线和 ECU。

（2）测量传感器搭铁端子与搭铁之间的电阻值是否为零。

（3）接好传感器导线连接器，启动发动机，测量传感器信号端子电压是否随发动机工况的变化而变化。

2. 双导线型传感器的检测

双导线型传感器有两根导线，一根为信号线，另一根为搭铁线。例如，进气温度传感器即为双导线型传感器。该类传感器的电路原理如图 11-6 所示，其检测步骤为：

（1）关闭点火开关，断开传感器导线连接器，用万用表欧姆挡测量连接器上各接线与搭铁之间的电阻，找出搭铁线。

（2）打开点火开关，用万用表电压挡测量另一根导线与搭铁之间的电压是否为参考电压。若不正常，则检查导线和 ECU。

（3）接好传感器导线连接器，启动发动机，测量传感器信号端子的电压是否随发动机工况的变化而变化。

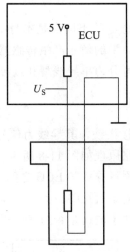

图 11-6 双导线信号改变传感器电路原理

3. 三导线型传感器的检测

三导线型传感器的导线中，一根为 ECU 的电源线，一根为信号线，另一根为搭铁线。例如，节气门位置传感器即为三导线型传感器。此类传感器的电路原理如图 11-7 所示，其检测步骤为：

（1）将点火开关旋到"OFF"位置，断开传感器导线连接器，用万用表欧姆挡测量连接器上各接线与搭铁之间的电阻，确定搭铁线。

（2）将点火开关置于"ON"位，用万用表电压挡测量其他两根导线与搭铁之间的电压，电压为参考电压的为电源线，剩下的一根导线即为信号线。

（3）接好传感器导线连接器，启动发动机，测量传感器信号端子和搭铁端子间的电压是否随发动机工况的变化而变化。

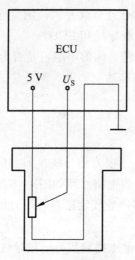

图 11-7　三导线信号改变传感器电路原理

（二）信号产生传感器的检测

信号产生传感器与信号改变传感器的不同点是本身不加参考电压，它根据发动机的特别工作状态自己产生相应的电信号。典型的信号产生传感器有爆震传感器、氧传感器等。

此类传感器根据其导线的数目可分为单导线型和双导线型。

1. 单导线型传感器的检测

在单导线传感器中，传感器直接搭铁，其导线为信号线。例如，氧化锆型氧传感器即为单导线型传感器。此类传感器的电路原理如图 11-8 所示，其检测步骤为：

（1）断开传感器导线连接器，测量导线与 ECU 之间的连接线路是否正常。

（2）检测传感器端子与搭铁之间是否短路。

（3）启动发动机，测量传感器端子电压是否随发动机工况的变化而变化。

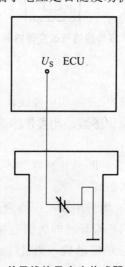

图 11-8　单导线信号产生传感器电路原理

2. 双导线型传感器的检测

双导线型传感器的两根导线，一根为信号线，另一根为搭铁线。例如，爆震传感器即为双导线型传感器。该类传感器的电路原理如图11-9所示，其检测步骤为：

（1）断开传感器导线连接器，用万用表欧姆挡测量连接器上各接线与搭铁之间的电阻，找出搭铁线。

（2）用万用表电压挡测量另一根导线与ECU之间的连接是否正常。

（3）启动发动机，测量传感器两端子间的电压是否随发动机工况的变化而变化。

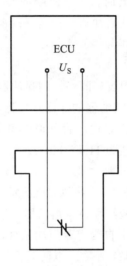

图11-9　双导线信号产生传感器电路原理

二、主要执行元件的检测

电控燃油喷射系统的主要执行元件有电动汽油泵、怠速控制阀、喷油器、活性炭罐电磁阀、EGR电磁阀等。执行元件的检测既可以采用简单的仪表（如万用表）进行检测，也可以用电子检测仪器进行动态检测。

（一）喷油器的检测

喷油器应主要进行喷油器线圈电阻、控制线路、喷油量、雾化效果及针阀卡滞和泄漏的检测。喷油器的检测方法有多种，既可以采用人工经验检测法，也可以利用通用仪表和喷油器专用检测仪器进行检测。

1. 人工经验检测法

（1）听诊法。喷油器是由电磁操纵的，线圈通电时会发出"咔哒"的吸合声，针阀打开喷油时会发出"嚓嚓"的喷油声。"听"主要是倾听是否有吸合声和喷油声，以判断喷油器是否有卡滞、堵塞及线圈烧损现象。具体操作如下：

① 将听诊器抵触到喷油器处，发动机怠速运转，倾听线圈吸合时的"咔哒"声及喷油时

的"嚓嚓"声，若无，说明喷油器不工作，可能是喷油器堵塞、卡滞或线圈烧损。

②将点火开关置于"OFF"位，断开喷油器与控制单元的导线连接器，人为地给喷油器进行脉冲式供电（喷油器供电电压多为12 V，可直接利用蓄电池供电），若听不到"咔哒"、"咔哒"的吸合声，说明喷油器针阀卡滞或线圈烧损。

注：线圈烧损可通过检测喷油器电阻值验证。

（2）触摸法。发动机怠速运转，用手或听诊器接触喷油器的相应部位，喷油器喷油时应有轻微的振动感，否则说明喷油器没有喷油。

（3）断缸法。在发动机怠速运转时拔下某缸喷油器的导线连接器，若发动机转速明显下降，或发动机振抖较为明显，说明该喷油器工作良好；否则说明该喷油器不工作或工作不良。

2. 通用仪器、仪表检测法

（1）利用万用表检测。利用万用表，既可检测喷油器线圈，又可检测喷油器的控制线路。

①喷油器电阻值的检测：断开喷油器的导线连接器，万用表选"Ω"挡，两表笔接喷油器两个端子，其电阻值应在规定范围之内，否则说明喷油器线圈损坏。不同的喷油器其阻值亦不相同，例如，别克车的喷油器阻值为$11.4\sim11.6\ \Omega$；桑塔纳车的喷油器阻值为$(15.9\pm0.35)\ \Omega$。

②喷油器供电电压的检测：断开喷油器的导线连接器，万用表选"V"挡，表笔"＋"接连接器控制端的电源线端子，表笔"－"搭铁，启动发动机或打开点火开关的瞬间应有12 V电压，否则说明控制线路有故障，应继续检查熔断器、继电器、连接导线和控制单元。

（2）利用测试灯检测。许多车上自带有专用测试灯，也可自制测试灯。用一个发光二极管串接上一个大阻值的电阻（约1 kΩ左右，以防元件烧损），即可制成一个简易的二极管测试灯。

断开喷油器的导线连接器，测试灯正极接蓄电池正极，测试灯负极接连接器控制端的搭铁线端子，启动发动机，观察测试灯的工况。也可插好连接器，用探针将测试灯的两端与喷油器两端子相连（即测试灯与线圈并联），然后启动发动机。测试灯闪亮为正常，若测试灯不亮或常亮，说明喷油器的控制线路不正常。

（3）利用汽油压力表检测。发动机工作时，喷油器针阀一直处于反复开、闭状态，长时间使用后因磨损严重而导致滴漏，就车检测时可借助油压表进行检漏。

首先给燃油供给系统泄压，在燃油滤清器后串接上油压表。启动发动机，油压建立后，关闭点火开关，经过一段时间后，观察油压表的压力降。不同的车，要求观察的时间不同，对应的保持油压值也不同，例如，桑塔纳发动机要求熄火10 min后，油压不低于0.2 MPa，否则说明系统有泄漏。若供给系其他部位密封良好，则可断定喷油器有泄漏现象（注：若喷油器只有轻微滴漏，这种检测方法效果不甚明显）。

除利用油压表检漏外，还可利用油压表检查喷油器是否有脏堵现象：接好油压表，启动发动机建立油压，断开所有喷油器的导线连接器，用外接电源（蓄电池）给某一喷油器供电（喷油器线圈正常），若油压迅速下降，说明喷油器喷油良好；若油压无明显变化，则说明喷油器有堵塞现象。

3. 专用仪器检测法

人工及通用仪表检测只能检查喷油器的启闭、脏堵和卡、漏现象，而利用喷油器专用检测仪——超声波清洗检测仪——可以对喷油器进行综合性能检测。

（1）拆下所有喷油器，清洗外表并安装到检测仪支架上。

（2）利用检测仪为喷油器加压（正常喷射油压），检测其密封性。一般 1 min 内滴漏不超过 2 滴。

（3）利用检测仪控制喷油器喷油，观察喷雾形状，判断喷孔的脏堵及磨损情况，并计量喷油量。在正常喷射油压下 15 s，常开喷油量约为 45～75 mL；各喷油器的喷油量误差不得超过 5 mL。

（4）利用超声波对喷油器进行正反向清洗，并吹净、吹干。

在上述几种检测方法中，人工经验检测法简单方便，但准确性差；超声波检测仪功能全，准确可靠，但需拆下喷油器，操作不便；通用仪表检测法的优缺点介于前两种方法之间。在实际应用中，常常将各种检测方法综合使用。在检测结果正确可靠的基础上，尽量避免拆卸喷油器。

（二）电动汽油泵

1. 电动汽油泵的控制

装有电控燃油喷射（EFI）系统的汽车，只有发动机运转时，油泵才开始工作。即使点火开关接通，只要发动机没有转动，油泵就不工作。压力感式（D 型）和流量感应式（L 型）EFI 系统油泵控制电路各不相同，但一般都是当发动机点火开关置于"ON"位时，油泵运转 2 s 后停止，发动机启动后油泵才继续工作。

2. 电动汽油泵的检测

电动汽油泵应进行电气控制和供油量检测，多利用简单仪表结合人工经验进行分析判断。下面介绍奥迪 V6 汽油泵的检测方法。

首先在油箱处查听油泵的运转声音，若听不清楚，可拆下油箱盖查听。若能听到运转声，则进一步检查系统油压和保持油压；若听不到运转声，则需做以下检查：

（1）检查油泵运转情况。关闭点火开关，拔下油泵连接器，辨别油泵接线（一般 4 条线中 2 条粗线为油泵控制线），测量油泵电阻，其阻值为 2～10 Ω。若阻值不符合要求，则更换油泵；若阻值正常，接入蓄电池电压（12 V）后油泵应运转，否则需检查油泵继电器。

（2）检查油泵继电器。查听油泵继电器声响，在打开点火开关和启动发动机时应听到"咔哒"声，否则应继续进行检查。

① 拔下右前地毯下电器盒中的褐色热敏熔断器 1 和红色熔断器 2。

② 拔下驾驶员侧熔断器盒中的 17 号熔断器，把二极管试灯一端接在 17 号熔断器插孔内，另一端搭铁。

③ 接通启动机，此时应能听到和感觉到油泵继电器被吸合，二极管试灯发亮。

④ 若继电器未被吸合，应检查对继电器的控制信号。

⑤ 如果试灯不亮，则在 17 号熔断器的另一个插孔内进行试验。

⑥ 如果试灯仍不亮，则检查 17 号熔断器插孔到继电器位置 6 的 30 插孔间有无断路，如图 11-10 所示。

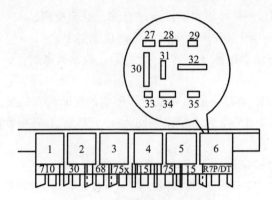

图 11-10　继电器插座位置

⑦ 把试灯接在 1 号熔断器的插孔和搭铁之间，接通启动机，油泵继电器应吸合，试灯应发亮。若试灯不亮，则将试灯接在另一插孔，再试；若试灯还不亮，则检查熔断器座到继电器位置 6 的 31 端子间有无断路。

⑧ 把试灯接入 2 号熔断器插孔，检测热敏熔断器到继电器位置 6 的 30 端子间有无断路。

（3）检查油泵继电器控制信号。

① 检查电源电压。拔下继电器壳，打开点火开关，用电压表测量端子 28（电源）与 34（搭铁线）及端子 32 与 34 之间的电压，应为 12 V。若电压不符合要求，则为线路接触不良或断路。

② 检查 ECU 控制信号。把二极管试灯接在端子 28 和 29 之间，打开点火开关，试灯应当亮 1 s，然后变暗。在接通启动机时，试灯应明显变亮。若试灯亮熄不对，则检查 ECU 连接器端子 7 与继电器 6 端子 29 之间有无断路。若无断路而灯又不亮，可能是 ECU 故障。检查油泵供油量时，可在泄压后拆下汽油滤清器进油管，并接入一量筒，给油泵外接 12 V 电压（可接蓄电池电压），通电 30 s，检查量筒内的油量，应不低于规定值，否则应更换油泵。也可在供油管路上接入油压表，观察油泵的供油压力，判断油泵的工作性能。

（三）怠速控制阀（ISC）的检测

1. 步进电机式怠速控制阀的检测

下面以奥迪 V6 发动机怠速控制阀为例，介绍其检测方法。

（1）将怠速控制阀从进气管上拆下来（不打开控制阀线束连接器），打开点火开关，怠速控制阀阀杆应向内运动；关闭点火开关，阀杆应向外运动。若关闭点火开关时，阀杆向内运动，则应重新调整和安装怠速控制阀。

（2）测量怠速控制阀的电阻值。如果关闭点火开关时阀杆不运动，则断开怠速控制阀线束连接器，测量端子 1 与 4、2 与 3 之间的电阻，如图 11-11 所示。怠速控制阀电阻标准值为 45～60 Ω（室温时接近 45 Ω，热车时接近 60 Ω），否则应更换怠速控制阀。

（3）检查怠速控制阀连接器各端子 1、2、3、4 与 ECU 线束连接器对应端子 2、10、11、3 是否导通，如有断路，则应检修或更换线束。

（4）若怠速控制阀及其线路均良好，则应更换 ECU。

注意：怠速控制阀拆下来后，不允许在车下调整；怠速控制阀安装完毕后，需用故障阀读仪进行调整。点火开关关闭后，发动机 ECU 将给怠速控制阀提供 150 V 的电压，调整时应加以注意。

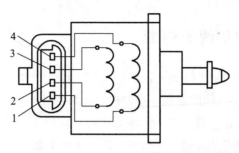

图 11-11　奥迪 V6 发动机怠速控制阀示意图

2. 转阀式怠速控制阀的检测

怠速控制阀是根据冷却液温度信号进行控制的，当冷却液温度较低时，输出电压低，怠速控制阀中的转阀转过的角度小，怠速旁通气道流通截面积大，通过的空气多，怠速高。当冷却液温度逐渐升高时，ECU 输出电压逐渐升高，转阀转过的角度逐渐增大，旁通空气逐渐减少，怠速逐渐降低直至稳定。当发动机负荷增加时，如接通空调开关，ECU 输出的控制电压降低，转阀转过的角度减小，旁通空气量增多，使怠速升高至 100 r/min。下面以桑塔纳 2000 发动机怠速控制阀为例，介绍其检测方法。

（1）检查怠速控制阀电阻。拔下连接器，测量怠速控制阀两端子间的电阻值，应为 17.7～20.0 Ω，否则应更换怠速控制阀。

（2）检查控制阀供电电压。拔下控制阀连接器，打开点火开关，测量线束连接器端子 1 与搭铁间的电压，应为 12 V，否则应检测 ECU 供电线路，如图 11-12 所示。

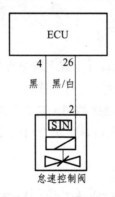

图 11-12　桑塔纳 2000 怠速控制阀控制电路

（3）动态检测。接上连接器，冷车启动发动机，怠速时检测端子 1 与搭铁间的电压，电压应从 12 V 降至某一电压值。随着发动机温度的升高，电压逐渐上升，怠速稳定后，该值基本稳定。若打开空调开关，则电压值略有下降，怠速上升 100 r/min。

（四）活性炭罐电磁阀的检测

活性炭罐电磁阀可进行人工检测：拔下电磁阀气管和线路连接器，向气管内吹气应不通；

给电磁阀外接蓄电池电压，向气管内吹气应导通；间断性为电磁阀接入蓄电池电压，应听到电磁阀发出的"咔哒"声。

（五）EGR 三通电磁阀的检测

EGR 三通电磁阀控制真空接口（接发动机进气管）A、大气接口 B 及电磁阀与 EGR 阀（或废气修正阀）相连的接口 C 之间的通断。检测时，间断性为电磁阀接入蓄电池电压，电磁阀应发出"咔哒"声，其电阻值应符合要求。不通电时，接口 C 应与接口 B 相通，A 与 C、A 与 B 应不通；通电时，A 与 C 应相通，A 与 B、C 与 B 应不通。

三、电子控制单元的检测

电子控制单元（ECU）是一种电子综合控制装置，它根据各种传感器送来的信号，确定最佳喷油量和喷油时刻。

1. 检测注意事项

（1）不得损坏导线、连接器，避免短路或接触较高的电压。

（2）慎重使用电子检测设备和仪器，高电压会使 ECU 芯片内部电路短路或断路。检测时，最好使用兆欧级阻抗的数字表。

（3）若没有适当的工具和有关知识，禁止拆卸、检测 ECU。

（4）所有的高压元件距离传感器或执行装置的控制线至少 25 mm 以上。

（5）防止静电对 ECU 的损害。

2. 导线及连接器的检测

检测 ECU 的电源线、搭铁线是否良好。拔下线束连接器，查看其内部是否有锈蚀，触针是否弯曲，并检查 ECU 上的所有搭铁线是否有腐蚀。检测导线连接器时，可用手轻轻摇动连接器，若有松动，应拔下连接器，检查接触端子是否被腐蚀。若端子有轻微腐蚀现象，需用铜刷或电器接触清洁剂将其除去。安装时，可用专用的导电油脂涂抹，以防腐蚀。

模块三　汽油发动机点火系统的故障诊断

汽油发动机的点火系统取消了传统的触点式断电器而采用无触点电子点火，目前汽车上使用的电子点火系统包括普通电子点火系和计算机控制点火系。普通电子点火系用点火信号发生器取代断电器触点产生触发或控制点火的信号，由多功能点火器控制点火线圈初级电流的通断。计算机控制点火系由普通电子点火系发展而来，实现了对发动机各种工况点火时间的最佳控制。

一、普通电子点火系统的故障诊断

普通电子点火系按点火信号发生器的类型不同可分为磁感应式电子点火系和霍尔式电子点火系，主要由蓄电池、点火开关、信号发生器、点火器、点火线圈、分电器、高压线和火花塞等组成。图 11-13 所示为桑塔纳霍尔式电子点火系组成示意图。

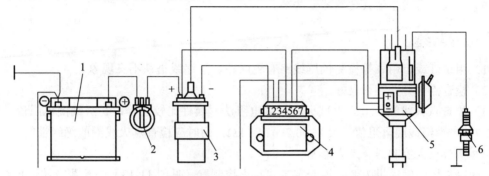

图 11-13　桑塔纳轿车霍尔式电子点火系组成示意图

1—蓄电池；2—点火开关；3—点火线圈；4—点火器；5—内装霍尔信号发生器的分电器；6—火花塞

点火系故障表现为高压线无火或者火弱，可分为低压电路故障、高压电路故障以及点火不正时故障，其故障部位及原因如图 11-14 所示。

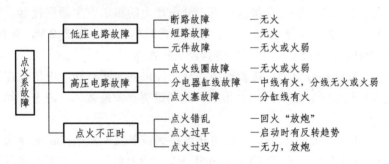

图 11-14　点火系故障部位及原因

点火系故障多采用试火的方法进行确诊：拔下任意分缸高压线，插入一个备用火花塞，并将火花塞抵触到缸体上（如有正时灯，可将正时灯的感应夹直接夹在待测高压线上）。启动发动机进行跳火试验，火花呈蓝白色或紫蓝色为正常；如果无火、火花很弱，或火花发红，则表示点火系有故障。

进行点火系故障诊断时，可通过分缸线和中央高压线试火来确定故障所在区域。若分缸线试火正常，则为火花塞故障或点火不正时。若分缸线火花不正常，则进行中央高压线试火：若中央高压线试火正常，则为高压电路故障；异常则为低压电路故障。

（一）低压电路故障

1. 故障原因

低压电路故障主要是线路断路、短路或搭铁及元件损坏，具体原因如下：

（1）点火开关损坏（断路或搭铁）。

（2）低压线路断路、搭铁或连接器接触不良。

（3）点火线圈损坏（初级线圈断路、短路）。

（4）分电器固定底板搭铁不良，搭铁线松动或断开，触发轮搭铁不良等。

（5）点火控制器损坏、搭铁不良或连接器接触不良。

（6）点火信号发生器（传感器）失效。

2. 故障诊断

（1）用试灯或万用表等检测低压线路有无断路、短路或搭铁不良现象。

（2）检查点火开关是否良好。

（3）检查点火线圈。可采用试火法、测电阻法、换件比较法等，初级线圈电阻值一般为 $1.3\sim1.7\ \Omega$，次级线圈电阻值一般为 $10.7\sim14.5\ k\Omega$。同时应检查点火线圈的绝缘性能。

（4）检查点火控制器（点火器）。

下面以桑塔纳发动机为例，说明霍尔式点火控制器（见图 11-13）的检测方法。检查前，可预先检查并确保电源电压及搭铁正常。

① 电源电压及搭铁的检查。拔掉点火器连接器，把电压表接在连接器上的电源线端子 4 和搭铁线端子 2 或壳体之间，打开点火开关，测得电压应为蓄电池电压；也可以接在点火线圈正极接柱（+）和点火器壳体上进行检测。

② 关闭点火开关，重新插上连接器；拆下分电器上的霍尔发生器连接器，将电压表接在点火线圈接线柱（+）和（-）上。打开点火开关，此时电压应不低于 2 V，并在 $1\sim2$ s 后必须下降为 0（即瞬显不低于 2 V），否则应更换点火控制器。

③ 模拟检查。快速将分电器连接器的中间导线拔出并间断搭铁，电压值在瞬间不应低于 2 V；或用中央高压线试火，应有强火花出现。否则说明有断路故障，应予排除，必要时应更换点火控制器。

④ 检测输出电压。关闭点火开关，将电压表接到霍尔发生器连接器的外接点（端子 5）上，打开点火开关，电压应不小于 5 V；如小于 5 V，则表明霍尔发生器连接器与控制器之间断路，应予排除。

（5）检查点火信号发生器（霍尔传感器、曲轴位置传感器）。

桑塔纳点火信号发生器的检查过程为：首先从分电器上拔下高压线并搭铁（可用辅助线）；然后拔下点火控制器连接器的橡皮套管（不拆下连接器），将电压表接在控制器点火信号线端子 6 和传感器搭铁线端子 3 之间；最后打开点火开关，缓慢转动发动机，应输出脉冲电压，否则说明霍尔发生器有故障，应予更换。

（二）高压电路故障

1. 故障现象

（1）低压电路正常，中央高压线无火或火弱。

（2）中央高压线火花正常，而分缸线无火。

（3）分缸线火花均正常，发动机却难以启动。

2. 故障原因

（1）点火线圈次级线路断路、插孔脏污、潮湿有水、漏电及性能下降等。

（2）高压线漏电，阻尼式高压线端头烧损或防干扰插头损坏。

（3）分电器盖漏电、窜电、破裂等。

（4）分火头漏电、烧蚀、有裂纹。

（5）火花塞工作不良，如烧蚀、积炭、油污、裂损、漏电及间隙不当、型号不符等。

3. 故障诊断

利用中央高压线和分缸线试火，若低压电路正常，中央高压线无火或火弱，则故障主要在点火线圈和高压线；若中央高压线火花正常，而分缸线无火，则故障主要在分电器盖、分火头和分缸线；若分缸线火花均正常，则故障在火花塞。

（1）检测点火线圈（次级）的阻值和性能。可采用试火法和测阻值法进行检测。

（2）检查高压导线。检查高压导线外表绝缘层是否破损漏电，测量每根高压线的电阻，最大不得超过 25 kΩ。

（3）检查分火头。检查分火头是否有裂纹、漏电等，测量分火头电阻，应符合规定。桑塔纳分电器分火头的阻值为（1±0.4）kΩ。

（4）检查分电器盖是否漏电、窜电，有无裂纹等。

（5）拆检火花塞，注意其电极间隙、型号是否不符，有无烧损现象。

（三）点火不正时故障

点火不正时故障主要为点火错乱、点火过早或过迟。

1. 故障现象

发动机在启动时有发动征兆，并时有回火、"放炮"现象出现。

2. 故障原因

（1）分电器盖窜电，分缸线错乱或分电器盖错位 180°。

（2）点火正时调整不当，配气正时变动或分火头自行错位。

（3）分电器固定螺栓松动，分电器轴与离心调节板静配合松动过甚等。

（4）真空点火提前调节装置失效。

3. 故障诊断

若点火过早，则熄火时发动机有反转趋势；若点火过迟，则发动机转动无力并时有回火、"放炮"现象。当点火次序与做功次序不一致，即点火错乱时，也会出现无规则回火、"放炮"现象。因此，当点火正时故障造成发动机不能发动时，必须检查和调整点火提前角。桑塔纳发动机点火正时的调整过程为：

（1）将发动机飞轮上的点火正时标记与飞轮壳上的标记对齐，使发动机一缸活塞处于压缩上止点，同时将凸轮轴皮带轮上的配气正时标记对正。

（2）使汽油泵驱动轴与分电器轴相接的偏端部与发动机曲轴方向平行，并将分火头指向分电器壳上的第一缸标记。

（3）固定分电器，安装分电器盖，按点火次序并顺分火头转动方向插上各缸分缸线。

（4）启动发动机并热车，进行无负荷加速试验。突然打开节气门时，发动机应加速良好。如果加速不良且有突爆声，则为点火过早；如果加速不良且发闷，排气管有"突突"声，则为点火过迟。顺分火头转动方向转动分电器壳，则点火推迟，反之则点火提前。

（5）路试检查。

二、计算机控制点火系统的故障诊断

计算机控制点火系主要由发动机控制单元（ECU）、点火器（有的发动机无点火器，点火控制电路在 ECU 内）、点火线圈、配电器及各种传感器等组成，其主要传感器有发动机转速传感器、曲轴位置传感器、凸轮轴位置传感器、爆震传感器等。计算机控制点火系统分为有分电器点火系统和无分电器点火系统，其中，无分电器点火系统又有同时点火和单独点火（直接点火）之分。所谓同时点火方式，就是两个气缸共用一个点火线圈，即一个点火线圈有两个高压输出端分别与一个火花塞相连，对两个气缸同时点火。单独点火方式又称为直接点火，是在每个气缸的火花塞上配用一个点火线圈，单独对一个气缸点火。各种类型的计算机控制点火系统在现代轿车上均有广泛应用，如红旗轿车、桑塔纳 2000AFE 发动机，丰田 LS400 1UZ-FE 发动机，广州本田等发动机采用了分电器式计算机控制点火系统；时代超人 AJR 发动机，捷达五阀发动机，奥迪 V6、奥迪 A6 六缸机，上海别克等发动机采用了无分电器同时点火系统；帕萨特 B5 和奥迪 A6 的四缸机、尼桑风度、阳光等发动机采用了直接点火系统。下面以捷达轿车和丰田 LS400 轿车发动机为例，分别介绍无分电器和有分电器电子点火控制系统的故障诊断和检测方法。

（一）捷达五阀发动机点火系统的故障诊断

捷达五阀发动机采用了无分电器同时点火系统，主要由火花塞、点火线圈、爆震传感器、霍尔传感器、高压线及控制单元等组成，如图 11-15 所示，其常见故障部位见表 11-1。

1. 火花塞的检查

火花塞电极间隙为 1 mm，拧紧力矩为 30 N·m，应无漏电、烧蚀现象。

2. 霍尔传感器的检查

（1）从霍尔传感器上拔下黑色 3 孔连接器。

（2）用 V.A.G1594 的辅助导线将万用表连接到连接器线束端子 1 和 3 上测量电压。

（3）打开点火开关，正常电压不小于 4.5 V。

（4）关闭点火开关，如果没有电压，则将检测盒 V.A.G1598/1522 接到控制单元线束上，检查检测盒与传感器连接器之间有无断路或短路情况。端子 1 与插孔 62、端子 2 与插孔 76、端子 3 与插孔 67 间导线电阻最大为 1.5 Ω。

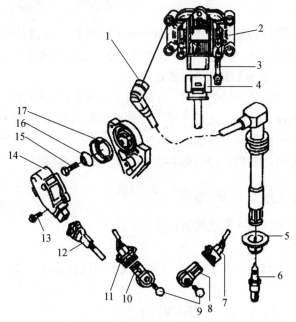

图 11-15 捷达轿车点火系统的组成

1—点火高压线；2—点火线圈；3、9、13、15—紧固螺栓；4、7、11、12—连接器；5—盖；6—火花塞；
8—爆震传感器 2；10—爆震传感器 1；14—霍尔传感器；16—垫片；17—霍尔传感器隔板

表 11-1 捷达轿车点火系统的常见故障部位

故障部位	故障现象
控制单元	无火、点火正时失准导致发动机启动或工作不良
点火圈及末级功率	无高压火花或火花强度不足导致发动机无法启动、启动困难或工作不良
火花塞	间隙不当、烧损、漏电、型号不符导致无火或火花弱
霍尔传感器	无信号或信号不良导致无火或点火正时失准
爆震传感器	无信号或信号不良导致点火正时失准
高压线	漏电、性能不良导致火弱

（5）如果确定导线无故障，且端子 1 与 3 之间有电压，则更换霍尔传感器（G40）。

（6）清除故障码，如果还显示凸轮轴传感器（霍尔传感器）的故障，则可能是霍尔传感器的转子隔板扭偏故障。

（7）拆下霍尔传感器，检查凸轮轴上的转子隔板在凸板轴上是否安装正确。如果安装错误，则在拧紧固定螺钉时会压扁定位凸缘；如果转子隔板的位置正常，则检查曲轴/凸轮轴的配合。

（8）如果以上检查均正常，则故障在控制单元 J220，应更换。

3. 爆震传感器的检查

（1）将检测盒 V.A.G1598/1522 接到控制单元线束上。

（2）从爆震传感器 1（G61）上拔下黑色连接器，从爆震传感器 2（G66）上拔下棕色连接器。

（3）检查检测盒与爆震传感器连接器之间导线有无断路。爆震传感器 1（G61）：端子 1 与插孔 68，端子 2 与插孔 67，导线电阻最大为 1.5 Ω。爆震传感器 2（G66）：端子 1 与插孔 60，端子 2 与插孔 67，导线电阻最大为 1.5 Ω。

（4）检测爆震传感器端子之间的电阻，正常值为无穷大，否则应更换爆震传感器。

（5）如果确定导线没有故障，则松开爆震传感器，然后再用 20 N·m 的力矩拧紧。

（6）试车，使发动机冷却液温度达到 80 ℃ 以上。

（7）重新读取故障码，如果故障仍然存在，则更换爆震传感器。

4. 点火线圈及末级功率的检查

（1）从点火线圈 2 上拔下 4 孔连接器。

（2）检查供电电压：

① 用万用表及 V.A.G1594 的辅助导线测量已拔下的连接器端子 2 与 4 之间的电压，如图 11-16 所示。

② 打开点火开关，规定值至少为 11.5 V。

③ 如果没有电压，则检查 4 孔连接器端子 4 与搭铁之间有无断路，导线电阻最大为 1.5 Ω。

④ 检查 4 孔连接器端子 2 与中央继电器盒之间的导线有无断路，导线电阻最大为 1.5 Ω。

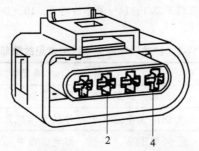

图 11-16　捷达轿车点火线圈连接器

（3）控制功能的检查（在检查过程中不允许触摸点火线圈连接件及检测导线）：

① 拔下 18 号熔断器，用 V.A.G1594 的辅助导线将二极管测试笔 V.A.G1527 接到已拔下的连接器端子 1 和 4（点火输出 1）、3 和 4（点火输出 2）上。

② 启动发动机，检查发动机控制单元的点火信号，发光二极管必须闪亮。如果发光二极管闪亮，且端子 2 与 4 之间有电压，则更换点火线圈。

③ 如果发光二极管不闪亮，则将检测盒 V.A.G1598/1522 接到控制单元线束上，检查检测盒与 4 孔连接器之间的导线有无断路：端子 1 与插孔 71，端子 2 与插孔 78，导线电阻最大为 1.5 Ω。

④ 检查端子 3 与插孔 78 之间的电阻，规定值为无穷大。

⑤ 如果确定导线无故障，且端子 2 与 4 之间有电压，则更换发动机控制单元。

（4）检查次级电阻。在点火线圈连接器 4 上用欧姆表检查 1 缸和 4 缸、2 缸和 3 缸之间的次级电阻，如图 11-17 所示。次级电阻的规定值为 4.0～6.0 kΩ。如果没有达到规定值，则更换点火线圈。

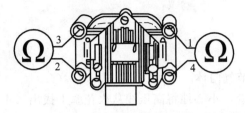

图 11-17 捷达轿车发动机点火线圈次级电阻的检测

1、2、3、4—连接器

（二）丰田 LS400 1UZ-FE 发动机点火系统的故障诊断

丰田 LS400 1UZ-FE 发动机点火系统属于分电器式电子点火控制系统，主要元件有发动机 ECU、点火器（2 个）、分电器（2 个）、凸轮轴位置传感器（2 个）、曲轴位置传感器（1 个）、火花塞、高压线等，其控制电路如图 11-18 所示。

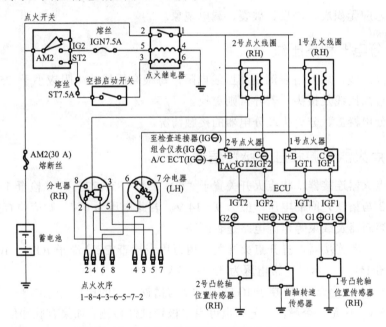

图 11-18 LS400 1UZ-FE 发动机点火系电路

LS400 1UZ-FE 发动机点火系统出现故障时，可按下述步骤进行故障诊断：

1. 检查中央高压线是否有火

（1）拆下正时带 3 号罩，从分电器上拔下中央高压线（捏住高压线橡胶套，沿分电器轴线方向拔出）。

（2）将高压线端接在备用火花塞上，并将火花塞抵在缸体上，或将高压线插好，用正时灯夹子夹在高压线上。

（3）启动发动机，观察火花塞是否跳火（正时灯是否闪亮）。

注意：每次用启动机带动发动机运转不要超过 1～2 s，以防喷油器喷油；或拔下所有喷油器的连接器。若中央高压线无火，则应检查点火线圈和点火器；若中央高压线有火，则应进行分缸线试火。

2. 分缸线试火

（1）拆下高压线罩和节气门体。

（2）捏住高压线橡胶套，小心地将高压线从火花塞上拔出（不要直接拉拔高压线和弯曲导线，以免造成高压线内部损伤）。

（3）将高压线端接在备用火花塞上，将火花塞抵在缸体上，启动发动机试火。

若分缸线有火，则应检查火花塞；若分缸线无火而中央高压线有火，则应检查分缸线和分电器。

3. 检查火花塞

（1）检查火花塞电极间隙。新火花塞电极间隙为 0.8 mm，使用过的火花塞电极间隙最大为 1.0 mm。

（2）火花塞应无积炭、烧损、破裂、漏电现象。

4. 检查分电器和高压线

（1）拆下高压线，用万用表测量高压线电阻，每根高压线的电阻应小于 25 kΩ。若电阻过大，则应检查高压线及接头，若异常则更换。

（2）检查分电器盖、分火头及分电器的接触情况。

5. 检查点火器电源和触发脉冲信号

（1）脱开点火器连接器，将点火开关置于"ON"或"START"位，检查 1 号、2 号点火器连接器端子 3 与搭铁之间的电压，应为 9~14 V。若此电压为 0 V，则应检查点火继电器、点火开关、主熔断器及线束等电源电路是否断路。

（2）脱开点火器连接器，打开点火开关，用万用表检查 ECU 端子 IGF1、IGF2 与搭铁之间的电压，如图 11-18 所示。正常电压为 4.5~5.5 V。

（3）启动发动机，检查 ECU 端子 IGT1、IGT2 与搭铁之间的电压，正常电压为 0.5~1.0 V，不应为 0 V 或 5 V。这是一个脉冲信号，也可用二极管试灯检测。如果有脉冲信号，说明 ECU 和传感器良好，故障在点火器、点火线圈或线束；若无脉冲信号，可能是传感器或 ECU 损坏。

6. 检查点火器对点火线圈的控制信号

用一个二极管试灯接到点火器到点火线圈之间，启动发动机试灯应闪亮，否则说明点火器损坏。

7. 检查点火线圈

（1）脱开点火线圈连接器，检查点火线圈的电阻值。初级线圈：冷态 0.36~0.55 Ω，热态 0.45~0.65 Ω。次级线圈：冷态 9.0~15.4 kΩ，热态 11.4~18 kΩ。若阻值不正确，说明点火线圈损坏，应更换。

（2）检查点火线圈电源。打开点火开关时，点火线圈的一个端子与搭铁间的电压应为蓄电池电压，若无此电压，则应检查继电器和熔断器。

8. 检查凸轮轴和曲轴位置传感器

（1）拆下气门室盖，拔下凸轮轴位置传感器和曲轴位置传感器导线连接器。

（2）检查与 ECU 的连接线路是否良好。

（3）检查传感器电阻，阻值为：冷态 835～1 400 Ω，热态 1 040～1 645 Ω。

（4）用示波器检查 ECU 相应端子间的信号波形。凸轮轴位置传感器安装在凸轮轴的正时齿带轮上，产生凸轮轴位置 G1、G2 信号。曲轴位置传感器安装在曲轴前段，产生 NE 信号。正常信号波形应如图 11-19 所示。

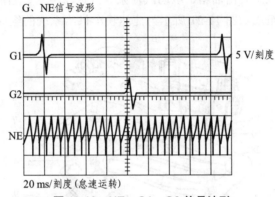

图 11-19　NE、G1、G2 信号波形

　　凸轮轴和曲轴位置传感器还应检查气隙，应为 0.2～0.4 mm。检查传感器齿盘有无坏齿、缺齿，传感器电磁铁有无吸附铁粉等物质。

9. 检查爆震传感器

（1）将点火开关转到"OFF"位置，拆下传感器导线连接器，检测线束侧相应端子 KNK1 和 KNK2 与搭铁是否导通。如果不通，说明导线连接器或线束连接不良。

（2）测量爆震传感器信号线与搭铁之间的阻值，若小于 1 MΩ，则应更换爆震传感器。

（3）使发动机以 4 000 r/min 的转速运转，用示波器检查其信号波形是否如图 11-20 所示；如不正常，则更换爆震传感器。

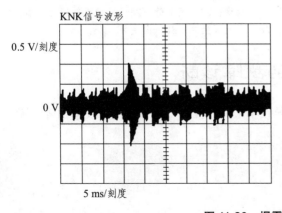
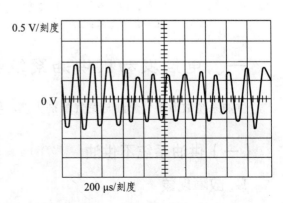

图 11-20　爆震传感器信号波形

10. 检查 ECU 及其线束

（1）检查 ECU 与各元件间的线束有无断路、短路，连接器是否接触良好，有无锈蚀。

（2）若上述各项检测均正常，则更换 ECU。

模块四 电子控制汽油发动机供给系统的故障诊断

电控发动机供给系统主要由油箱、电动汽油泵、汽油滤清器、燃油压力调节器、喷油器、进回油管及控制系统等组成。图 11-21 所示为捷达轿车供给系统的组成。

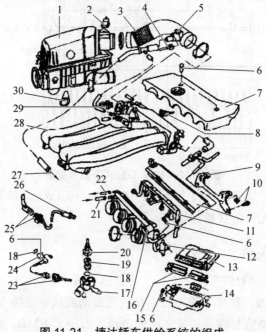

图 11-21 捷达轿车供给系统的组成

1—空气滤清器；2、4、8、15、20、23、25、29—连接器；3—进气软管；5—加热电阻；6、10—螺栓；7—盖板；9—支架；11—导管；12—密封垫；13—多点喷射控制单元；14—固定板；16—进气管下体；17—固定夹；18—密封圈；19—冷却液温度传感器；21—进油管；22—回油管；24—发动机转速传感器；26—氧传感器；27—通向曲轴箱；28—进气管上体；30—固定环

一、电控发动机供油系统的故障诊断

供油系统故障将使燃油与空气配剂失调，导致不来油、混合气过稀、过浓及漏油等故障。

（一）供油系统不供油

1. 故障现象

发动机不能启动或在运转过程中自动熄火，不能再次启动。

2. 故障原因

（1）油箱燃油不足。

（2）油管及接头漏油。

（3）汽油滤清器严重堵塞。

（4）燃油压力调节器膜片破裂。

（5）油泵电机损坏，熔断器、继电器损坏或线路断路、接触不良等。

（6）喷油器线圈、继电器、熔断器损坏或控制线路不良等。

（7）冷却液温度传感器信号失常、曲轴位置传感器（发动机转速传感器）无信号、启动开关信号未传入 ECU 等，使 ECU 未进行喷油控制。

（8）ECU 有故障。

3. 故障诊断与排除

（1）先进行故障自诊断，检查有无故障代码。如有，则按所显示的故障代码查找故障原因。要特别注意会影响喷油控制的传感器（如发动机转速及曲轴位置传感器、冷却液温度传感器等）有无故障。在检测控制线路时，可采用故障模拟征兆法轻轻振动熔断器盒，轻轻晃动各线束连接器，看有无接触不良现象。

（2）检查油箱是否有油，燃油管路及接头是否有破损之处。

（3）测量系统油压。先泄压，然后在进油管和燃油分配管之间安装油压表，用启动机带动发动机运转，观察油压表的读数。

若油压正常，则故障在喷油器及其控制线路，可能是喷油器熔断器、继电器损坏或 ECU 故障。也可能是 ECU 未接收到启动信号、发动机转速信号等，没有对喷油器实施喷油控制，对此，应检查相应传感器、开关等；若无油压或油压极低，则故障在供油系统。

（4）检查汽油滤清器，若堵塞严重则应更换。

（5）检查油压调节器。拔下油压调节器真空管，如有油流出或滴油，说明油压调节器膜片破裂，应更换。若油压过低，可夹住油压调节器回油管切断回油，若油压上升，可能是油压调节器膜片及弹簧性能下降、回油阀门开度一直较大导致系统油压严重降低。

（6）若上述检测均正常，则为油泵不供油，应检查油泵及其控制线路，视情检修或更换。

（二）混合气过稀

1. 故障现象

踩下加速踏板后发动机转速不能马上升高，有迟滞现象，加速反应迟缓，或在加速过程中发动机转速有轻微的波动，有时出现回火、"放炮"现象。

2. 故障原因

（1）燃油泵性能不良。

（2）油压调节器性能下降。

（3）节气门位置传感器或空气流量计、进气歧管绝对压力传感器、冷却液温度传感器、曲轴位置传感器、氧传感器信号不良。

（4）废气再循环系统工作不良。

（5）进气歧管、真空管泄漏等。

（6）燃油滤清器堵塞，管路泄漏。

（7）喷油器堵塞。

（8）电控单元 ECU 故障。

3.　故障诊断与排除

（1）进行故障自诊断，检查有无故障代码。空气流量计、节气门位置传感器等故障都会影响发动机的加速性能。有专用诊断仪的还需要观察动态数据流，按故障代码和动态数据查找故障原因。如有故障码，则按故障码提示排除电控系统故障。

（2）检查进气系统有无漏气，真空管是否脱落、破裂等。

（3）检查供油管路及接头，如有泄漏则予以排除。

（4）安装燃油表，检查燃油压力。怠速时燃油压力应为 250 kPa 左右或符合原厂规定，加速时应上升至 300 kPa 左右或符合原厂规定。如油压过低，则需检查油压调节器、汽油滤清器、汽油泵等。

（5）检查汽油滤清器，堵塞则更换。

（6）检查油压调节器。拔下油压调节器真空管，如有滴油现象，表示调节器膜片破裂，应更换。若油压较低，则应检查油压调节器的工作性能：

① 启动发动机并怠速运转，观察油压表的读数，应为 250 kPa 左右。

② 增大节气门开度加速，使油压表读数增大到 280 kPa 左右。

③ 拔下油压调节器的真空管，燃油压力必须提高到 300 kPa 左右。

④ 关闭点火开关，检查系统密封性及保持油压，在 10 min 后油压应不低于 200 kPa。

⑤ 若保持油压过低，说明系统泄漏。重新启动发动机建立油压，关闭点火开关，用钳子夹住回油管，等待 10 min，若此时压力表读数不低于 200 kPa，说明油压调节器回油阀关闭不严，应更换压力调节器。若仍低于 200 kPa，说明系统密封不良，管路泄漏，也可能是油泵单向阀损坏。

注意：不同的发动机，燃油系统的压力值有所不同，检测时应符合维修手册的要求。

（7）若油压调节器正常，则为油泵供油不足造成系统油压过低，应检修或更换油泵。

（8）若系统油压正常，则应拆卸、清洗各喷油器，并检查喷油器的喷油量；若有异常，则应更换喷油器。

（三）混合气过浓

1.　故障现象

发动机耗油量过大，排气管冒黑烟，运转不稳，加速无力。

2.　故障原因

（1）水温传感器、空气流量计或进气管压力传感器失效。

（2）氧传感器失效。

（3）燃油压力过高。

（4）冷启动喷油器漏油或冷启动控制失常。

（5）喷油器漏油。

（6）空气滤清器堵塞。

（7）ECU 故障。

3. 故障诊断与排除

首先读取故障码，并按故障码提示排除故障。若无故障码或不能读取故障码，则按下述步骤检测：

（1）检查空气滤清器，若堵塞则应更换。

（2）检查冷启动喷油器控制是否正常。

（3）用多功能万用表检查喷油器的喷油脉宽。若正常，则检查系统油压和喷油器；若不正常，则检查传感器和 ECU。

（4）检查系统油压。若燃油压力始终偏高，则可能是回油管堵塞或油压调节器失常。检查回油管，若回油管正常，则说明油压调节器有故障，应更换。

（5）系统油压正常，喷油器喷油脉宽正常，则故障为喷油器漏油，应清洗或更换喷油器。

（6）若喷油器喷油脉宽不正常，则应检测冷却液温度传感器、空气流量计或进气压力传感器、氧传感器信号是否正常，线路有无断路或短路，视情况检修或更换。

（7）若传感器正常，则为 ECU 故障导致喷油控制失常，应更换 ECU。

二、电子控制排放系统的故障诊断

汽车排放的有害气体主要是 CO、HC 和 NOx，为了净化环境，电控发动机采取了多种有效措来施降低排放污染。目前，在各种轿车上设置的降低排放污染的装置主要有燃油蒸汽回收装置、废气再循环装置（EGR）、二次空气喷射装置、三元催化器等。

若排放控制系统出现故障，将导致尾气排放超标。此外，点火不正时、个别缸不工作会导致 CO、HC 含量超标；而由于冷却液温度传感器、进气压力传感器、空气流量计、氧传感器等信号失常，ECU 损坏及燃油供给系故障导致的混合气过稀或过浓也会使 CO、HC 含量超标。

（一）尾气排放超标的故障原因分析

汽车排放超标可能是 CO、HC、NOx 中的一种有害气体超标，也可能是两种或两种以上的有害气体均超标。

1. HC 化合物的排放量过大

HC 的排放量比正常值高可能由下列因素中的一个或多个引起：

（1）点火系统缺火或点火能量不足，造成混合气燃烧不充分。

（2）点火正时不准确。

（3）电控系统的传感器故障、控制单元故障、供给系故障导致混合气过浓或过稀。

（4）气缸压力过低导致燃烧不良。

（5）个别缸不工作。

（6）三元催化转换器有故障。

（7）二次空气喷射控制系统有故障。

（8）燃油蒸发控制系统不能正常工作，造成混合气过浓。

（9）EGR 系统非正常导入废气导致不完全燃烧。

2. CO 的排放量过大

（1）冷启动喷油器一直工作或喷油器漏油导致混合气过浓。

（2）燃油压力调节器故障导致油压过高。

（3）空气滤清器堵塞造成混合气过浓。

（4）冷却液温度传感器、进气压力传感器、空气流量计等信号失常，氧传感器失效及 ECU 损坏导致喷油过多。

（5）三元催化转换器有故障。

（6）二次空气喷射控制系统有故障（如总是逆流泵入空气）。

（7）燃油蒸发控制系统不能正常工作，造成混合气过浓。

（8）PCV 系统有故障、窜缸混合气过多。

（9）EGR 系统非正常导入废气导致不完全燃烧。

3. NOx 的排放量过大

（1）EGR 系统不能正常工作。

（2）点火正时失准导致燃烧温度过高。

（3）传感器故障、ECU 故障或供给系故障导致混合气过稀，燃烧缓慢，致使发动机过热。

（4）缸压过高、燃烧室积炭过多等导致不正常燃烧。

（5）发动机冷却系等故障导致过热。

（6）空气调温系统、增压系统故障造成进气温度过高。

（7）增压发动机进气增压过大（如废气旁通阀卡在关闭位置等）。

4. O_2 读数比正常值低，而 CO 读数比正常值高

这种情况一般是由于混合气过浓、燃烧不完全所致，应主要检查导致混合气过浓的原因。

（1）喷油器泄漏；

（2）燃油压力过高；

（3）燃油喷射系统中相关的传感器或发动机控制单元有故障；

（4）PCV 阀损坏；

（5）燃油蒸发控制系统工作不正常，造成混合气过浓。

5. O_2 读数比正常值高，而 CO 的读数比正常值低

这种情况一般是由于混合气过稀引起的，应主要检查导致混合气过稀的原因。此外，还

应检查二次空气喷射控制系统的工作情况及排气系统的密封性。

（1）进气管道、真空管泄漏；

（2）燃油压力过低、喷油器堵塞；

（3）相关传感器或控制单元有故障；

（4）二次空气喷射控制系统工作不正常；

（5）排气系统泄漏。

（三）尾气排放超标的一般检查步骤

尾气排放超标的一般检查步骤如下：

（1）用五气体废气分析仪检测发动机尾气排放，初步分析排放超标的主要原因，确定检查方向，如混合气过浓、混合气过稀、气缸缺火等。

（2）读取故障码，检查 ECU 是否存储有与排放超标相关的故障码。如有，则按故障码提示进行检查。

（3）用专用诊断仪读取动态数据流，进一步分析故障原因。

（4）评定氧传感器好坏，观察氧传感器信号波形，与尾气排放分析结果对比，分析故障原因。

（5）对各执行器进行动作试验，并对其性能作进一步检查。如检查喷油器的喷油量、密封性等。

（6）检查发动机机械部分的可能原因，如积炭、气缸密封性能等。

（四）废气再循环（EGR）装置的检测

目前轿车发动机上应用较多的是由废气再循环阀（EGR 阀）、三通电磁阀、废气修正阀等组成的废气再循环装置，如图 11-22 所示。不同废气再循环装置的工作原理基本相同，但其控制方式有较大区别。有的 EGR 系统未设废气修正阀；有的 EGR 系统在废气再循环阀上设置了一个位置传感器，以检测废气再循环阀的开启高度；还有的 EGR 系统将废气再循环阀位置传感器、电磁阀、电子调节器等控制元件组装在一个总成内，形成一个整体，即所谓的整体式电子控制废气再循环装置。

废气再循环装置的作用是将 5%～15%的废气引入进气歧管，使气缸的最高燃烧温度降低，从而减少排气中 NO_x 的含量。但在发动机冷却液温度低于 50 ℃、怠速或极小负荷运转时，废气再循环装置应停止工作；当发动机大（全）负荷高速运转或加速时，也应关闭废气再循环阀，取消废气再循环。

废气再循环装置的控制电路或零部件出现故障将导致 EGR 系统工作失常。如 EGR 阀积炭、结胶、阀门卡滞或真空管错装等将导致废气再循环装置非适时工作，即在不该参加工作的工况下额外引入了废气。而控制电路断路或接触不良、电磁阀损坏、真空管破裂漏气等将导致废气再循环装置失效，即在该起作用的工况反而不参加工作。EGR 的主要故障部位在 EGR 阀、废气修正阀、真空管路、三通电磁阀及其控制线路。

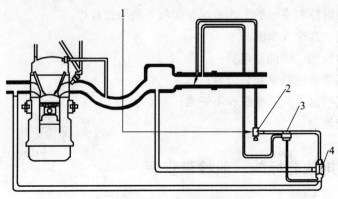

图 11-22　废气再循环装置

1—接 ECU；2—三通电磁阀；3—废气修正阀；4—废气再循环阀

1. 真空管路的检查

检查 EGR 系统的各个真空管是否脱落、破裂，真空管是否错装，尤其要注意 EGR 阀的真空接口与废气接口不能装反。

2. EGR 阀的检查

（1）对于真空控制式 EGR 阀，可利用手动真空泵进行检查。接上手动真空泵，随着真空度的不断增大，EGR 阀的开度应逐渐增大。拆下 EGR 阀，在没有接真空时，EGR 阀应密封良好。

EGR 阀也可就车检测：启动发动机并怠速运转，拔下 EGR 阀与废气修正阀之间的真空管，用手动真空泵对 EGR 阀抽真空，若此时发动机怠速运转不稳甚至熄火，说明 EGR 阀性能良好；若发动机怠速无任何变化，说明 EGR 阀损坏，应更换。

（2）对于电磁阀直接控制式 EGR 阀，可用万用表进行检测。用万用表的电阻挡检查各个电磁阀的电阻，应符合规定要求。接入蓄电池电压，电磁阀应开启良好，通断电时应有"咔哒"声。拆下 EGR 阀，在不通电时，电磁阀应密封良好。可利用压缩空气检查其密封性。

（3）对于有阀门高度传感器、温度传感器或热敏电阻的 EGR 阀（如本田、日产车型），还应检测传感器或热敏电阻的随动电阻值，不同温度时的电阻值应在规定范围内。

（4）若 EGR 阀不正常，则应进行清洗或更换。

3. 废气修正阀的检查

启动发动机并使之达到正常工作温度，拔下废气修正阀与 EGR 阀之间的真空管，用手按住真空管接口，发动机怠速运转时应感到无吸力；踩下加速踏板，使发动机转速上升到 2 000 r/min 以上，此时应感到接口内有吸力，否则说明废气修正阀失效，应更换。

4. 三通电磁阀的检测

拔下三通电磁阀上的真空管及线束连接器，给电磁阀接口输入压缩空气，如图 11-23 所示。当电磁阀不通电时，接口 A—B、A—C 之间应不通，B—C 应导通；当电磁阀通电时，A—C、B—C 之间应不通，A—B 应导通，且在电磁阀通断电瞬间应有"咔哒"声。也可用万用表检测电磁阀阻值，判断电磁阀线圈是否损坏。

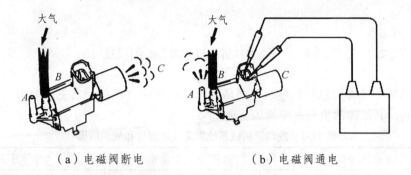

（a）电磁阀断电　　　　　　　　（b）电磁阀通电

图 11-23　EGR 三通电磁阀的检测

（五）燃油蒸汽回收装置的检测

燃油蒸汽回收装置由活性炭罐、炭罐电磁阀、排放控制阀、真空管等组成，如图 11-24 所示，其作用是将油箱内的燃油蒸汽回收到进气歧管，防止燃油蒸汽排入大气造成污染。

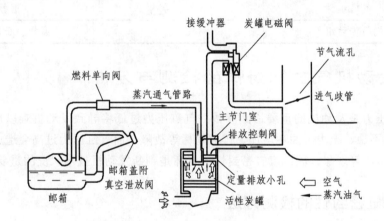

图 11-24　燃油蒸汽回收装置

燃油蒸汽回收装置失效将导致燃油蒸汽无法回收，而其控制失常又将导致燃油蒸汽的不正常回收，如在怠速时蒸汽回收装置工作，使混合气过浓，导致发动机怠速不稳。燃油蒸汽回收装置出现故障应主要检查活性炭罐、炭罐电磁阀及其控制电路，其检测过程如下：

（1）检查真空管是否脱落或损坏。

（2）检查炭罐电磁阀。测量电磁阀阻值，应符合规定要求；或为电磁阀外接蓄电池电压，在通断电瞬间应听到电磁阀的"咔哒"声。此外，还应检查电磁阀的密封性能：从一个接口输入压缩空气，电磁阀断电时应不通，电磁阀通电时应导通。

（3）检查活性炭罐。启动发动机使其达到正常工作温度，然后怠速运转；拔下炭罐上的真空管，用手按住接口，此时应无吸力感。若有吸力，说明回收装置工作不正常，应检查电磁阀、控制线路或 ECU。踩下加速踏板，当发动机转速高于 2 000 r/min 时，应有吸力感，否则说明电磁阀损坏、控制线路断路或 ECU 损坏。

模块五　发动机机械系统的故障诊断

一、发动机机械系统的常见故障部位

发动机机械系统主要包括机体组、曲柄连杆机构和配气机构，常见故障为气缸压力过低和发动机异响，其故障部位和故障原因见表 11-2。

表 11-2　发动机机械系统常见故障部位和故障原因

序号	故障部位	故障现象及危害	故障原因
1	缸体、缸盖	漏气、漏水、漏油、异响	磨损、变形、裂纹
2	气缸垫	漏气、漏水、漏油	损坏
3	活塞	漏气、异响	磨损、变形
4	活塞环	漏气、窜油、拉缸、异响	耗损、断裂、对口、装配错误
5	曲轴、连杆	异响	变形、轴颈磨损
6	轴承	异响	磨损、腐蚀
7	气门组件	漏气、异响	磨损
8	气门传动组件	漏气、异响	磨损、正时失准

二、发动机气缸密封性的检测与分析

气缸压缩压力是发动机的重要诊断参数，气缸压力过低将导致发动机难以启动（甚至不能启动）、怠速不稳、无力、油耗增加、排放超标等故障，而气缸压力过高会造成发动机工作粗暴、过热、爆燃等现象，因此气缸密封性的好坏是判断发动机技术状况的重要依据。

（一）气缸密封性的检测方法

气缸的密封性能可以通过检测气缸压缩压力、曲轴箱窜气量、气缸漏气量（率）及进气歧管真空度等多项参数进行综合诊断，现主要依据气缸压缩压力和进气歧管真空度来判断气缸的密封性。

1. 气缸压缩压力的检测

气缸压缩压力可用气缸压力表检测，也可用气缸压力测试仪检测。

（1）用气缸压力表检测缸压。这是维修企业检测气缸压力最常用和最实用的检测方法。检测缸压时应保证蓄电池电压充足，有足够的启动转速，节气门全开，发动机工作温度正常。拆下全部火花塞，将高压线搭铁，并拔下所有喷油器连接器；把气缸压力表接入待测气缸的火花塞孔，用启动机带动曲轴转动 3～5 s，读取压力表读数，然后按下压力表单向阀，使指针回零，再进行下一次测量。通常每缸测量三次，并与标准值对比，各缸缸压应不低于标准值的 85%，且各缸缸压差应不大于 3%（极限为 10%）。

（2）用气缸压力测试仪检测缸压。可采用压力传感器式气缸压力测试仪、启动电流或启动电压降式气缸压力测试仪、电感放电式气缸压力测试仪检测气缸压力。在发动机综合测试仪和综合试验台上，多采用启动电流或启动电压降式气缸压力测试仪来检测缸压，其检测原理是：启动机带动发动机曲轴所需的转矩是启动机电流的函数，并与气缸压力成正比。发动机启动时的阻力矩主要是由曲柄连杆机构产生的摩擦力矩和各缸压缩行程受压空气的反力矩两部分组成的，前者可认为是稳定的常数，而后者是随各缸气缸压力变化而变化的波动量。因此，启动电流的变化与气缸压力的变化存在着对应关系，通过测量启动时某缸的启动电流，即可确定该缸的气缸压力。通过测量启动电源-蓄电池的电压降，也可获得气缸压力。这是因为启动机工作时，蓄电池端电压的变化取决于启动机电流的变化，当启动电流增大时，蓄电池端电压降低，即启动电流与电压降成正比，因此，启动时蓄电池的电压降与气缸压力也成正比，所以通过测量蓄电池的电压降也可以测得气缸压力。

（3）捷达车发动机气缸压力的检测方法。测量气缸压力时，发动机油温至少为 30 ℃，具体步骤如下：

① 拔下点火线圈及火花塞插头，用专用扳手拧下火花塞。

② 将加速踏板踩到底，使节气门全开。

③ 将气缸压力表或其专用检测仪装入火花塞孔。

④ 用启动机带动发动机运转，直至气缸压力表或检测仪显示的压力值不再上升，记录此值。

捷达发动机气缸压缩压力值应为 1～1.3 MPa，压力极限值为 0.75 MPa，各缸间压力差最大允许值为 0.3 MPa。

2. 进气歧管真空度的检测

进气歧管真空度是汽油机的重要诊断参数之一，可用真空表进行检测。检测前应将发动机预热至正常工作温度，然后将真空表软管连接到节气门后方的专用接管上，保持发动机按规定怠速无负荷运转，读取真空表上的读数和指示状态。

（二）影响气缸密封性的主要原因

气缸、气缸盖、气缸垫、活塞、活塞环及进排气门的工作状况将直接影响气缸的密封性，具体原因如下：

（1）气缸盖端面磨损、变形，缸盖螺栓松动造成密封不良。

（2）气缸垫损坏造成漏气，往往伴随有漏水、漏油。

（3）气缸、活塞、活塞环磨损过大，活塞环对口、弹性下降、断裂将导致向下窜气，同时将向上窜油；气缸裂纹将造成漏气、漏水。

（4）气门、气门座工作面磨损、烧蚀、积炭导致密封不良。

（5）气门间隙或配气正时调整不当。

（三）气缸密封性检测分析

若气缸密封性能下降，可参照下述分析确定故障部位所在：

1. 气缸压缩压力检测分析

（1）若气缸压力低于标准值，可由火花塞孔或喷油器孔注入适量润滑油（约为 20～30 mL），再次检测气缸压力，并比较两次检测结果。

① 如果第二次测量值高于第一次，并接近标准值，则可能是气缸、活塞、活塞环磨损严重，活塞环对口、断裂、缸壁拉伤等原因造成密封不良。

② 如果第二次测量结果与第一次基本相同，则可能是进、排气门或气缸垫损坏造成密封不良。

③ 若两次测量某相邻两缸压力均较低，则可能是相邻两缸处的气缸垫烧损造成相互窜气。

（2）若气缸压力高于标准值，可能是燃烧室积炭过多、气缸垫过薄、缸体缸盖结合面修磨过度所致。

2. 进气歧管真空度检测分析

让发动机在海平面高度下怠速运转，根据真空表读数及其指示状态进行分析、判断。注意：海拔高度每增加 1 000 m，真空表读数相应降低约 10 kPa。

（1）若真空表指针稳定地指在 57～71 kPa 之间，说明发动机密封良好；快速启闭节气门，若真空表指针能随之在 7～84 kPa 之间灵敏摆动，说明进气管真空度对节气门开度变化的随动性较好，从而进一步说明发动机密封良好。

（2）若真空表指针有规律地跌落 3～23 kPa，摆幅不大，表示气门与气门座密封不良，同时可能伴随有回火（进气门漏气）、"放炮"（排气门漏气）现象。

（3）若真空表指针在 17～57 kPa 之间大幅摆动，则可能是气缸垫烧损漏气所致。

（4）若真空表读数低于正常值，快速开启节气门，真空表指针迅速下降，几乎为 0，且当节气门关闭时，指针不能回复到 84 kPa，则说明活塞与气缸之间密封不良，同时可能出现排气管冒蓝烟（烧机油）现象。

3. 其他辅助检测分析

当气缸漏气量过大时，可采用下述辅助诊断方法分析、判断故障部位所在。

（1）在进气管口（电喷发动机）或化油器处听诊，若有漏气声，则为进气门漏气。

（2）在消音器处听诊，若有漏气声，则为排气门漏气。

（3）若散热器或冷却液膨胀箱不断有气泡冒出，则为气缸垫烧蚀漏气。

（4）若进、排气门均无漏气现象，但在相邻火花塞（或喷油器）孔处能听到漏气声，则为相邻两气缸间的气缸垫烧损漏气。

（5）若在曲轴箱通风口处监听到漏气声，则为气缸与活塞间密封不良，可将该缸活塞从压缩上止点转到下止点，根据漏气声的变化估测气缸的磨损情况。

三、发动机异响的故障诊断

发动机异响是指发动机在正常工作中发出的超过技术文件规定的不正常的响声。发动机异响分为气体与金属的冲击声响和金属与金属之间的敲击异响两大类，其原因和故障部位如

图 11-25 所示。

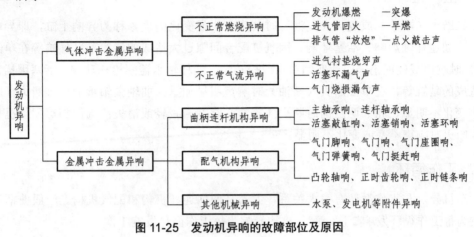

图 11-25　发动机异响的故障部位及原因

（一）影响发动机异响的主要因素

发动机异响与转速、负荷、温度、缸位、工作循环、润滑条件等多种因素有关，异响部位不同，其振动区域、声调特征、伴随现象也不相同。

1. 转　速

一般情况下，转速越高异响越严重；但高速运转时响声混杂，反而不易于听诊，诊断异响应在响声最明显的转速范围内进行。异响部位不同，响声最为清晰的转速范围也不相同。例如，活塞敲缸响、活塞销响、气门脚响等在怠速或低速时异响较为明显；连杆轴承响、气门座圈响、气门烧损响、凸轮轴响等在中速时异响较为明显；而曲轴轴承响、连杆轴承响、活塞环响等在稳定转速下运转时异响不明显，急加速时较为明显。

2. 负　荷

许多异响与发动机负荷有关，如曲轴主轴承响、连杆轴承响、活塞敲缸响、点火敲击响等均随负荷增大（爬坡、加速、满载等）而增强，随负荷减小而减弱。而有些异响与负荷无关，如气门响、凸轮轴响等，负荷变化时响声基本不变。

3. 温　度

有些异响与发动机温度有关，而有些异响与发动机温度无关或关系不大。例如，活塞冷敲缸响在低温时响声明显，温度升高后异响减弱或消失；发动机过热引起的早燃突爆声，活塞因变形、配合间隙过小引起的敲缸异响等在低温时响声不明显，温度升高后异响明显加重；主轴承响、连杆轴承响、气门脚响等受温度影响较小。

4. 润滑条件

若润滑不良，曲柄连杆机构和配气机构异响均会明显加重。而有些异响又会导致润滑条件进一步恶化，如曲轴主轴承异响和连杆轴承异响，往往会造成机油压力过低、润滑不良。

5. 缸 位

单缸断火（断油）或复火（复油）时响声有明显变化的现象称为异响上缸，即异响与缸位有关。如连杆轴承响、活塞环响、因气缸配合间隙过大造成的活塞敲缸异响等在单缸断火（断油）时响声减轻或消失；活塞销窜出或松旷响、连杆轴承盖螺栓松动响、活塞因裙部锥度过大造成的敲缸等，在单缸断火（断油）时响声明显加重；曲轴主轴承响单缸断火（断油）时响声变化不明显，相邻两缸同时断火（断油）时响声减轻或消失；气门脚等配气机构异响在单缸断火时响声不变或变化不明显。

6. 工作循环

发动机异响与工作循环有很大关系，尤其是曲柄连杆机构和配气机构。一般曲柄连杆机构异响为每工作循环发响 2 次，配气机构异响为每工作循环发响 1 次。

（二）发动机常见异响的故障诊断

异响具有各自的特点和规律，可由人工诊断，也可利用诊断仪诊断。维修企业一般采用人工经验诊断法进行异响的诊断分析，即由诊断人员综合异响的音调、异响部位及改变发动机的转速、负荷、温度、润滑条件或单缸断油（断火）时响声的变化情况，结合自己的经验，对故障原因和故障部位作出判断。

1. 曲轴主轴承响

（1）故障现象。

发动机稳定运转时声响不明显，急加速或负荷较大时发出较沉重、有力、有节奏的"当当"声，严重时机体会振抖。

（2）故障原因。

① 因主轴颈磨损失圆造成的主轴承配合间隙过大或配合不良。

② 润滑不良。

③ 主轴承盖螺栓松动，轴承合金脱落、烧损、轴承破裂等。

④ 曲轴弯曲。

（3）异响特征分析。

① 改变发动机转速，转速增高，响声增大，中速向高速过渡时响声明显，急加速时异响明显。低速时，用手微微抖动并反复加大节气门，同时仔细查听异响，如响声随转速升高而增大，抖动节气门时在加速的瞬间响声较明显，则一般是主轴承松旷；如在怠速或低速时响声较明显，高速时杂乱，则可能是曲轴弯曲；如在高速时有较大振动，油压显著降低，则一般是主轴承松旷严重、烧损或减磨合金脱落。

② 负荷增大（如爬坡、载重）时，响声加大、加重，负荷变化时响声较明显。

③ 发动机温度变化时，异响变化不明显。

④ 单缸断油（断火）时，响声不变（末道主轴承响，响声减弱），相邻两缸均断油（断火）时，响声明显减弱。

⑤ 发动机跳火 1 次，发响 2 次，即每工作循环响 2 次。

⑥ 润滑不良时，响声加重，一般有明显的油压降低现象。

⑦ 反复抖动节气门，从加机油口（或曲轴箱通风管口）处听诊，可听到明显的沉重有力的金属敲击声。用听诊器触在油底壳或曲轴箱与曲轴轴线齐平的位置上听诊，响声最强的部位即为发出异响的主轴承。

⑧ 伴随现象。主轴承异响往往会伴随有油压降低现象，严重时发动机会振抖，尤其是在高速或大负荷时。

2. 连杆轴承响

（1）故障现象。

发动机怠速运转时无异响或响声较小，急加速时有明显的较重且短促的"当当当"的连续的敲击声。

（2）故障原因。

① 连杆轴承或轴颈磨损，使配合间隙过大或配合不良。

② 油压过低或机油变质，或连杆轴承油道堵塞，致使润滑不良。

③ 连杆轴承盖螺栓松动或折断。

④ 连杆轴承尺寸不符，引起转动或断裂。

⑤ 连杆轴承减磨合金脱落或烧毁。

（3）异响特征分析。

① 改变发动机转速，怠速时声响较小，中速时较为明显，稍稍加大节气门有连续的敲击声，急加速时敲击声随之增加，高速时因其他杂音干扰而不明显。连杆轴承响比主轴承响清脆、缓和、短促，诊断时使发动机怠速运转，然后逐渐由怠速→低速→中速→高速加大节气门进行试验，同时结合单缸断油（断火）法，并在曲轴箱通风口处听诊，响声随转速的升高而增大，抖动节气门时，在加油的瞬间异响突出。响声严重时，在任何转速下均可听到清晰、明显的敲击声。

② 负荷增大，响声加剧。

③ 发动机温度变化时，响声通常不变，但有时也受润滑油温度的影响。

④ 单缸断油（断火），响声明显减弱或消失，但复火时又能立即出现，即响声上缸。但当连杆轴承松旷过甚时，单缸断火声响无明显变化。

⑤ 发动机点火 1 次，发响 2 次，即每工作循环响 2 次。

⑥ 连杆轴承响声在油底壳侧面较大。如用听诊器触在机体上听诊，响声不十分清晰，但在加机油口处或曲轴箱通风管口处直接查听，可清楚地听到连杆轴承敲击声。

⑦ 伴随现象。连杆轴承响伴随有油压明显降低现象，严重时机体会振抖，这有别于活塞销响和活塞敲缸。可用手将螺丝刀或听诊器抵住缸体下部或油底壳处，当触试相应的故障缸位时有明显的振动感。

3. 活塞敲缸

活塞敲缸是指活塞上下运动时在气缸内摆动或窜动时，其头部或裙部与气缸壁、缸盖碰撞发出的响声。该异响通常专指活塞与气缸壁间隙较大，活塞上下运动时撞击气缸壁发出的响声。

（1）故障现象。

发动机怠速或低速运转时，在气缸的上部发出清晰而明显的、有节奏的"嗒嗒嗒"的连续不断的金属敲击声，严重时响声沉重，即为"当当当"的声响。

（2）故障原因。

① 活塞与气缸壁配合间隙过大。

② 活塞裙部腐蚀，或气缸磨损过大。

③ 活塞装配不当。

④ 油压过低，气缸壁润滑不良。

（3）异响特征分析。

① 怠速或低速时异响比较清晰，中速以上运转时异响减弱或消失。

② 负荷加大，响声加大。

③ 一般冷车时响声明显，热车后响声减弱或消失，即冷敲缸；严重时冷热均敲缸，并伴有振抖。

④ 将发动机置于异响明显的转速下，进行单缸断油（断火）试验，响声明显减弱或消失。

⑤ 曲轴转1圈，发响1次，且有节奏性，转速提高响声加快。

⑥ 润滑不良响声加重。

⑦ 将听诊器或听诊杆触在机体上部两侧进行听诊，若响声较强并稍有振动，再结合断油（断火）试验，即可判断出异响气缸。

⑧ 伴随现象。活塞敲缸往往会伴随有排气管排蓝烟、缸压降低等现象。若用手将螺丝刀或听诊器抵紧气缸两侧上部触试，有明显的振动感。

活塞冷敲缸也可采用加注机油法确诊，即从火花塞孔加入少量机油，在发动机刚启动时响声减弱或消失，但不久响声又恢复。

发动机敲缸包括冷态敲缸、热态敲缸和冷热态均敲缸。发动机冷态不响，热车后怠速发响，并伴有机体轻微抖动，且温度越高，响声越大，即为热态敲缸。热态敲缸要及时排除，否则会转化成拉缸事故。热态敲缸的故障原因为连杆轴颈与主轴颈不平行、连杆弯曲、连杆衬套轴向偏斜等原因造成的活塞偏缸，活塞配合间隙过小、椭圆度过小或反椭圆、活塞变形等造成的活塞过紧，活塞环端隙、背隙过小造成的活塞环卡滞等。冷热均敲缸的故障原因为活塞销与连杆衬套或与连杆小头装配过紧，连杆轴承装配过紧，活塞裙部圆柱度过大等。冷敲缸或热敲缸较为严重时也会导致冷热均敲缸。

4. 活塞销响

（1）故障现象。

在怠速、低速和从怠速向低速抖动节气门时，发出响亮、尖脆而有节奏的"嘎嘎嘎"的金属敲击声；略将点火时间提前，声响会加剧，在同样转速下比活塞敲缸响连续而尖锐。

（2）故障原因。

① 活塞销与销孔、连杆衬套磨损严重，配合间隙过大。

② 卡环松旷、脱落，活塞销断裂。

③ 润滑不良等。

（3）异响特征分析。

① 转速变化时，响声也随之周期性变化，加速时声响更大，在发动机转速稍高于怠速时比较明显，比轴承响声清脆。抖动节气门，从怠速向低速加速时，响声能随转速的变化而变化，且在转速升高的瞬间，将发出清脆、连续而有节奏的响声。

② 温度上升，响声没有减弱，甚至更明显。有时冷车时响声小，热车时响声大。

③ 单缸断油（断火）时，响声减弱或消失。复火时响声会明显出现 1 响或连续 2 响。严重时在响声较大的转速下进行断油（断火）试验，往往响声不消失，且变得杂乱。

（4）用螺丝刀或听诊器抵触在发动机上侧部或气缸盖上查听，同时变换转速，在气缸壁上部听诊比在下部明显。若响声不明显，可略将点火正时提前，响声会较前明显，特点是上下双响，声音较脆。

5. 气门脚响

（1）故障现象。

怠速时，在气门室处发出连续不断地发出节奏的"嗒嗒嗒"声，响声清脆有节奏，易区分。若有多只气门脚响，则声音杂乱，且断油（断火）试验响声无变化。

（2）故障原因。

① 气门脚润滑不良，或因磨损、调整不当造成气门间隙过大。

② 气门间隙处两接触面不平。

③ 气门杆与气门导管配合间隙过大。

④ 摇臂轴配合松旷。

（3）异响特征分析。

① 转速增高时响声增大，节奏加快，怠速、低速时响声明显，中速以上变得模糊杂乱。

② 负荷、温度、缸位对气门脚响无影响，断油（断火）试验时异响无变化。

③ 怠速下在气门室或气门罩处听诊异响非常明显，气门脚响清脆有节奏，在发动机周围就能听到较为清晰的响声。

④ 将气门室盖拆下，在怠速时用适当厚度的厚薄规插入气门间隙处，若响声消失或减弱即可确诊为该气门间隙过大。也可用厚薄规检查或用手晃动摇臂，间隙最大的往往是最响的气门。为进一步确诊是气门脚响还是气门落座响，可在气门间隙处滴入少许机油，如瞬间响声减弱或消失，说明是气门脚响；如响声无变化，说明是气门落座响。

⑤ 插入厚薄规后，气门没有间隙，若响声不变，可用螺丝刀撬动气门杆；如响声消除，说明气门杆与导管磨损过甚。

6. 液压挺杆响

（1）故障现象。

发动机怠速运转时在凸轮轴附近发出有节奏的金属敲击声，中速以上响声减弱或消失。

（2）故障原因。

① 挺杆与导孔配合面磨损严重。

② 挺杆液压偶件磨损。

③ 润滑油供油不足。

（3）异响特征分析。

改变发动机转速并用听诊器查听响声的变化。怠速时发动机顶部响声明显，中速以上响声减弱或消失，断油（断火）试验响声无变化。启动时液压挺杆有不大的响声（润滑油未充分进入液压挺杆），启动后响声消失，可视为液压挺杆正常。当发动机转速达到 2 000～2 500 r/min 时，继续运转 2 min，若挺杆仍有响声，则应先检查机油压力。若机油压力正常，则为液压挺杆故障。拆下液压挺杆后，用手捏住上下端面用力按压，如有弹性，说明液压挺杆失效，应更换。

在发动机运行过程中，各种异响的响声模糊杂乱，现象与成因之间的关系复杂，因此异响诊断一直是汽车故障诊断中的难点，诊断人员必须经过大量的诊断实践，才能区分各种不同异响。发动机异响的综合诊断流程如图 11-26 所示。诊断过程中需加速时，应仔细监听响声的变化情况，同时密切注意机油压力表或机油压力报警器的工作状况，逐级缓慢加速，以免造成新的更为严重的故障，影响发动机的寿命。

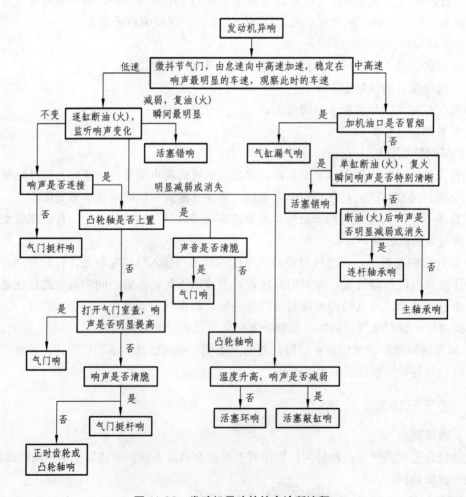

图 11-26　发动机异响的综合诊断流程

模块六 发动机润滑系和冷却系的故障诊断

一、发动机润滑系的故障诊断

发动机润滑系一般由机油盘（油底壳）、集滤器、滤清器、机油泵、限压阀、旁通阀、机油压力表、报警开关和报警器等组成，常见故障为机油压力过低（润滑不良）、机油压力过高、机油变质、机油消耗过大等，其常见故障部位在机油泵和机油滤清器。

（一）机油压力过低

1. 故障现象

发动机在正常温度和转速下，报警器报警或机油压力表读数始终低于规定值。

2. 故障原因

油压过低有润滑系的原因，也有非润滑系的原因，具体如下：

（1）机油油面过低、黏度过小或未按规定换油、机油变质（如混入汽油、冷却液）等。

（2）机油压力指示有误，如油压表、传感器、油压开关、油压报警灯、报警器失效等。

（3）油底壳漏油，放油螺塞漏油，机油管道、接头漏油、堵塞等。

（4）机油泵工作不良，机油泵进油滤网堵塞等。

（5）机油限压阀调整不当、卡滞，或限压阀弹簧过软、折断。

（6）机油集滤器、滤清器堵塞，密封衬垫损坏漏油，旁通阀堵塞等。

（7）曲轴主轴承、连杆轴承或凸轮轴轴承配合间隙过大，轴承盖松动，造成泄油量过大，导致机油压力过低。

（8）点火正时失准、混合气浓度不当、发动机过热等。

3. 故障诊断与排除

（1）根据发动机的故障征兆，确认机油压力过低是否为润滑系所致。首先区分是机油压力指示系统故障还是润滑系油路故障。

观察机油压力表、报警灯或报警器，如果所示信号不一致，则可能是指示系统或报警系统有故障。可检查油压表与传感器的连接状况，若正常，则拆下传感器导线，打开点火开关，使导线与机体搭铁。若油压表指针急速上升，说明油压表良好；若油压表指针不动或微动，说明油压表失效。若油压表良好，则应检查传感器的工作性能。

现代轿车除设有油压指示系统外，还设有油压报警系统，如捷达轿车设有两个压力开关（高、低压开关）、一个压力报警灯和一个压力报警蜂鸣器。若报警系统失效，则应主要检测两个报警开关。捷达轿车的两个报警开关位于滤清器支架上，低压开关（30 kPa）为褐色，是常闭的；高压开关（180 kPa）为白色，是常开的。检测方法如下：

① 拆下 180 kPa 白色高压开关，将其拧入测试仪 V.A.G1342，然后将测试仪装入机油滤清

器支架上的油压开关处，并将测试仪的褐色导线 3 搭铁（－），如图 11-27 所示。

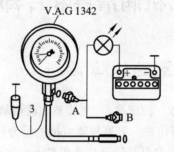

图 11-27　捷达轿车机油压力开关的检测

②用 V.A.G1594 辅助接线把二极管电笔 V.A.G1527 接到蓄电池正极和 30 kPa 褐色油压开关 B 上，发光二极管必须亮。

③启动发动机，慢慢提高转速，压力达 14～45 kPa 时，发光二极管必须熄灭，否则应更换低压开关。

④将二极管电笔接到高压开关 A 上，压力达到 160～200 kPa 时，发光二极管必须亮，否则应更换高压开关。

⑤继续提高转速，达到 2 000 r/min，且机油温度达到 80 ℃时，油压至少应达到 200 kPa。进一步提高转速，机油压力不可超过 700 kPa，否则，应更换机油滤清器支架上的安全阀。

注意：若怀疑油压指示或报警系统出现故障，也可采用换件测试法进行确诊。

（2）拔出机油尺，检查油面高度、机油黏度和机油质量。若油面过低，则应检查有无泄漏，并按规定添加机油。用手指检查机油黏度，同时检查机油质量，观察是否混入汽油或水分，如果机油变稀或成乳膏状，则应及时更换，并查明泄漏原因。

（3）拆下机油滤清器，启动发动机，观察喷油情况。若喷油有力，说明机油泵工作正常，应检查机油滤清器的滤芯、旁通阀是否堵塞，视情况更换。若喷油无力，则应拆检机油泵。

（4）检查机油泵齿轮副的端面间隙、径向间隙和啮合间隙，并进行油压、泵油量等性能检测。

注意：润滑系的安全阀多安装在机油泵上，拆检机油泵时必须检查安全阀是否失效。有的安全阀安装在主油道上（外装式），此类安全阀的检查应在拆检机油泵前进行。

（5）若润滑系正常，则需检查曲轴主轴承和连杆轴承、凸轮轴轴承等配合间隙。因配合间隙过大造成机油压力过低时，往往伴随有发动机异响产生，分解发动机之前，应注意听诊。

（二）机油压力过高

1. 故障现象

发动机在正常温度和转速下，机油压力表读数始终高于规定值。

2. 故障原因

（1）机油黏度过大，机油量过多。

（2）油压表、传感器及油压指示装置失效。

（3）机油压力限压阀调整不当或卡滞。

（4）机油滤清器滤芯堵塞，且旁通阀开启困难。

（5）润滑油道、气缸体主油道堵塞、积垢过多。

（6）发动机各轴承间隙过小。

3. 故障诊断与排除

（1）试车检查，根据故障征兆进行分析和诊断。

（2）检查油面高度，若油面正常，应检查机油黏度、牌号是否符合要求。

（3）检查油压指示系装置。若接通点火开关就有压力指示，则说明油压表或传感器有故障，检查方法同前。

（4）检查、调整限压阀，对于与机油泵一体的限压阀，则应拆检机油泵。

（5）拆检发动机，检查、清洗润滑油道，并用压缩空气吹通；同时检查曲轴主轴承、连杆轴承、凸轮轴轴承等各配合间隙是否过小。

（三）机油消耗过大

1. 故障现象

机油消耗超过 0.1～0.5 L/100 km，排气管大量排蓝烟，积炭增加，火花塞油污现象严重等。

2. 故障原因

机油消耗过大的主要原因是漏油和烧机油，具体原因如下：

（1）气门室盖、油底壳、放油螺塞、正时齿轮（链轮、带轮）、曲轴前后油封、凸轮轴油堵、机油滤清器、压力感应塞等各部位的油封或密封垫损坏漏油。

（2）活塞与气缸配合间隙过大，活塞环对口、弹性下降等造成窜油。

（3）气门与气门导管间隙过大、气门油封失效或脱落、曲轴箱通风阀失效等使机油进入燃烧室被烧掉。

3. 故障诊断

（1）首先根据故障现象进行确诊。如每天检查机油时，油面高度逐渐降低；排气管大量排蓝烟；火花塞积炭严重等。也可采用机油标尺测定法和质量测定法，测出发动机规定行驶里程（如 100 km）的油耗，若超过 0.5 L/100 km，则说明油耗过大。

（2）检查发动机前、后、上、下及侧部有无明显漏油痕迹。

（3）若排气管排蓝烟，说明机油被吸入燃烧室，应根据故障现象确定具体故障部位。

① 检测缸压，若缸压过低，同时加机油口也脉动冒烟，说明气缸活塞组磨损过大、密封不良而导致气缸窜油，也可用加机油法确诊。

② 若排气管排蓝烟，加机油口无脉动冒烟现象，说明故障在气门导管处，应检查气门与气门导管间隙是否过大、气门油封是否失效等。

③ 检查曲轴箱通风阀是否黏结失效。

（四）机油变质

1. 故障现象

（1）将机油滴在白纸上或目测，机油呈黑色，且用手指捻试无黏性，并有杂质感。

（2）机油高度增加，且呈浑浊乳白色，伴有发动机过热或个别缸不工作现象。

（3）机油变稀，高度增加，且有汽油味，并伴有混合气过稀现象。

2. 故障原因

机油变质主要是高温氧化或混入冷却液、汽油及其他杂质所致，具体原因如下：

（1）机油使用时间过长，未定期更换，高温氧化而变质。

（2）气缸活塞组漏气、曲轴箱通风不良，机油受燃烧废气污染而变质。

（3）燃烧炭渣、金属屑或其他杂质过多，落入油底壳，使机油变质。

（4）汽油压力调节器或汽油泵膜片（化油器式发动机）破裂，汽油漏入油底壳，稀释机油。

（5）气缸垫损坏、气缸体或气缸盖破裂，冷却液漏入油底壳，使机油变为乳白色。

（6）机油散热器不良、发动机过热，使机油温度超过 70～80 ℃，加速机油高温氧化。

3. 故障诊断与排除

（1）根据机油颜色和症状特征判断机油是否变质（经验法），也可利用机油清净性分析仪、机油黏度检测仪测定机油的黏度、颜色，并判断有无汽油、水分和其他杂质等。

（2）根据机油变质后的症状，确定故障原因和故障部位。如机油呈浑浊乳白色且油面增高，说明气缸内进水。如机油中掺有汽油，说明汽油压力调节器或汽油泵膜片破裂漏油。

（3）检查机油是否使用时间过长，即未定期更换机油。

（4）检查曲轴箱通风阀，若失效则更换。

（5）检查曲轴箱通风口是否冒烟及排气管是否排蓝烟，并检测缸压，判断气缸活塞组是否漏气窜油，导致机油污染变质。

二、发动机冷却系的故障诊断

发动机冷却系一般由散热器、风扇及离合器或热敏开关、水泵、节温器、百叶窗、水套及指示与报警装置等组成，常见故障为冷却液温度过高（发动机过热）、冷却液温度过低或升温缓慢、冷却液消耗过大等，其常见故障部位和故障原因见表 11-3。

表 11-3　发动机冷却系常见故障部位和故障原因

序号	故障部位	故障现象及危害	故障原因
1	百叶窗	发动机过热或水温过低	不能完全打开或关闭
2	散热器	发动机过热、漏水	堵塞、变形、破裂
3	风扇	发动机过热或水温过低	离合器失效、热敏开关或电机损坏
4	水泵	发动机过热、漏水	皮带过松或断开、水封损坏、叶片折断
5	节温器	发动机过热	失效、漏装
6	水套	发动机过热	堵塞

（一）冷却液温度过高（发动机过热）

1. 故障现象

运转中的汽车，水温表指针经常指在 100 ℃ 以上或指针长时间处在红区，水温报警灯闪亮，并伴随有冷却液沸腾现象，且发动机易产生突爆或早燃、熄火困难等。

2. 故障原因

造成发动机过热的原因很多，涉及发动机的各个组成系统（启动系除外），还与发动机的合理使用有关，具体原因如下：

（1）冷却液液面过低，循环水量不足，或冷却系严重漏水。

（2）冷却液中水垢过多，致使冷却效能降低。

（3）冷却液温度表或报警指示有误，如传感器损坏、线路搭铁、脱落或指示表失灵等。

（4）百叶窗没有完全打开。

（5）散热器芯管堵塞、漏水、水垢过多或散热器片变形导致冷却效果下降。

（6）风扇皮带松弛或因油污打滑，风扇离合器失效，温控开关、风扇电动机损坏，叶片变形等。

（7）水泵泵水量不足，水泵皮带过松或油污打滑，轴承松旷，水泵轴与叶轮脱转，水泵叶轮、叶片破损，水泵密封面、水封漏水，水泵内有空气等。

（8）节温器失效，不能正常开启，致使冷却液大循环工作不良。

（9）冷却水套、分水管等积垢过多、堵塞、锈蚀等。

（10）点火过迟或过早、混合气过稀或过浓、润滑不良等。

（11）压缩比过大、缸压过高、突爆或进、排气不畅等。

（12）使用不合理，如经常长时间超负荷工作等。

（13）空调冷凝器温度过高影响冷却系散热。

3. 故障诊断与排除

在诊断过程中，应视具体故障征兆进行分析和判断：

发动机自身症状与冷却液指示、报警装置不一致时，可能是冷却液指示、报警装置出现故障。就车诊断时，将感应器中心电极与发动机机体搭铁，若搭铁后水温表指针摆动，说明水温表良好，感应器有故障；否则说明水温表有故障。

若是发动机点火系、供给系、机械系统或润滑系等工作不良导致过热，往往在过热之前会出现明显的故障征兆，应注意观察并及时排除。

（1）检查冷却液。若液面过低，则应检查有无泄漏；冷却液中锈皮或水垢过多时应清洗散热器和水套。

（2）检查百叶窗，看它能否完全打开。

（3）是否长时间大负荷或超载运行。

（4）检查风扇转动是否正常。机械式风扇不转或转速过低时，则应首先检查风扇皮带，如过松、打滑则予以调整；若风扇皮带正常，则说明风扇离合器失效，应予维修或更换。电动风扇不转或转速过低时，可在怠速低温时开启空调，若风扇运转，说明热敏开关损坏；否则为风扇电机损坏。也可将热敏温控开关短接，如果风扇立即转动，说明温控开关损坏；若风扇仍然不转，则应检查线路熔断器、继电器、电动机等是否损坏。

电动风扇有高速和低速两挡，例如，捷达发动机温控开关的控制温度为：风扇一挡接通温度在 92～97 ℃，断开温度在 84～91 ℃；风扇二挡接通温度在 99～105 ℃，断开温度在 91～98 ℃。检测时，应注意风扇是否只有二挡转速。

（5）检查散热器有无变形、出水管是否凹瘪，并触试散热器，检查其各部温度是否均匀。若散热器上下温差较大，有明显的上高下低现象，且出水管被吸瘪，说明散热器堵塞，应进行除垢清洗。

（6）触试散热器及上下通水管，若温度较低，说明节温器大循环阀门打不开，应拆检节温器。也可检测气缸盖与散热器上部的温差，若温差较大，则说明节温器失效。

对于节温器，应检查其开启温度和阀门升程，不同发动机的节温器开启温度略有差别，例如，捷达发动机节温器在冷却液温度为 84 ℃ 时应开始打开，当冷却液温度为 98 ℃ 时，开启行程应不小于 7 mm。

（7）检查水泵。先检查水泵皮带是否过松、轴承是否松旷、水泵是否漏水等，再就车检测水泵的泵水能力。检查时用手握住发动机上部至散热器的回水管，加大节气门提高发动机转速，如感到水管内的流速随发动机转速的增加而加快，说明水泵工作正常；反之，说明水泵工作不良，应拆检或更换水泵。

（8）检查发动机前后端温度，若温差较大，说明分水管损坏或堵塞，应予更换。

（9）若冷却系正常而发动机仍然过热，则需根据发动机的其他故障征兆，检查并排除点火系、供给系、润滑系或机械故障。

（二）冷却液温度过低或升温缓慢

1. 故障现象

运行中的汽车，水温表指针经常指在 75 ℃ 以下（水温过低），或发动机工作时，水温表指针长时间达不到 90～100 ℃ 的正常位置（升温缓慢）。

2. 故障原因

冷却液温度过低或升温缓慢的主要原因为节温器不良、水温指示装置失效。

（1）水温表或水温感应器损坏，指示有误。

（2）在冬季或寒冷地区行驶时，未关闭百叶窗或未采取车身保温措施。

（3）节温器漏装或阀门黏结，不能闭合。

（4）风扇离合器或温控开关结合过早。

（5）冷车怠速调整过低。

3. 故障诊断与排除

（1）若环境温度较低，应检查百叶窗是否关闭，是否采取了保温措施。

（2）检查水温表、传感器及线路是否正常。

（3）拆检节温器，若损坏则应更换。

（4）风扇运转时，观察水温表指示温度，判断风扇是否过早运转。

（三）冷却液消耗过多

1. 故障现象

发动机有漏水现象，冷却液液面下降过快，须经常添加冷却液。

2. 故障原因

冷却液消耗过多主要是由泄漏引起的，具体表现在：

（1）散热器损坏，水泵密封不良，管路接头损坏、松动等造成冷却系外部渗漏。

（2）气缸垫损坏、缸体缸盖水套破裂、气缸盖翘曲、缸盖螺栓松动等造成冷却系内部渗漏。

3. 故障诊断

（1）检查冷却系有无外部渗漏现象。由于发动机冷却液往往加有染料着色，外部渗漏部位较为明显，故目测即可确诊泄漏部位，应重点检查软管、接头、散热器芯和水泵等部位。

（2）检查冷却系有无内部渗漏。一般内部渗漏时会伴随有发动机无力、排气管排白烟、散热器有气泡、机油液面升高、机油呈乳白色等现象，应拆检缸体、缸盖和缸垫。

模块七　汽油发动机综合故障分析

发动机启动困难、怠速不良和动力不足是汽油发动机经常出现的故障，故障现象不同，其形成原因也不相同。汽油发动机产生故障，往往涉及发动机的多个系统，属于综合性故障，在显现主要故障征兆的同时，还会伴随有其他故障现象出现，如发动机进气管回火、排气管"放炮"、排气管排蓝烟，发动机燃油消耗过大，发动机过热、异响等。汽油发动机的电子控制系统易出故障，故障部位一般在空气流量计、节气门体、冷却液温度传感器、曲轴转速传感器、凸轮轴转速传感器、火花塞、点火线圈、点火控制模块、氧传感器、怠速控制阀、EGR阀、汽油压力调节器、喷油器、汽油泵、空气滤清器、进气管道或电子控制单元等。

现代汽车的电子控制系统均具有功能强大的自诊断功能，电子检测仪器与其同步发展，许多汽车生产厂家的专用故障检测仪功能越来越多，不仅可以查询故障代码，进行静态时的基本检测，还可以进行动态检测，读取测量数据流。由于汽油发动机的综合故障涉及原因较多，而其电子控制系统又极为复杂，因此在进行故障诊断时，一般先利用仪器进行读码、检测，排除电子控制系统的故障，然后再检查、排除油路和机械故障。

读取故障代码并按故障码的提示和说明排除故障是诊断发动机综合故障最为有效的方法。在故障检测仪显示屏或故障代码表中，故障部位和故障原因一目了然，快捷方便，利用故障代码表确定故障范围可大大缩短诊断时间，提高诊断效率。表11-4为捷达AHP五阀发动机电控系统的部分故障代码表。

表 11-4　捷达 AHP 五阀发动机电控系统的故障代码表

故障代码	可能的故障原因	故障可能的影响	排除方法
00525 氧传感器 G39 无信号	导线短路； G39 损坏	无 λ 调节； 有汽油味； 油耗升高； 行驶性能不良； 废气排放值升高	检查氧传感器及 λ 调节
对地短路	导线对地短路； G39 损坏		
对正极短路	导线对正极短路； G39 损坏		
不可靠信号	G39 损坏		
00527 进气温度传感器 G72 对地短路 断路/对正极短路	导线对地短路； G72 损坏； 导线接地线有断路点； 导线对正极短路	热启动性能不良； 废气排放值升高	检查 G72
00530 节气门调节器/电位计 G88 断路/对正极短路	接地线有断路点； 导线对正极短路； G88 损坏	冷启动问题； 怠速转速不在允许范围； 怠速不稳	检查 G88，即检查节气门控制单元 J338（G88 是 J338 的一个结构部件）
对地短路	导线对地断路； G88 损坏		
00532 电源电压信号太高	蓄电池电压超过 16 V		检查发动机
信号太小	蓄电池电压低于 10 V		检查蓄电池充电状况
00533 怠速调节超过自适应界限	节气门控制单元的节气门支管变脏； V60 卡死	怠速转速不在允许范围	清洗节气门歧管； 检查 V60

　　一般情况下，电子控制系统出现故障时，仪表盘上的故障警告灯会发亮，但故障警告灯亮不能说明电子控制系统就一定有故障；同样，故障警告灯不亮，也不表示电子控制系统一定正常。这一点在进行发动机综合故障诊断时一定要注意。

一、发动机启动困难

　　发动机启动困难表现为发动机不能启动和启动困难，而启动困难又分为冷车启动困难和热车启动困难。发动机不能启动主要表现为启动机带不动发动机运转、启动机能带动发动机运转但转动无力以及启动机能带动发动机正常运转但发动机不能启动，前两种情况主要是启动系故障或发动机内部机械故障，第三种情况常与点火系、供给系、电子控制系统及机械故障有关。

（一）发动机不能启动

1. 故障现象

启动机能够带动发动机正常运转，但发动机长时间不能启动。

2. 故障原因

电子控制系统造成发动机不能启动的主要故障原因为高压无火、点火正时严重失准和供油系统不喷油。

（1）火花塞、点火线圈、曲轴位置或凸轮轴位置传感器、点火模块、电子控制单元、控制线路等引起的高压无火或点火正时严重失准。

（2）油箱无油，汽油压力调节器损坏，喷油器、汽油泵不工作。

（3）冷却液温度传感器、进气温度传感器及控制线路有故障。

（4）无启动信号、无点火信号造成的不喷油。

（5）发动机气缸压力过低或其他机械故障。

3. 故障诊断与排除

汽油发动机不能启动的故障诊断流程如图 11-28 所示。

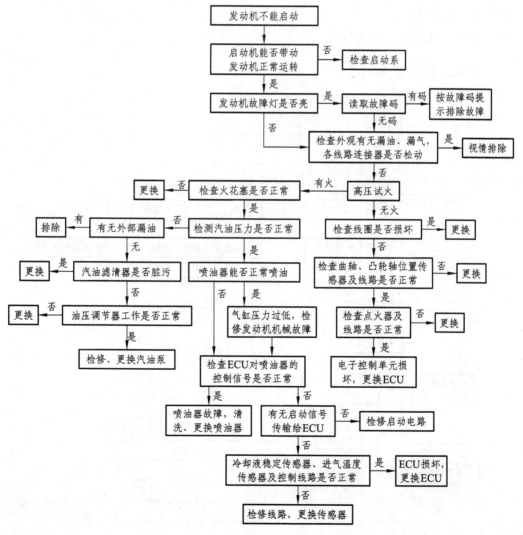

图 11-28 汽油发动机不能启动的故障诊断流程

（二）发动机冷启动困难

1. 故障现象

在冷却液温度达到正常工作温度时，发动机能够正常启动，但在低于正常工作温度时需要经过多次、长时间运转启动机，发动机才能启动。

2. 故障原因

造成冷启动困难的主要原因是混合气过稀、火花塞火弱、气缸压力偏低等，具体原因如下：

（1）火花塞积炭、濡湿，间隙不当，电极破损或漏电。

（2）高压线、点火线圈、控制模块等性能下降导致点火能量降低。

（3）冷却液温度传感器、进气温度传感器有故障。

（4）冷启动喷油器不喷油、喷油器雾化不良。

（5）进气系统严重漏气。

（6）ECU 未接收到启动信号。

3. 故障诊断与排除

发动机冷启动困难的故障诊断流程如图 11-29 所示。

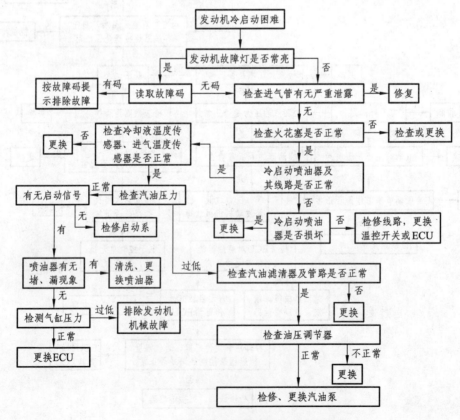

图 11-29　发动机冷启动困难的故障诊断流程

（三）发动机热车启动困难

1. 故障现象

发动机冷启动正常，运转到正常工作温度后将发动机熄火后，再次启动困难，甚至不能启动。

2. 故障原因

造成发动机热车启动困难的主要原因是混合气过浓。

（1）冷却液温度传感器、进气温度传感器及其线路有故障。

（2）空气滤清器脏堵。

（3）喷油器漏油或雾化不良。

（4）冷启动喷油器一直喷油。

（5）燃油压力过高，回油管堵塞或油压调节器有故障。

3. 故障诊断与排除

发动机热车启动困难的故障诊断流程如图 11-30 所示。

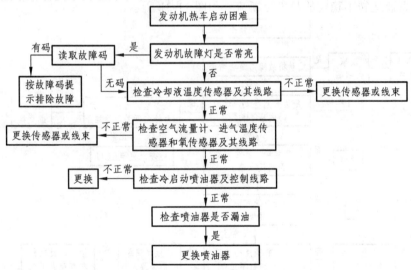

图 11-30　发动机热车启动困难的故障诊断流程

二、发动机怠速不良

发动机怠速不良表现为怠速不稳和怠速过高。

（一）发动机怠速运转不稳定

1. 故障现象

（1）启动后发动机怠速运转时，转速偏低、抖动、游车甚至熄火。

（2）接通空调开关或动力转向开关时，怠速不稳、转速下降甚至熄火。

2. 故障原因

（1）怠速控制阀或线路故障、怠速空气通道堵塞。
（2）节气门位置传感器信号不良。
（3）氧传感器有故障。
（4）进气管路漏气。
（5）个别缸不工作。
（6）EGR 阀常开。
（7）燃油蒸汽回收装置工作不良。
（8）空气流量计、进气压力传感器信号不良。
（9）空调开关、动力转向开关信号不良。
（10）电子控制单元损坏。
（11）气缸压力过低。

3. 故障诊断与排除

发动机怠速运转不稳定的故障诊断流程如图 11-31 所示。

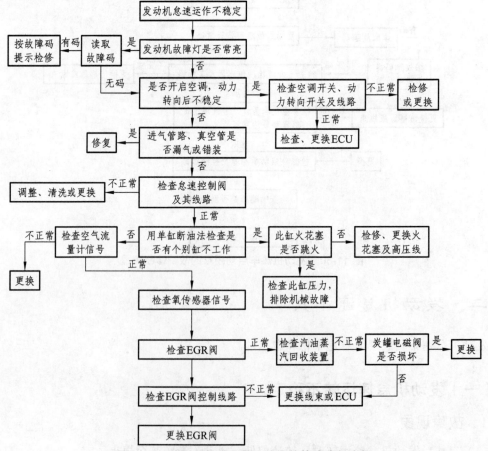

图 11-31　发动机怠速运转不稳定的故障诊断流程

（二）发动机怠速转速过高

1. 故障现象

发动机达到正常工作温度后，怠速转速仍然偏高。

2. 故障原因

造成发动机怠速偏高的主要原因是空气量过多或发动机控制信号有误。

（1）怠速控制阀有故障。

（2）节气门位置传感器、冷却液温度传感器信号失准。

（3）进气管、真空管漏气。

（4）空气流量计、进气压力传感器信号不良。

（5）空调开关、动力转向开关、自动变速器挡位开关信号有误。

（6）节气门不能完全关闭。

（7）燃油蒸汽回收装置工作不良。

（8）汽油压力过高。

（9）电子控制单元有故障。

3. 故障诊断与排除

发动机怠速过高的故障诊断流程如图 11-32 所示。

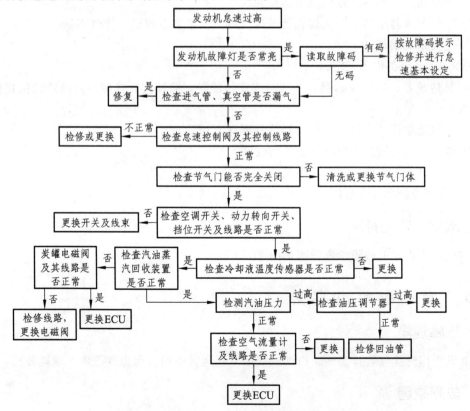

图 11-32　发动机怠速过高的故障诊断流程

三、发动机动力不足

1. 故障现象

（1）发动机运转不平稳，振抖严重，怠速时尤甚，且运转无力，加速困难，油耗增加，排气管发出有节奏的"突突"声，有时伴有回火、"放炮"现象。

（2）节气门突然开大加速时，发动机转速不能及时升高，甚至下降、熄火，并且伴随有爆燃声、排气管"突突"声或回火声。

2. 故障原因

导致发动机动力不足、加速无力的原因很多，除点火系、供给系、电子控制系统和机械故障外，冷却系和润滑系故障也直接影响到发动机的工作性能。

发动机在各种转速下运转不稳的主要原因是个别缸不工作、混合气浓度不当、点火正时失准或点火能量过弱、气缸压力偏低等；加速不良的主要原因是混合气过稀、点火过迟、进排气不畅等；进气管回火的主要原因是混合气过稀、点火正时不当、炽热点不正常点火、进气门关闭不严等；排气管"放炮"的主要原因是混合气过浓、点火过迟、个别缸不工作、排气门关闭不严等。具体原因如下：

（1）点火过迟、高压火弱。

（2）汽油质量差、汽油压力不正常。

（3）喷油器工作不良、油压调节器损坏。

（3）空气滤清器脏堵、三元催化器或排气消声器堵塞造成进、排气不畅。

（4）进气系统漏气。

（5）EGR 系统工作不正常。

（6）氧传感器、爆震传感器、节气门位置传感器、曲轴位置传感器及凸轮轴位置传感器信号失准。

（7）空气流量计、进气压力传感器信号不良。

（8）进、排气门密封不良，气缸压力过低。

（9）个别缸不工作或多缸工作不良。

（10）电子控制单元有故障。

3. 故障诊断与排除

发动机动力不足的故障诊断流程如图 11-33 所示。

四、发动机排烟异常

1. 故障现象

发动机工作时排气管排黑烟、白烟或蓝烟，且运转不稳，动力性下降，油耗升高。

2. 故障原因

（1）排气管排黑烟是供油量过多、混合气过浓所致。主要原因有：

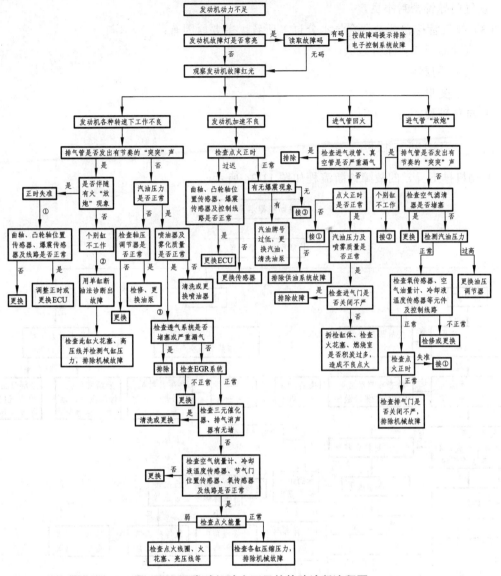

图 11-33 发动机动力不足的故障诊断流程图

① 冷启动喷油器一直工作。

② 喷油器漏油。

③ 冷却液温度传感器信号不良。

④ 氧传感器信号不良

⑤ 空气流量计、进气压力传感器信号不良。

⑥ 燃油压力过高。

⑦ 电子控制单元有故障。

(2) 排气管排蓝烟是烧机油所致。主要原因有：

① 气缸磨损严重。

② 活塞环磨损、弹性下降。

③ 活塞和气缸配合间隙过大。

④ 气门导管密封不良。

（3）排气管排白烟是混合气水分过多所致。主要原因有：

① 汽油品质差，水分过大。

② 气缸垫损坏。

③ 缸盖变形。

④ 缸体破裂。

3. 故障诊断与排除

发动机排烟异常的故障诊断流程如图 11-34 所示。

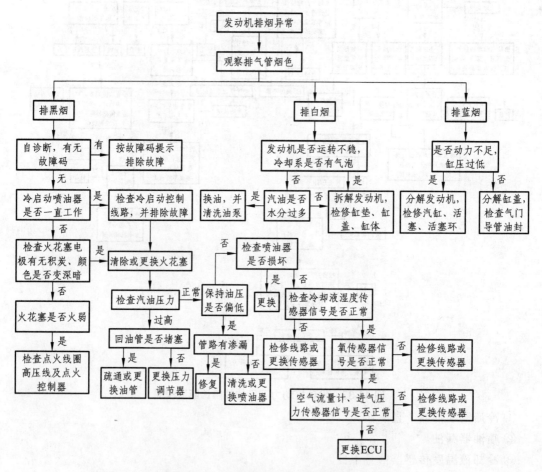

图 11-34 发动机排烟异常的故障诊断流程

模块八 柴油发动机供给系的故障诊断

柴油发动机具有良好的经济性、功率适应性和可靠性，且排放污染低，故其在汽车上的应用越来越广泛。柴油机的混合气形成、着火和燃烧方式等均与汽油机不同，与汽油机结构的主要区别在燃料供给系。柴油机的故障也多由供给系引起，因此两种发动机的常见故障现象及故障原因均有较大差别。

一、柴油机供给系的常见故障部位

柴油机有机械控制喷射和电子控制喷射之分。机械喷射柴油机供给系由柴油箱、输油泵、柴油滤清器、高低压油管、喷油泵、喷油器、油水分离器等组成，如图 11-35 所示。电控直喷柴油机则增加了若干电子元件，如捷达柴油（SDI）发动机喷射系统设有发动机转速传感器、冷却液温度传感器、进气歧管温度传感器、燃油温度传感器、调节活塞位移传感器、油量调节器、针阀升程传感器、喷油始点信号阀、控制单元及各种开关等。

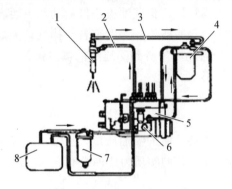

图 11-35　柴油机供油装置示意图

1—喷油器；2—高压油管；3—回油管；4—柴油滤清器；5—喷油泵；
6—输油泵；7—油水分离器；8—柴油箱

若电控直喷柴油机的控制系统出现故障，应先读取故障码，按故障码的提示诊断并排除故障，其电子元件的检测方法与电控汽油机电子元件的检测方法基本相同。

本节主要介绍机械喷射柴油机供给系常见故障的诊断方法，其常见故障部位如图 11-36 所示。

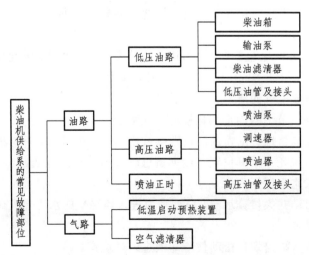

图 11-36　柴油机供给系常见故障部位

二、柴油机供给系的故障诊断

柴油机常见故障为柴油机不能启动和柴油机无力，同时会伴随有大量黑烟或白烟排出。其中柴油机不能启动又有无发动征兆和有发动征兆之分，而柴油机游车、高速不良等均是发动机无力的表现。

（一）柴油机不能启动

1. 故障现象

启动机能够带动柴油机正常运转，但柴油机不能启动。主要表现为：

（1）柴油机无发动征兆，启动时听不到爆发声音，排气口无烟排出。

（2）柴油机有发动征兆，启动时能听到不连续的爆发声，排气口大量冒黑烟、白烟或灰白烟。

2. 故障原因

柴油机不能启动主要与压缩终了时的喷油质量、喷油正时等压燃条件有关。

（1）柴油机出现无发动征兆故障的实质为柴油没有进入气缸，多是供给系工作不良所致，具体故障原因为：

① 油箱内无油或存油不足、上油管堵塞或折断，油箱开关未打开或油箱盖空气孔堵塞。

② 滤网堵塞，进出油阀密封不良，活塞损坏、卡滞或密封圈失效。

③ 滤清器堵塞、油管破裂或接头松动漏气、油管严重堵塞。

④ 驱动联轴节损坏、供油拉杆卡死在不供油位置或熄火拉钮未退回、柱塞与套筒间隙过大或二者黏滞、低压油腔内有空气或压力过低、出油阀黏滞或其弹簧折断。

⑤ 针阀积炭或烧结而不能开启、针阀喷油孔堵塞、喷油压力调整过高。

（2）柴油机有启动征兆但不能启动故障的实质为柴油虽进入了燃烧室，但不完全具备压燃条件，已喷入的柴油不能燃烧或不能完全燃烧，并导致柴油机大量排黑烟、水汽白烟或灰白烟。

① 柴油机不能启动并大量排黑烟多为进气道堵塞、喷油过早、喷油压力不足、雾化不良、气缸压力过低、柴油质量低劣或供油量过大所致，具体原因为：

a. 气缸压力过低或空气滤清器、进气通道堵塞。

b. 喷油泵驱动联轴节上的固定螺栓松动，或喷油泵正时调整过早。

c. 具有柱塞挺杆调整螺钉的喷油泵调整螺钉松动以及喷油泵、调速器故障使供油量过大。

d. 喷油器泄漏、卡死在常开位置，或弹簧过软使喷油压力过低。

e. 排气制动阀未完全打开。

② 柴油机不能启动并大量排水汽、白烟多为进入燃烧室的水受热汽化所致，具体原因为：

a. 燃油中水分过多。

b. 气缸垫损坏或气缸盖螺栓松动使冷却液进入燃烧室。

c. 气缸体或气缸盖冷却水套破裂。

③ 柴油机不能启动并大量排灰白色烟雾（柴油蒸汽）多为发动机温度过低、气缸压力严重不足、喷油过晚、喷油器泄漏等原因所致，具体原因为：

a. 低温启动预热装置失效，发动机温度过低。

b. 喷油正时不准确，燃油不能形成混合气燃烧而被排出。

c. 供气不足，由于缺氧使相当数量的燃油未能燃烧而被排出。

d. 供油不足、气缸中温度低、燃油蒸发条件差而使发动机不能启动或启动后不久又熄火，未燃烧的柴油便与空气混合成灰色烟雾排出。

e. 喷油器卡在常开位置或雾化不良。

f. 气缸压缩温度和压力达不到柴油的自燃条件。

3. 故障诊断与排除

诊断过程中，应根据柴油机不能启动的故障征兆进行具体分析，采用不同的故障诊断流程。

（1）若柴油机无启动征兆，则应先区分供给系高、低压油路故障，以确定故障在哪一部分。诊断时先排除油箱方面的原因，然后旋松喷油泵放气螺塞，压动手油泵，观察放气螺塞处的出油情况：不流油或流出泡沫状柴油为低压油路故障（流出泡沫状柴油表明油路中有空气）；出油正常说明高压油路有故障。低压油路故障诊断流程如图 11-37 所示，高压油路故障诊断流程如图 11-38 所示。

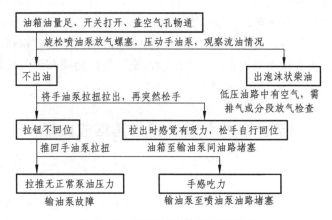

图 11-37　低压油路故障诊断流程图

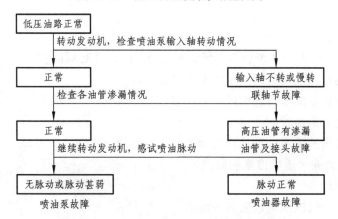

图 11-38　柴油机高压油路故障诊断流程

（2）若柴油机大量排黑烟，则按图 11-39 所示故障诊断流程进行诊断与排除。

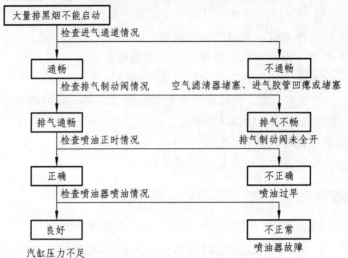

图 11-39　柴油机大量排黑烟、不能启动的故障诊断流程

（3）柴油机排水汽白烟时，用手接近排气消声器出口处，如白色烟雾过后手上留下水珠，即说明有水进入燃烧室。诊断时应首先检查燃油质量，观察是否有水分混入。其次，拆下喷油器，观察喷口是否有水珠，若无水珠，则拆检气缸盖；若有水珠，则拔出机油尺，观察机油油面和机油质量，如油面升高、机油呈乳白色，则为气缸垫损坏或气缸破裂漏水。

（4）若柴油机排出灰白色烟雾，则应检查低温启动装置的电热塞炽热丝、线路是否短路或断路；如正常，再依次检查喷油正时、各缸喷油量、气门间隙和进气通道、喷油器的雾化情况、气缸压力等。

（二）柴油机运转无力，排气管大量排黑烟或白烟

1. 故障现象

（1）柴油机无力，运转不平稳，大量排黑烟，加油时可听到敲击声，有时出现过热现象。

（2）柴油机无力，运转不稳，并排出大量白烟，或刚启动时排白烟，温度升高后排黑烟。

2. 故障原因

（1）柴油机无力并大量排黑烟多为燃烧不完全所致，主要原因有：

① 多缸或个别缸喷油压力过低或喷雾质量太差。

② 多缸或个别缸气缸压力过低或供油太多。

③ 多缸或个别缸供油时间过迟。

④ 进、排气通道不畅通，包括空气滤清器、管路和排气制动阀等。

（2）柴油机无力并大量排白烟的原因为：

① 柴油中水分过多。

② 气缸垫烧损，气缸或气缸盖破裂漏水。

③ 喷油时间过迟、气缸压力过低或配气正时失准。

3. 故障诊断与排除

诊断时应观察柴油机运转及排烟情况。

（1）若柴油机运转无力，排气管大量排黑烟，且转动不平稳，则为个别缸工作不良。应首先进行逐缸断油试验，若某缸断油时，发动机转速显著降低，黑烟减少，敲击声变弱或消失，说明该缸供油量过多。若发动机转速变化小而黑烟消失，说明该缸喷雾质量太差，可换装新喷油器对比试验。其次检查喷油泵各缸供油正时是否一致，必要时进行调整。最后检测气缸压力，并视情况进行维修。

（2）若柴油机运转无力，排气管排大量黑烟，但转动比较平稳，则为多缸工作不良，其故障诊断流程如图 11-40 所示。

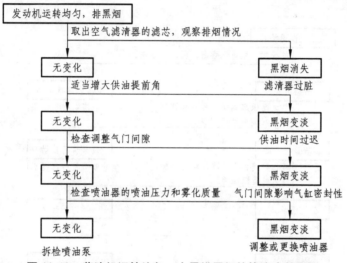

图 11-40　柴油机运转均匀、大量排黑烟的故障诊断流程

（3）柴油机运转无力，转速不均匀，排气管大量排白烟的故障诊断流程如图 11-41 所示。

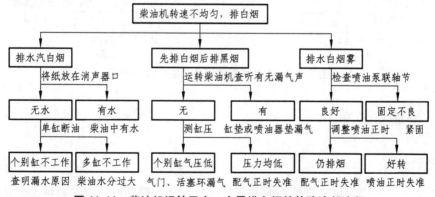

图 11-41　柴油机运转无力、大量排白烟的故障诊断流程

（三）柴油机高速不良

1. 故障现象

发动机运转均匀，但无力、无高速、且排烟极少。

2．故障原因

柴油机高速不良故障的实质为达不到最大供油量或供油不足。

（1）供油调节拉杆行程不能保证最大供油量，油量调节齿杆达不到最大供油位置，挺杆滚子或凸轮磨损过甚，柱塞磨损过量等。

（2）调速器调整不当，不能保证喷油泵最大供油量，喷油器泄漏使喷油量减少。

（3）输油泵供油不足、油管来油不畅、滤清器堵塞或柴油黏度过大。

3．故障诊断与排除

柴油机高速不良的故障诊断流程如图 11-42 所示，诊断时，应按供给系排除空气的顺序先行排气。

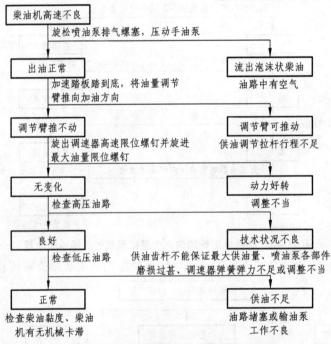

图 11-42　发动机高速不良的故障诊断流程

（四）柴油机游车

1．故障现象

柴油机运转过程中出现有规律的忽快忽慢现象，加、减速时，发动机转速变化不及时，发动机无力等。

2．故障原因

柴油机游车的原因为柴油机正常的调速功能被破坏，通常是由于喷油泵和调速器内零件运动阻力过大，使调速器灵敏度下降，或内部零件配合间隙过大，使供油量的改变滞后于转速变化过多，如调速器或油量调节机构卡滞、机件连接松旷等。

3.　故障诊断与排除

柴油机游车的故障诊断流程如图 11-43 所示。

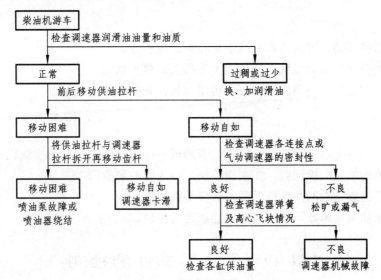

图 11-43　柴油机游车的故障诊断流程

（五）柴油机超速

1.　故障现象

柴油机超速俗称"飞车"，是指在汽车运行或柴油机空转过程中，尤其在全负荷或超负荷运行突然卸载后，转速自动升高，超过额定转速而失去控制的现象。

柴油机"飞车"时会发出巨大声响，如不及时控制，将导致机件损坏，甚至会飞出伤人。

2.　故障原因

"飞车"的主要原因：一是喷油泵调速器产生故障，丧失了正常的调速特性；二是有额外柴油或机油进入了燃烧室。具体原因如下：

（1）喷油泵供油拉杆或油量调节齿杆卡滞在额定供油位置不回位。

（2）油量调节齿杆与调速器拉杆松脱。

（3）调速器弹簧折断或弹力下降、销子脱落。

（4）喷油泵柱塞卡滞在高速位置或其弹簧折断。

（5）调速器最大油量调整螺钉调整不当。

（6）低温预热电磁阀失效，热机后仍额外供给柴油。

（7）增压器油封损坏，机油进入燃烧室燃烧。

3.　制止"飞车"的紧急措施

柴油机一旦出现"飞车"征兆，应首先采取下述紧急措施，设法使柴油机立即熄火，避免发生严重事故：

（1）迅速将加速踏板收回到停车位置。

（2）若汽车正在行驶，应及时挂入高速挡，踩下制动踏板，缓抬离合器，使发动机强制熄火。

（3）堵塞进气管道。

（4）有减压装置的，可迅速将减压手柄拉到减压位置。

（5）迅速松开高压油管或低压油路的油管接头，停止供油。

（6）如果是供油齿杆外露的喷油泵，可迅速将齿杆推回停油位置。

4. 故障诊断与排除

（1）在停机状态下迅速松开加速踏板，若踏板不能迅速回位，则为操纵机构故障。

（2）用手扳动喷油泵操纵臂，如果扳不动，则为喷油泵故障。

（3）检查增压器是否漏油、低温预热装置是否失效。

（4）拆检喷油泵调速器，检查其内部连接是否松脱。

三、柴油机燃料供给泵主要部件的检测

（一）喷油泵的检测

喷油泵是柴油机的核心部件，应在专用试验台上连接专用测量工具和仪表进行检测和调整。下面以南京 IVECO 轻型汽车装用的 VE4/11F1900R294 型喷油泵和捷达 SDI 柴油机的喷油泵为例介绍喷油泵的检测和调整方法。

1. 南京 IVECO VE4/11F1900R294 型喷油泵的检测与调整

（1）静态喷油提前角的检测和调整。如图 11-44 所示，将喷油泵装上试验台，接上燃油管 6，将压力表 1 装在输入管上，用专用螺塞 5 封住所有供油接头，从密封螺塞上旋下放气螺钉，装上工具 2 并连接位移表。在电磁阀上连上导线 3，转动手柄 7，使分配器柱塞位于下止点位

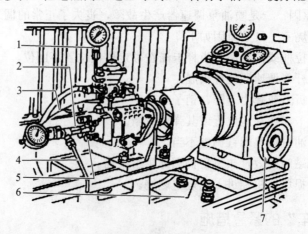

图 11-44　喷油泵静态喷油提前角的检测和调整

1—压力表；2—工具；3—电磁阀导线；4—排气管；5—螺塞；6—燃油管；7—手柄

置，压下供油按钮，供给喷油泵 0.2 MPa 的燃油；转动手柄，使喷油泵顺时针转动以防燃油从排气管 4 中流出。开始供油时分配器柱塞应位于下止点前 1 mm，即静态喷油提前角为 4.5°±45′，否则通过更换分配器柱塞供油始点调整垫来调整。

（2）发动机在增压状态下全负荷供油量的检测和调整。拆下工具及位移表，装复放气螺钉；拆下供油接头上的专用螺塞，连接上标准喷油器。按下按钮，使喷油泵转速达到 1 900 r/min，把供油拉杆推到最大位置，使 LDA（气动供油量调节装置）进气装置的进气压力保持在 0.1 MPa，检测喷油泵每 1 000 次喷油量是否为 49.5～50.5 mL，各缸差值应小于 3 mL；否则，用一字螺丝刀转动最大供油量调整螺钉来调整，如图 11-45 所示。

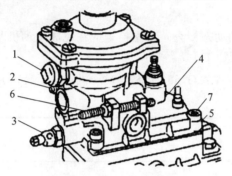

图 11-45　LDA 装置外观图

1—通气阀；2—怠速调节螺钉；3—最大供油量调整螺钉；4—喷油泵盖；
5—喷油泵体；6—最大油门调整螺钉；7—螺钉

（3）发动机在没有增压状态下满负荷供油量的检测和调整。拆下 LDA 装置的空气管，使转速保持在 600 r/min。使供油拉杆处于最大位置，检测喷油泵每 1 000 次喷油量是否为 30.5～31.5 mL，各缸差值应小于 3 mL；否则，用内六角扳手旋动 LDA 上盖的调整螺钉来调整。

（4）调速器轴的调整。装复 LDA 装置的空气管，将进气压力保持在 0.1 MPa，使转速保持在 600 r/min，并使供油拉杆处于最大位置，用内六角扳手调整调速器轴的位置，直到供油压力开始下降时为止，再旋紧锁母。

（5）喷油提前调节器自动提前装置的检测和调整。在真空条件下将提前角检测仪安装在喷油泵上，保持 LDA 进气压力为 0.1 MPa，各工况检测仪的示值应符合表 11-5。可通过增减该装置内的垫片厚度来进行调整，若垫片不能调整出正确值，则更换弹簧。

表 11-5　喷油提前调节器各工况行程

喷油泵转速/（r/min）	调节器行程/mm	喷油泵转速/（r/min）	调节器行程/mm
0	0	1 500	6.9～7.5
1 150	6.0～6.6	1 900	7.8～8.4

（6）调速器最大转速特性的调整。增加转速至 2 100 r/min，将供油拉杆置于最大位置，保持 LDA 装置进气压力为 0.1 MPa，检测喷油泵每 1 000 次喷油量是否为 32.0～40.0 mL，各缸差值应小于 3 mL。可通过调整最大油门调整螺钉来调整喷油量，若不能调整出正确值，则更换调速弹簧。保持以上状态，继续增加转速到 2 300 r/min，喷油泵应能停止供油，检测喷油泵每 1 000 次的喷油量，应小于 2 mL。

（7）调速器怠速特性的检测和调整。将转速保持在 375 r/min，使供油杠杆接触怠速调节螺钉 2，保持 LDA 装置进气压力为 0.1 MPa，检测喷油泵每 1 000 次喷油量是否为 20.0～24.0 mL。将转速升高到 400 r/min，检测喷油泵每 1 000 次喷油量是否为 5.0～15.0 mL。可通过调整怠速调整螺钉来调整喷油量，若调不出正确值，则更换怠速弹簧。

2. 捷达 SDI 柴油机喷油泵的检测与调整

捷达 SDI 柴油机采用柴油直喷控制系统，其喷油时刻和喷油量由发动机控制单元来控制，因而其油泵的检测项目和调整方法与南京 IVECO 柴油机大不相同。

在更换同步带或者拧下喷油泵螺栓或同步带链轮之后，必须对喷油阀喷油始点进行动态检查和调整。

（1）喷油阀喷油始点的动态检查。动态检查应在完成发动机基本设定，且同步带张力符合规定之后进行，检查步骤如下：

① 连接专用故障阅读仪 V.A.G1551/1552，发动机怠速运转，用地址码 01 选择"发动机电控单元"，显示屏显示：

Rapid data trandfer	HELP
Select function X X	
快速数据传递	帮助
选择功能 X X	

② 按"0"键与"4"键选择"基本设定"功能，并按"Q"键确认，显示屏显示：

| Basic setting |
| Input display group number X X |
| 基本设定 |
| 输入显示组号 X X |

③ 按 3 次"0"键选择"显示组号 0"功能，按"Q"键确认，显示屏显示（1～10 为显示区）：

System in Basic setting 0	→
1 2 3 4 5 6 7 8 9 10	
基本设定 0	→
1 2 3 4 5 6 7 8 9 10	

④ 在显示区 7 中检查冷却液温度，标定值小于 73＋（相当于 85 ℃），只有达到冷却液温度值时，才可以继续进行检查。

⑤ 显示区 2 中的喷油阀喷油始点信号取决于显示区 9 中的燃油温度，如图 11-46（a）所示。

例如，显示区 9（B）中的数字值 90 与显示区 2（A）中的 25～78 数字值范围有关，如图 11-46（b）所示。在检测过程中，如果喷油泵喷油始点位于标定范围 C 中，则不需重新调整。在完成喷油泵拆装或喷油正时调整后，将喷油阀喷油始点信号设置在标定范围 C 中的平均值上。

⑥ 按"→"键，再按"0"与"6"键选择"结束输出"功能，并按"Q"键确认。

⑦ 关闭点火开关。如果喷油始点信号（正时）在允许范围之外，则需进行喷油阀喷油始点信号的调整。

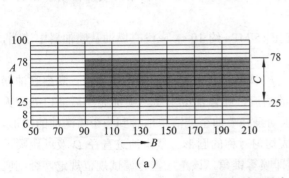
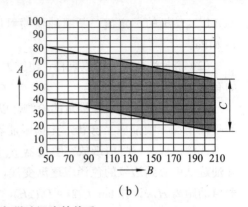

（a） （b）

图 11-46 喷油阀喷油始点信号与燃油温度的关系

A—显示区 2 喷油阀喷油始点信号；*B*—显示区 9 燃油温度；*C*—喷油阀喷油始点信号标定范围

（2）喷油阀喷油始点的调整。其调整步骤如下：

① 拆下同步带的上部护罩，松开两个喷油泵链轮紧固螺栓 1，在轮轴紧固螺母 2 上安放好 22 mm AF 环形扳手，反抓住喷油泵轴，如图 11-47 所示。

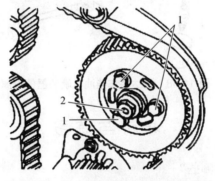

图 11-47 捷达轿车柴油机喷油泵的调整

② 松开第三个喷油泵链轮紧固螺栓，轻轻地转动喷油泵轴。左转，喷油泵喷油始点信号延迟；右转，喷油泵喷油始点信号提前。在转动过程中，紧固螺母 2 不能松开，否则会改变喷油泵的基本设定，而普通的维修设备无法将其恢复。

③ 换上新的喷油泵链轮紧固螺栓，并按规定力矩拧紧。A 型带拧紧力矩为 20 N·m，B 型带拧紧力矩为 25 N·m。测试完信号后，必须进一步将螺栓紧固 90°（1/4 转）。注意：链轮紧固螺栓为拉伸螺栓，必须一次性使用。

④ 按"→"键，再按"0"与"6"键选择"结束输出"功能，并按"Q"键确认。

⑤ 关闭点火开关，安装同步带护罩。

（二）喷油器的检测与调整

捷达 SDI 柴油机装有双弹簧喷油器，若喷油器出现故障，只能更换，决不可以维修或进行压力设定。

（1）喷油压力的检测。将喷油器安装到喷油压力专用测试仪 V.A.G1322 上，按压泵杆，当开始喷射时读出压力值，如图 11-48 所示。若与标定值不一致，则应更换喷油器。代码为

AQM 发动机的标定值：新喷油器喷射压力为 19～20 MPa，磨损极限时喷油器喷射压力为 17 MPa。

（2）密封性检测。按压泵杆，使压力保持在 15 MPa 约 10 s，应没有燃油从喷油器中渗漏，如有渗漏，则更换喷油器。

（3）喷雾质量和喷雾锥角的检测。以 60～70 次/min 的频率均匀地按压泵杆，观察喷油器的喷油情况。喷油应呈雾状，无肉眼能看到的油流，喷停油应干脆，喷油完毕后油口处应无油滴或滴油现象。将白纸放在喷油器下方，压动泵杆喷油至能清楚地看到一个喷满油的圆形，其油迹从中心到边缘的色泽应逐渐变浅，形成均匀对称的圆形。量出油迹直径 D 及纸距喷油器口的距离 H，计算 $\tan(f'/2)=D/(2H)$，f' 值即喷雾锥角，该角应符合调试规范规定，否则应更换喷油器。

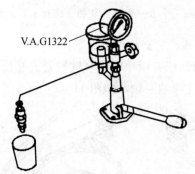

V.A.G1322

图 11-48　捷达轿车柴油机喷油器的检测

思考与练习

1. 发动机的常见故障有哪些？
2. 造成混合气过稀、过浓的主要原因是什么？哪些传感器信号会影响混合气的浓度？
3. 简述电控发动机的故障诊断方法和诊断原则。
4. 简述电控发动机的检修注意事项。
5. 喷油器需检测哪些项目？如何检测？
6. 造成 CO、HC 排放过高的主要原因是什么？
7. 发动机异响的类型和部位有哪些？故障原因是什么？
8. 发动机不能启动的原因有哪些？如何排除？
9. 什么叫游车？其故障原因是什么？如何诊断？

项目十二　汽车底盘的故障诊断

学习目标：

（1）掌握汽车传动系、转向系、行驶系和制动系的各种故障产生原因和排除方法；

（2）了解汽车自动变速器的常见故障和诊断排除方法；

（3）掌握 ABS 防抱死系统常见故障的产生原因及排除方法。

汽车能否安全运行，与底盘各部分的技术状况有密切关系。汽车底盘的技术状况，关系到整车行驶的操纵稳定性和安全性，同时还影响发动机的动力传递和燃油消耗，因此汽车底盘也是汽车故障诊断的重点内容之一。

汽车底盘由传动系、转向系、制动系和行驶系等组成。传动系将发动机动力传给驱动轮；行驶系将转矩转化为牵引力，同时吸收振动、缓和冲击；转向系控制汽车行驶方向；制动系根据需要使汽车减速或停车。底盘的功能就是其各组成部分功能的综合。底盘在运行过程中经常受到复杂的、变化极大的冲击载荷，各零件除运动表面的自然磨损外，还存在因受力过大引起的变形或断裂，因而导致各种故障的产生。在故障诊断的过程中，必须综合考虑底盘各总成的相互关联和影响才能找到真正的故障原因，确定故障部位。

模块一　传动系的故障诊断

一、传动系的常见故障部位

汽车传动系与发动机协同工作，保证汽车在各种使用条件下都正常行驶，它具有减速增矩，实现汽车倒驶，必要时中断传动、差速及万向传动等功能。传动系由离合器、变速器（及分动器）、万向传动装置和驱动桥（减速器、差速器、半轴）等组成。图 12-1 所示为捷达轿车传动系组成示意图。传动系常见故障为功能异常和异响，其常见故障部位如图 12-2 所示。

二、离合器的故障诊断

离合器是依靠摩擦力矩来传递动力的，其功用是保证发动机顺利启动和汽车平稳起步，保证传动系换挡时工作平顺，防止传动系过载。离合器主要由主动部分、从动部分、压紧机构和操纵机构组成，图 12-3 所示为捷达轿车离合器零件分解图。离合器使用频率较高，常见故障为分离不彻底、离合器打滑、接合不平顺、异响等，其常见故障部位和故障原因见表 12-1。

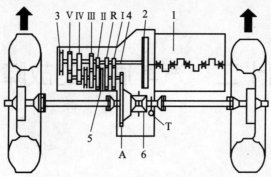

图 12-1　捷达轿车传动系组成示意图

1—发动机；2—离合器；3—变速器；4—输入轴；5—输出轴/小齿轮轴；6—差速器；
Ⅰ、Ⅱ、Ⅲ、Ⅳ、Ⅴ—一、二、三、四、五挡齿轮；R—倒挡齿轮；A—主减速器齿轮；T—车速表齿轮

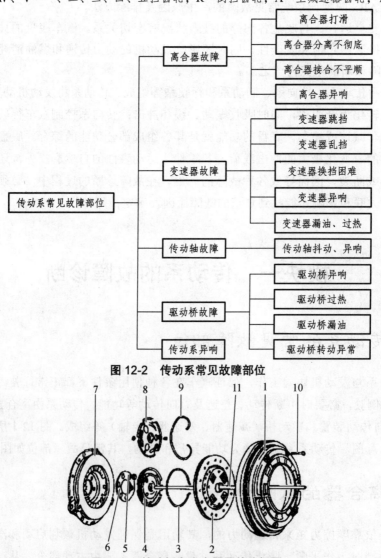

图 12-2　传动系常见故障部位

图 12-3　捷达轿车离合器零件分解图

1—飞轮；2—从动盘；3、9—卡簧；4—分离盘（直径 190 mm）；5、10—螺栓；
6—中间盘；7—压盘；8—离合分离盘（200 mm）；11—离合器压杆

表 12-1　离合器常见故障部位和故障原因

序号	故障部位	故障现象及危害	故障原因
1	踏板	打滑，分离不彻底	不能回位，自由行程过大、过小
2	分离杠杆	调整不当，打滑或分离不彻底；支架松旷发响	调整不当，不在一个平面内；支架螺母松动
3	从动盘	打滑，异响，分离不开	油污，变薄，烧损，破裂，铆钉外露，钢片翘曲，盘毂键槽锈蚀
4	分离轴承	烧蚀卡滞，发响	严重缺油，回位弹簧过软、脱落
5	压紧弹簧	打滑，起步发抖	过软、折断，弹力不均，膜片弹簧变形
6	离合器盖	壳盖高度不够，分离杠杆位置过低，分离不开	变形，分离杠杆座磨损
7	压盘	起步发抖	翘曲划伤，龟裂
8	减振弹簧	发抖	断裂失败
9	飞轮	离合器打滑	端面翘曲，连接螺栓松动
10	分离叉轴	间隙过大，分离不开	衬套松旷

（一）离合器分离不彻底

1. 故障现象

（1）汽车起步时，将离合器踩到底仍感到挂挡困难；或虽勉强挂上挡，而离合器踏板尚未完全放松车就前移或发动机立即熄火。

（2）变速器挂挡困难或不能换挡。

2. 故障原因

离合器分离不彻底故障的实质是将离合器踏板踩到底时，从动盘与主动盘没有完全分离，离合器处于半接合状态。离合器操纵系统类型不同，造成其分离不彻底的原因略有不同，液压操纵系统由于液压元件的存在而变得较为复杂。造成离合器分离不彻底的主要原因为：

（1）离合器踏板自由行程过大。

（2）液压操纵系统进入空气，油液不足或漏油。

（3）液压操纵系统主缸、工作缸工作不良。

（4）离合器从动盘翘曲、偏移量过大、摩擦片破损、铆钉松脱。

（5）膜片弹簧变形，压紧弹簧部分折断或弹力不均等。

（6）分离杠杆内端不在同一平面内，分离杠杆调整螺钉松动或支架松动，个别分离杠杆弯曲或调整螺钉折断。

（7）离合器压盘变形失效。

（8）发动机前后支承固定螺栓松动等。

（9）刚维修后的离合器则可能是更换的新摩擦片过厚、从动盘装反等。

（10）双片离合器中间压盘限位螺钉调整不当，其个别支承弹簧折断、过软、弹性相差过大，定位块损坏等。

3. 故障诊断与排除

离合器分离不彻底的故障诊断流程如图 12-4 所示。

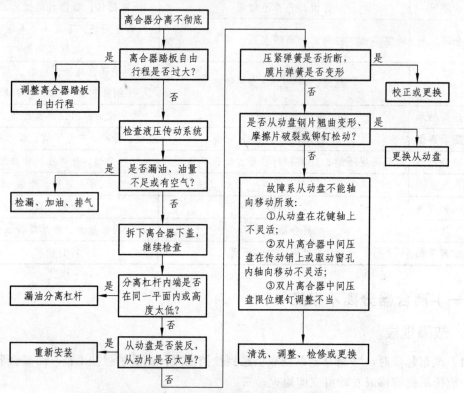

图 12-4 离合器分离不彻底的故障诊断流程

（1）离合器操纵系统不同，踏板自由行程调整方法也不同。对于杆式操纵系统，用改变踏板拉杆长度的方法来调整踏板自由行程；对于拉索式操纵系统，可用改变拉索长度的方法来调整其自由行程。车型不同，踏板自由行程标准值也不相同，如桑塔纳轿车离合器踏板自由行程为 15～20 mm；捷达轿车离合器拉索具有自动补偿离合器自由行程的功能，是一种免维护、免保养、免调整的自动调整拉索。

离合器分离杠杆的调整是将各分离杠杆内端面或膜片弹簧内端面调整到与飞轮平面平行的同一平面内，同时分离杠杆内端面或膜片弹簧的高度应符合要求，如轿车膜片弹簧内端面的平面度一般为 0.5 mm。分离杠杆高度可通过旋动调整螺钉进行调整，膜片弹簧则利用专用工具进行校正。

注意：调整分离杠杆高度时，踏板自由行程也会随着发生改变，因此应同时进行调整。

（2）对离合器的液压操纵系统可参照后述"液压制动系统"的同类故障予以诊断和排除。

（3）对双片离合器，其中间压盘限位螺钉与中间压盘的间隙约为 1～1.25 mm。调整时将限位螺钉旋入并抵住中间压盘，然后退出 5/6 圈即可。注意：各限位螺钉的调整必须一致。

（4）让汽车起步前进或倒退，检查离合器的分离情况。若离合器分离不彻底现象时有时无，则为发动机前后支承固定螺栓松动，应加以紧固。

（5）对新装复的离合器，如果出现分离不彻底现象，则应进行如下检查：

① 踩踏离合器踏板，若踏板沉重，多为更换的新从动盘摩擦片过厚而使离合器压紧弹簧

过度压缩，预紧力过大，且离合器分离后压盘间隙不足，致使分离不彻底，可重新更换摩擦片。

② 踏下离合器踏板，观察从动盘位置。若双片离合器从动盘前端面与中间压盘紧抵或单片离合器从动盘前端面与飞轮紧抵，而其后端面却与压盘有足够间隙，则说明变速器一轴后轴承盖颈部过长，以至抵触从动盘花键毂，使从动盘不能后移。

③ 若上述正常，经调整后仍难以分离，则应检查从动盘是否装反。单片离合器从动盘短毂多朝向飞轮，双片离合器两从动盘短毂相对（解放车）或按规定装配。

④ 若以上各项均正常，则应检查和调整分离杠杆高度（方法如前述）。若分离杠杆高度合适，则参照上述诊断过程进行诊断和排除。

（二）离合器打滑

1. 故障现象

（1）完全放松离合器踏板，汽车不能起步或起步困难。

（2）汽车行驶中车速不能随发动机转速的提高而提高，让驾驶员感到行驶无力。

（3）上坡行驶或重载时，动力明显不足，严重时可嗅到离合器摩擦片的焦臭味。

2. 故障原因

离合器打滑的故障实质是离合器踏板完全放松时，主动盘与从动盘没完全结合，离合器处于半分离状态，其主要原因为：

（1）离合器踏板自由行程过小或没有自由行程，踏板不能完全回位，分离轴承常压在分离杠杆上，使压盘处于半分离状态。

（2）离合器拉索失效，丧失自调功能。

（3）分离杠杆调整不当，弯曲变形。

（4）离合器摩擦衬片变薄、硬化，铆钉外露或沾有油污等。

（5）压紧弹簧过软或折断，膜片弹簧受热退火变软或变形，致使压紧力不足。

（6）离合器与飞轮的连接螺栓松动。

（7）离合器压盘或飞轮表面翘曲变形。

3. 故障诊断与排除

（1）首先进行故障确诊，然后再进行逐项检查。

① 启动发动机，拉紧驻车制动，挂上低速挡，缓缓放松离合器踏板，使离合器逐渐接合，若汽车不能起步，而发动机无负荷感，但能继续运转又不熄火，即为离合器打滑。

② 汽车加速行驶时，若发动机转速升高，而车速不随之相应升高，让驾驶员感到行驶无力，严重时有焦臭味或出现冒烟现象，则为离合器打滑。

（2）故障确诊后，按图 12-5 所示流程诊断并排除故障。在诊断过程中要注意检查离合器压盘和从动盘的磨损和变形情况，若超过规定的技术要求，则必须及时维修或更换。如捷达车离合器的从动盘摩擦衬片铆钉头最小深度为 0.3 mm，在从动盘外边缘 2.5 mm 处端面跳动量不应大于 0.5 mm，压盘向内扭曲量最大不应大于 0.20 mm，超出极限则应更换。

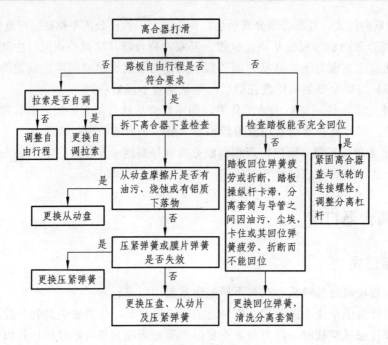

图 12-5　离合器打滑的故障诊断流程

（三）离合器接合不平顺

1. 故障现象

离合器接合不平顺具体表现为汽车起步发抖或发闯。汽车用低速挡起步时，虽然逐渐放松离合器踏板，并缓缓踩下加速踏板，但离合器不能平顺接合，产生振抖；严重时整车出现振抖或突然闯出。

2. 故障原因

离合器发抖故障的实质是其主、从动盘之间接触不平顺，在同一平面内接触时间不同。离合器发闯则为主、从动盘突然接合之结果。

离合器发闯的主要原因为分离套筒涩滞、踏板回位弹簧折断或脱落、踏板轴锈涩等导致踏板回位不自如；而离合器发抖的主要原因为：

（1）离合器自由行程过小，分离杠杆内端面不在同一平面内。

（2）从动盘波形弹簧片损坏，摩擦片油污、破裂、凹凸不平或铆钉外露，接合时断时续。

（3）主、从动盘磨损不均或翘曲不平，接合时出现局部接触，压不紧而出现抖动现象。

（4）离合器压紧弹簧弹力不均，个别折断或高度不一致，膜片弹簧弹力严重不足。

（5）变速器与飞轮壳或发动机之间的固定螺栓松动。

（6）从动盘扭转减振器损坏，膜片弹簧固定铆钉松动。

（7）从动盘、中间压盘因花键锈蚀、积污而移动发滞。

（8）分离叉轴及衬套磨损严重或分离叉支点破损。

3. 故障诊断与排除

使发动机怠速运转，踩下离合器踏板，变速器挂入低速挡，再慢慢放松离合器踏板，轻踩加速踏板让汽车起步，若车身有明显的振抖，并发出"哐当"的撞击声，则为离合器发抖；若汽车不是平顺起步，而是突然闯出，则为离合器发闯。其故障诊断流程如图 12-6 所示。

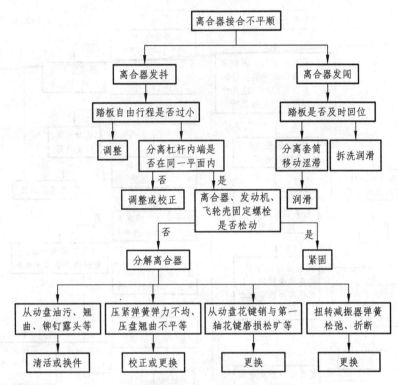

图 12-6 离合器接合不平顺的故障诊断流程

（四）离合器异响

1. 故障现象

在汽车行驶过程中，踩下离合器踏板时发出异响，放松踏板时异响消失；或踩下、放松离合器踏板时都有异响。离合器异响往往在发动机启动后、汽车起步前离合器接合和分离时产生。

2. 故障原因

（1）分离轴承损坏或润滑不良。

（2）踏板回位弹簧过软、折断，离合器踏板无自由行程。

（3）分离轴承套筒与导管脏污，其回位弹簧过软、折断，使分离轴承回位不佳。

（4）分离叉或其支架销、孔磨损松旷。

（5）从动盘摩擦片铆钉松动、外露或摩擦片破裂、减振弹簧折断等。

（6）离合器盖与压盘配合松动，从动盘花键配合松旷。

（7）双片离合器中间压盘传动销、孔磨损松旷。

3. 故障诊断与排除

发动机怠速运转，拉紧驻车制动，变速器挂空挡，慢慢踩下离合器踏板，倾听响声变化；再缓缓放松离合器踏板，倾听响声变化。如此反复多次，均出现不正常响声，即为离合器异响。离合器异响的故障诊断流程如图 12-7 所示。

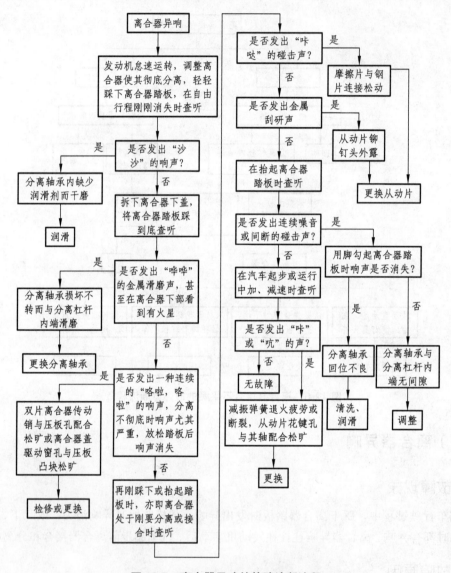

图 12-7 离合器异响的故障诊断流程

三、变速器的故障诊断

变速器具有变速变矩、使汽车倒驶、利用空挡切断发动机的动力传递等功用，主要由操纵机构、传动机构及壳体组成。图 12-8 所示为奥迪 100 轿车变速器传动简图。变速器工作时，各零部件需适应运转速度的频繁变化，同时承受各种不同载荷，随汽车行驶里程的增加，磨损、变形也随之加大，各零件间的配合关系变坏，引起跳挡、乱挡、换挡困难、卡挡、异响及漏油等一系列故障。

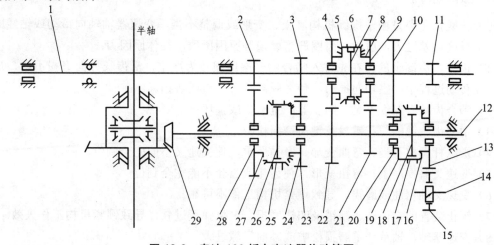

图 12-8 奥迪 100 轿车变速器传动简图

1—输入轴；2、3、4、9、10—一、二、三、四、五挡主动齿轮；5、8、16、19、24、27—同步器锁环；
6、17、25—同步器接合套；7、18、26—同步器花键毂；11、13—倒挡主、从动齿轮；12—输出轴；
14—倒挡齿轮轴；15—倒挡中间轴；20、21、22、23、28—五、四、三、二、一挡从动齿轮；
29—主减速器主动锥齿轮

变速器操纵控制有手动和自动之分，下面以手动普通机械变速器为例进行变速器的故障分析（自动变速器的故障诊断见下一模块），变速器常见故障部位和故障原因见表 12-2。

表 12-2 普通机械变速器常见故障部位和故障原因

序号	故障部位	故障现象及危害	故障原因
1	壳体	漏油，跳挡，松动，冲击振动，异响	破裂，端面不平，衬垫损坏，变形，形位误差超标
2	轴承	撞击，卡滞，异响	磨损松旷，座孔失圆，钢球、支架剥落
3	齿轮	跳挡，撞击，异响	齿面剥落，断裂，磨损松旷，齿轮不配套
4	第一轴	异响	与曲轴同轴度超差，键槽齿磨损
5	第二轴	轴向窜动，跳挡，异响	磨损，弯曲变形，固定螺母松动
6	同步器	跳挡，换挡困难	锁销松旷，锥盘、锥环磨损擦伤
7	锁止结构	跳挡，乱挡	磨损，失效
8	变速叉轴	跳挡，挂挡困难	磨损，弯曲变形
9	拨叉	齿轮不能正常啮合，跳挡	弯曲变形，磨损，固定螺钉松动
10	变速杆	换挡困难，乱挡	球头磨损，定位销松旷，下端面磨损
11	油封	漏油	损坏，密封不良

（一）变速器跳挡（脱挡）

1. 故障现象

汽车在某一挡位行驶时，变速杆自动跳回空挡。跳挡一般发生在发动机中高速、负荷突然变化或车辆剧烈振动时，尤其在重载加速或爬坡时，且多发生在直接挡或超速挡。

2. 故障原因

变速器跳挡主要是由于操纵机构磨损、变形或调整不当，变速器轴轴向窜动或轴线的同轴度、平行度误差过大，齿轮、齿圈严重磨损等原因所致，具体原因为：

（1）齿轮、齿圈上的齿在先进入啮合的一端磨损较为严重，沿齿长方向磨损不均，形成锥形，在传动过程中产生轴向推力，使之脱离啮合，造成跳挡。

（2）啮合齿啮入深度不足，同步器严重磨损或损坏。

（3）滑移齿轮键槽与花键毂花键齿磨损松旷。

（4）操纵杆调整不当、弯曲变形、磨损严重，使变速叉不能完全到位。

（5）变速叉磨损严重、弯扭变形，使齿轮或齿套不能完全到位。

（6）变速叉轴弯曲或磨损，导致锁紧机构工作不可靠。

（7）锁止装置的定位球、锁销及凹槽磨损，定位弹簧过软，导致锁紧机构工作失效。

（8）变速器轴、轴承严重磨损松旷或轴向间隙过大。

（9）变速器轴的同轴度、平行度误差过大。

（10）变速器第二轴前端固定螺母松动、变速器固定螺栓松动。

3. 故障诊断与排除

变速器跳挡应按图 12-9 所示诊断流程进行检查与排除。

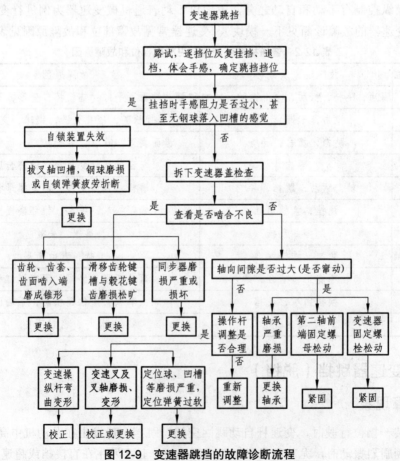

图 12-9　变速器跳挡的故障诊断流程

（1）确定跳挡的挡位。在行驶过程中将变速杆挂入某挡，稍收油门，若变速杆自动跳回，则可诊断为该挡跳挡。

（2）若变速器直接挡跳挡，但并未发现变速器其他故障，则应检查第一轴与曲轴同轴度。

（3）变速器挂挡时，变速杆阻力甚小或无阻力，且该挡跳挡，则多为变速叉轴自锁不良。

（4）挂挡时变速杆移动距离变短，且该挡跳挡，说明齿轮啮入深度不足，多系变速叉磨损或向一侧弯曲变形所致。

（5）变速器维修后出现跳挡时，则应考虑变速器在装配时改变了原来的配合状况，如花键毂方向装反等。

（6）变速器操纵机构的调整。车型不同，操纵机构的调整要求也不同。捷达轿车操纵机构的调整过程如下：

① 将变速器置于空挡位置，松开夹箍。

② 拆卸换挡手柄及防尘罩，放入专用定位夹具 U-40026（不要夹得太紧）。

③ 旋紧夹箍螺栓，试挂所有挡位，换挡应轻便，之后取下专用工具。

④ 操纵机构微调。松开螺栓 B，将变速器置于 1 挡，转动调整偏心环 A，使尺寸 a=1.5 cm，拧紧螺栓 B，如图 12-10 所示。

⑤ 试挂所有挡位，应轻便、自如，无发卡现象，且倒挡锁止机构有效。

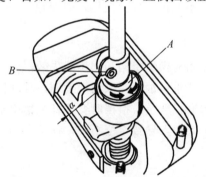

图 12-10　捷达轿车变速器操纵机构调整

A—调整偏心环；*B*—螺栓

（二）变速器乱挡

1. 故障现象

离合器技术状况正常，汽车起步挂挡或行驶中换挡时，变速杆不能挂入所需挡位；或虽能挂入所需挡位，但不能退回空挡；或一次挂入两个挡位。

2. 故障原因

变速器乱挡的主要原因是其操纵机构失效，故障部位在变速杆、变速叉与叉轴及互锁装置，其具体原因为：

（1）变速杆定位销磨损松旷、断裂或脱出，使变速杆失去控制作用，任意乱摆。

（2）变速杆下端弧形工作面磨损过大，不能正确拨动变速叉或导块。

（3）变速叉弯曲、下端面或变速叉导块磨损过度。

（4）变速叉轴弯曲，互锁销、钢球或凹槽磨损过甚，失去互锁作用。

（5）第二轴前端滚针轴承烧结，使第一轴和第二轴连成一体。

3. 故障诊断与排除

（1）摆动变速杆，若变速杆能成圈转动，则为定位销折断或脱出；若变速杆摆动幅度较大，则为定位销磨损过甚。出现以上两种情况均应更换定位销，并调整变速杆。

（2）若变速器只能挂挡，不能退回空挡，且变速杆可以转动而引起错挡，则为变速杆下端球面或导块、变速叉凹槽磨损过甚。若变速杆摆动量甚大，不能退回空挡位置，说明变速杆下端球形工作面已脱出导块、凹槽或变速叉拨槽，必须对其进行焊补修复或更换。

（3）若能同时挂入两个挡位，说明互锁销、钢球磨损过甚而失去互锁作用，必须予以更换。

（4）若除空挡和直接挡外，其他挡位均不能正常工作，则应检查第二轴前端滚针轴承是否烧结而使一、二轴连成一体，若是，则应予清除或更换。

（三）变速器换挡困难

1. 故障现象

离合器工作良好，变速杆不能正常挂上挡位，或者勉强挂入挡位后，又很难退回。

2. 故障原因

变速器换挡困难的主要原因为操纵机构和同步器失效，具体原因为：

（1）变速叉轴弯曲变形，严重锈蚀，端头出现毛刺，移动困难。

（2）变速叉或导块、凹槽磨损严重，换挡时变速杆从槽中滑出，造成挂挡、摘挡困难。

（3）锁止钢球或凹槽严重磨损，导致定位不准，挂不上挡，还可能出现乱挡。

（4）变速杆调整不当。

（5）同步器损坏或严重磨损。

3. 故障诊断与排除

（1）检查变速杆有无损坏，调整是否正常，并视情调整、校正或更换。

（2）查看齿轮齿端倒角是否过小、是否出现毛刺，若出现此类情况，则应予更换。

（3）检查变速叉轴能否正常移动，变速叉及导块凹槽是否磨损过度，锁紧螺钉有无松动，视情修复或更换。

（4）检查锁止机构的钢球、凹槽磨损情况，视情修复或更换。

（5）检查各同步器，失效则更换。

（6）若上述各项均正常，则需检查变速器齿轮及轴的装配和配合情况，如不正常则应重新装配。

（四）变速器异响

1. 故障现象

变速器异响是指变速器内发出不正常响声，主要表现为：

（1）变速器空挡异响。发动机怠速运转，变速器处于空挡时即有异响，踩下离合器踏板后响声消失。有的空挡异响不明显，但在汽车起步、离合器处于半接合状态时，有强烈的金属摩擦声。

（2）直接挡工作无异响，其他挡均有异响。

（3）低速挡有异响，高速挡时响声减弱或消失。汽车在一、二挡及倒挡行驶时异响明显，高速挡（直接挡或超速挡）行驶时，响声减弱或消失。

（4）变速器个别挡有异响。汽车行驶时，只在某一挡位有异响。

（5）变速器各挡均有异响。汽车以各挡行驶时，变速器均有异响，车速越高，响声越大。

2. 变速器异响部位

变速器异响较复杂，异响部位较多，发出的响声也不同。

（1）齿轮啮合异响。一般是"刚啷、刚啷"的相互撞击声，与道路条件有关。当车速相对稳定时，响声减弱或消失；在变速器温度升高、润滑油较稀时响声较为严重。

（2）轴承异响。滚动轴承疲劳剥落破损，磨蚀松旷及润滑不良等原因，均会产生"哗啦啦"的响声，同时还会影响到齿轮的正常啮合，齿轮异响随之产生，其响声随车速改变而改变。

（3）变速叉凹槽异响。在汽车运行中时有时无，尤其在不平路面行驶时，操纵杆摆动会发出一种较为沉闷、无节奏的声音，握住操纵手柄响声即可消失。

（4）其他异响。金属干摩擦声及轮齿折断、变速器内异物所造成的异响。

3. 故障原因

（1）新更换的齿轮副不匹配或单独更换了一个齿轮，破坏了原来的配合。

（2）轮齿磨损过度，齿侧间隙变大，导致齿面撞击声响。

（3）齿轮齿面损伤或齿轮断裂、个别齿折断，造成较为强烈的金属敲击声响。

（4）同步器的严重磨损、锁环滑块槽的严重磨损及环齿折断均会产生不正常响声。

（5）齿轮油不足或变质，将导致各运动副润滑不良，出现金属干摩擦声响。

（6）各轴弯曲变形，同轴度、垂直度误差过大，影响了齿轮的正常啮合和轴承的正常运转。

（7）滑移齿轮齿槽与花键齿磨损严重、配合松旷，导致主、从动齿轮相互撞击，产生异响。

（8）变速器壳体磨损、变形及总成定位不良，破坏了各齿轮副、轴承及花键齿的配合精度，是导致变速器异响的重要原因。

（9）变速操纵机构中，变速杆及变速叉变形、松动及过度磨损均会造成异响。

4. 故障诊断与排除

变速器异响与挡位、齿轮副转速、负荷等因素均有关系，挡位不同，齿轮副转速不同，参加工作和承受载荷的零件也不同，因而异响部位也不同。

（1）在汽车行驶中，若听到变速器部位有金属干摩擦声，触摸变速器外壳感到烫手，则为润滑油不足或变质，应按规定添加或更换变速器润滑油。

（2）变速器空挡异响的故障诊断。变速器空挡时，承受负荷的仅有第一轴常啮合齿轮及其轴承。

① 发动机怠速运转，变速器置空挡时有异响，拉紧驻车制动后响声加重，踩下离合器踏

板响声即消失。行驶中响声并不明显，用听诊器或金属棒触听变速器前端，异响较其他部位强烈，则为第一轴后轴承及其承孔磨损松旷。

② 在上述工况下，若变速器有不均匀的噪音，拉紧驻车制动后响声更大，汽车行驶中声响也清晰，多为常啮合齿轮啮合不良。变速器轴同轴度、垂直度误差过大，将导致齿轮啮合不良，产生异响，且在非直接挡行驶时，响声增大。

③ 发动机怠速运转时，变速器有明显噪音，转速提高，噪音增大，并转为齿轮撞击声。可先轻轻推拉变速杆，若有明显振动感，可旋松变速器盖固定螺栓，将盖微微移动，若移至某种程度时响声减轻或消失，说明变速器盖定位失准，应重新定位、安装。若响声不变，则应检查变速叉有无松动、变形，若有，则进行校正和紧固。

（3）直接挡工作无异响，其他挡均有异响的故障诊断。普通变速器在直接挡工作时，中间轴和第二轴前轴承并不承受负荷，而在其他挡工作时，二者均有负荷。其诊断过程如下：

① 若在任一非直接挡工作时，变速器均有连续的金属敲击声，并伴有变速杆的前后振摆，说明第二轴前滚针轴承损坏。

② 在任一非直接挡工作时，均有连续的沉闷噪音，且在毗邻直接挡的低速挡噪音尤重，多为中间轴前或后轴承损坏。

③ 若以任一非直接挡行驶时，变速器突然出现强烈的"当当"的金属敲击声，则多为第一轴常啮合齿轮副个别齿折断。

④ 出现上述情况后，可拆下变速器盖予以验证。若第二轴前端径向间隙过大，说明滚针轴承不良；若中间轴径向间隙过大，说明其两端轴承不良；啮合齿轮损伤可直接目测。

（4）低速挡有异响，高速挡时响声减弱或消失的故障诊断。变速器在一、二挡和倒挡传递扭矩较大，且一、二挡齿轮又接近二轴后轴承，因此在低挡时轴承负荷比高挡时大得多，若有损坏则特别易在一、二挡时表现出来。

① 驾起驱动桥，启动发动机，使变速器在一、二挡或倒挡运转。查听异响并辅之以听诊器或金属棒听诊，可确诊异响部位在第二轴后轴承及倒挡齿轮处。

② 停车并将变速器置于空挡，放松驻车制动。径向晃动第二轴凸缘，若其径向间隙过大，说明第二轴后轴承松旷或损坏。

（5）变速器个别挡异响的故障诊断。变速器个别挡异响多为在异响挡位工作时，承受负荷的齿轮、轴承磨损或损坏所致。

① 若某挡有异响，可能是该挡齿轮啮合不良或齿面剥落损伤、断齿等，可拆下变速器盖予以验证。

② 更换某挡齿轮后，该挡产生异响，则为单独更换了一个齿轮，破坏了原来的配合所致。

（6）变速器各挡均有异响的故障诊断。变速器各挡均有异响，多为变速器壳严重磨损、变形所致。

① 变速器在各挡行驶均有连续而沉闷的异响，且挂挡吃力，变速器温度过高，其原因是第二轴弯曲或壳体的轴孔中心距偏小而使齿轮啮合间隙过小。

② 汽车在各挡行驶时，变速器均有杂乱噪音，车速越高，噪音越大，多为更换中间轴或第二轴后轴承后使齿轮啮合位置改变所致。若二轴与各滑动齿轮花键配合松旷，则在高速挡行车时响声明显，特别是突然踩下加速踏板时，响声更为清晰。

（7）汽车运行中时有时无，尤其在不平路面上行驶时，操纵杆摆动会发出一种较沉闷、无节奏的响声，而握住手柄时响声即消失，一般为变速叉凹槽磨损或操纵杆下端工作面磨损所致，可焊补修复或更换。

（8）若上述检查均正常，则应检查变速器螺栓螺母是否松动，变速器内有无异物等。

（五）变速器过热

1. 故障现象

汽车在行驶中可听到金属摩擦声，行驶一段路程后，用手触摸变速器，有过热烫手的感觉。

2. 故障原因

（1）齿轮油不足，齿轮油黏度过小或型号不对。

（2）齿轮啮合间隙过小。

（3）轴承装配过紧。

3. 故障诊断与排除

（1）用手触摸变速器，若发热烫手，则说明变速器过热。

（2）检查油面和油质。必须按原厂规定的型号及油面高度（油量）加注润滑油，如捷达轿车需加入 1.5L GL4 SAE80 或 G50 SAE75 W90 润滑油。

（3）对于新修的变速器，应检查齿轮啮合间隙或轴向间隙是否过小、轴承是否过紧等。

（六）变速器漏油

变速器漏油是指变速器盖、前后轴承盖或其他部位渗漏润滑油，其主要原因为各轴油封、油堵、衬垫等密封不良；或回油螺纹积污、磨损变浅；或润滑油过多、壳体破裂等。可根据油迹来判断漏油部位、查找漏油原因，并及时予以排除。

四、万向传动装置的故障诊断

汽车经常在复杂的道路上行驶，传动轴便是在其角度和长度不断变化的情况下传递扭矩的。万向节轴承磨损松旷，各连接处的松动，传动轴的弯曲变形、不平衡等，均可导致异响与振抖。万向传动装置的常见故障部位和故障原因见表 12-3。

表 12-3 万向传动装置常见故障部位和故障原因

序号	故障部位	故障现象及危害	故障原因
1	传动轴	严重摆振	凹陷、弯扭变形、安装不当、平衡块脱落
2	万向节	异响	装配不当、转动不灵活、轴颈磨损
3	中间支承	异响	装配歪斜、支架螺栓松动、减振胶垫裂损
4	中间轴承	异响	润滑不良、内座圈松旷、轴承损坏
5	十字轴轴承	异响	轴颈磨损松旷、滚针断碎、润滑不良
6	万向节滑动	异响	花键齿配合松旷、轴承座孔磨损

（一）汽车起步时有撞击声，行驶中始终有异响

1. 故障现象

汽车起步时传动轴有撞击声，行驶中当车速变化或高速挡低速行驶时也会出现撞击声，整个行驶过程响声不断。

2. 故障原因

此故障为连接松旷所致，具体部位如下：

（1）传动轴各凸缘连接处有松动。

（2）万向节轴承磨损松旷。

（3）中间轴承支架固定螺栓松动，内座圈松旷。

（4）后钢板弹簧 U 型螺栓松动。

3. 故障诊断与排除

（1）汽车行驶中突然改变车速时，总有一声金属敲击响，多为个别凸缘或万向节轴承松旷，应紧固凸缘或更换轴承。

（2）制动减速时，传动轴出现沉重的金属敲击声，应检查并紧固后钢板弹簧螺栓。

（3）起步和改变车速时，撞击声明显，汽车低速行驶比高速行驶时异响明显，则为中间轴承内座圈静配合松动，应重新压配或更换轴承。

（4）起步或行驶中，始终有明显异响并有振动，则为中间轴承支架固定螺栓严重松动，重新拧紧则异响消失。

（5）停车，检测其游动间隙或目测并晃动传动轴各部，即可找出松旷部位。

（二）起步时无异响，行驶中却有异响

1. 故障现象

汽车起步时虽无异响，但加速时异响出现，脱挡滑行时异响仍然十分清晰。

2. 故障原因

（1）万向节装配过紧，转动不灵活。

（2）传动轴两端万向节不在同一平面内，破坏了传动轴的等速排列。

（3）中间轴承球架散离、轴承滚道损伤、轴承磨损松旷或润滑不良。

（4）中间轴承支架安装偏斜，或轴承在支架中的位置不正。

3. 故障诊断与排除

（1）低速行驶时出现清脆而有节奏的金属敲击声，脱挡滑行时声响仍清晰存在，多为万向节轴承壳压紧过甚使之转动不灵活，一般发生在维修之后。

（2）汽车行驶时，车速加快响声增大，脱挡滑行尤为明显，直到停车才消失，一般为中

间轴承响。若响声混浊、沉闷而连续，说明轴承散架，可拆下传动轴挂挡运转，验证响声是否出自中间轴承。若响声是连续的"呜呜……"声，则应检查中间轴承支架橡胶垫圈、紧固螺钉是否过紧或过松而使轴承位置偏斜，此时，可旋松轴承盖螺栓，若响声消失，则表明中间轴承安装偏斜；若仍有响声，则应检查轴承的润滑情况；如果响声杂乱，时而出现不规则的撞击声，则应检查传动轴万向节叉的等速排列情况。

（3）高速时传动轴有异响，脱挡滑行也不消失，则应检查中间轴承座圈表面是否有损伤以及支架的安装情况。

（三）行驶中有异响并伴随车身振抖

1. 故障现象

车速超过中速出现异响，车速越高响声越大，达一定速度时车身振抖，车门、方向盘等强烈振响。若此时空挡滑行，振动更强烈，降到中速振抖消失，但传动轴异响仍然存在。

2. 故障原因

（1）传动轴弯曲、平衡块脱落或轴管凹陷破坏了动平衡。
（2）传动轴凸缘和轴管焊接时歪斜。
（3）中间轴承支架垫圈磨损松旷。
（4）万向节十字轴回转中心与传动轴同轴度误差过大。
（5）传动轴万向节滑动叉花键配合松旷，变速器输出轴上的花键与凸缘花键槽磨损过甚。

3. 故障诊断

（1）若为周期性异响，且车速越快响声越大，应检查传动轴是否弯曲、平衡块有无脱落、传动轴套管是否凹陷、万向节滑动叉花键配合是否松旷。可检查传动轴游隙或用手晃动传动轴，若有晃动感则可确诊花键齿或各部螺栓松动、万向节轴及滚针磨损松旷。

（2）举起汽车或支起驱动桥，挂入高速挡，查看传动轴摆振情况。如果抬起加速踏板，当车速突然下降时摆振更大，则为凸缘和轴管焊接歪斜或传动轴弯曲所致，可拆下传动轴，检查是传动轴弯曲、轴管凹陷，还是凸缘和轴管焊接处歪斜。

（3）若连续振响，则应检查中间轴承支架垫圈径向间隙是否过大。松开中间轴承支架螺栓，发动机怠速运转，挂入低速挡，查看摆动情况。若摆动量较大，可拆下中间轴检查。若不弯曲又没有摆量或摆量不大，说明凸缘与轴管焊接良好，其故障为中间轴支架孔偏斜。若中间轴承无故障，则应检查万向节十字轴回转中心与传动轴的同轴度。

五、驱动桥的故障诊断

驱动桥一般由主减速器、差速器、半轴和桥壳组成，万向传动装置传来的动力依次经主减速器、差速器、半轴传给驱动轮。在汽车行驶中，由于轴承磨损松旷、损伤，齿轮啮合不良，齿面损伤及壳体变形等，会使驱动桥出现异响、过热和漏油等故障。按汽车的驱动形式不同，驱动桥有前驱动桥和后驱动桥之分，在此主要介绍后驱动桥的故障诊断。

（一）后驱动桥异响

（1）在行驶时后驱动桥发响，脱挡滑行时响声减弱或消失。

这种异响的主要表现是：行驶时发响，车速加快响声增大，脱挡滑行时响声减弱或消失。其故障原因为：

① 圆锥及圆柱主、从动齿轮，行星齿轮及半轴齿轮等啮合间隙过大，或半轴齿轮花键槽与半轴配合松旷。

② 圆锥主、从动齿轮啮合不良或啮合间隙不均，齿面损伤或轮齿折断。

③ 半轴齿轮与行星齿轮不配套。

后驱动桥传递动力时产生异响，滑行时异响明显减弱或消失，说明异响与各齿轮副的齿隙及啮合情况有关，这是诊断的重要依据，其故障诊断流程如图 12-11 所示。

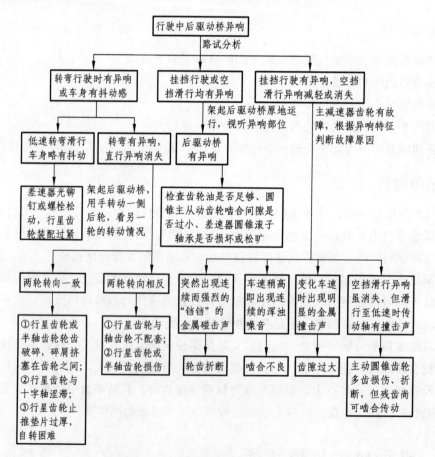

图 12-11　后驱动桥异响的故障诊断流程

（2）汽车行驶时后驱动桥发出异响，脱挡滑行也不消失。

这类异响的故障原因为：

① 圆锥、圆柱主动齿轮轴承松旷，多为轴承磨损、凸缘螺母松动或轴承调整不当所致。

② 差速器圆锥滚子轴承松旷，多为磨损、调整不当或轴承盖固定螺母松动所致。

③ 轴承间隙过小，预紧力过大，齿轮啮合间隙过小。

④ 润滑油不足。

诊断时应注意，这种异响与传动轴异响相似，但往往在车速变低时更为明显，其故障诊断流程如图 12-11 所示。

（3）汽车直线行驶良好，转弯时后驱动桥有异响产生。这种异响的主要原因为：

① 差速器行星齿轮与半轴齿轮不配套，使齿轮啮合不良。

② 行星齿轮、半轴齿轮磨损、折断或行星齿轮轴磨出台阶、止推垫片过薄，在转弯时因行星齿轮自转而发出异响。

③ 主减速器圆锥、圆柱从动齿轮与差速器壳的固定螺栓或铆钉松动。

④ 润滑油不足。

汽车直线行驶良好，转弯时后驱动桥有异响的故障诊断流程如图 12-11 所示。

（4）上、下坡时后驱动桥异响。

上坡时后驱动桥发响，为齿轮啮合间隙过小；下坡时后驱动桥发响，为齿轮啮合间隙过大；上、下坡时后驱动桥都有异响，则为齿轮啮合印痕不符合要求或轴承松旷。

（5）后车轮发响。

① 汽车低速行驶时，后轮有轻微的"哗啦哗啦"的异响，其原因为后轮圆锥滚子轴承损坏、轴承外座圈松动或制动鼓内有异物。诊断时，举起汽车或支起后驱动桥，加速后挂入空挡，如果其后轮出现行驶中的异响，说明制动鼓内有金属屑等异物或车轮圆锥滚子轴承损坏。若除有异响外，还伴有重载时制动鼓过热的现象，则应检查圆锥滚子轴承外座圈与轮毂配合是否松旷。

② 行驶中后车轮有沉重的金属撞击异响，且在不平道路上行驶时异响加重，其原因可能为车轮轮辋破碎、轮胎螺栓孔磨损过大，使轮胎固定不牢。发现此现象时立即停车，检查后轮轮辋的技术状况。

（二）后轮转动异常

1. 故障现象

制动系统正常，后轮转动困难，行驶一段路程后轮毂发热烫手，或后轮旋转偏摆，轮胎磨损异常。

2. 故障原因

（1）轮毂轴承装配过紧。

（2）轮毂轴承装配间隙过大或磨损松旷。

（3）轮毂轴承调整螺母和锁紧螺母松动。

（4）轮辋变形。

3. 故障诊断

（1）若后轮旋转偏摆、轮胎磨损异常，可检查车轮轴承是否松旷。若轴承调整螺母、锁紧螺母并未松动，但车轮松旷，则说明轮毂轴承磨损或调整不当；若车轮并不松旷，但车轮转动时偏摆，则说明轮辋拱曲变形。

（2）若后轮轮毂过热，可抽出半轴，架起车轮，若车轮转动阻力过大，说明轴承装配过紧，否则应检查润滑脂是否足够。

（三）过　热

当汽车行驶一定里程后，以手触摸主减速器壳，若有无法忍受的烫手感觉，则称为过热。手摸轴承部位，能忍受其热度但不能长久停留时，仍为适合温度；若不能忍受，说明轴承装配过紧，应重新调整。对普通过热，则为齿轮啮合间隙过小、润滑油不足，应重新调整齿轮啮合间隙，加足润滑油。

（四）后驱动桥漏油

后驱动桥漏油主要是由于主减速器油封、半轴油封损坏或安装不当，与油封接触的轴颈磨损或表面有沟槽，衬垫损坏或紧固螺钉松动，润滑油过多等原因造成的，可根据油迹判断漏油部位并排除。

（五）前驱动桥的故障诊断

现代轿车多采用前轮驱动方式，主减速器、差速器与变速器组装在一起，没有单独的驱动桥桥壳。前驱动桥主减速器或差速器故障可参照后驱动桥同类故障作出判断，同时应注意等速万向节工作不良引起的故障。

六、传动系异响的综合诊断

传动系异响较为复杂，应视情诊断，确定异响部位所在，其故障诊断流程如图 12-12 所示。

模块二　自动变速器的故障诊断

一、自动变速器的常见故障部位

自动变速器的结构和工作原理都很复杂，当出现故障时，盲目拆卸分解往往找不出产生故障的真正原因，甚至会造成自动变速器不应有的损坏。因此，应利用各种检测仪器和手段，按照由外到内、由简到繁的步骤和程序，诊断出故障原因，有针对性地进行检修。其常见故障部位和故障原因见表 12-4。

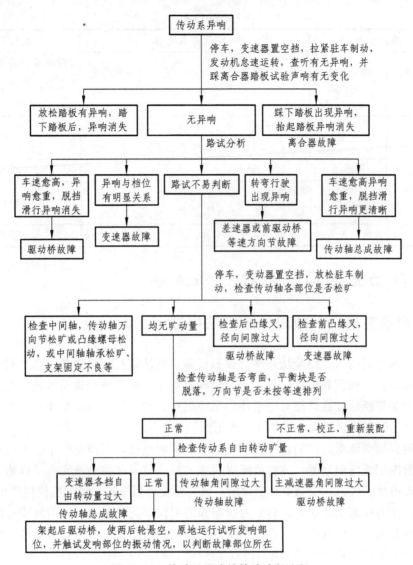

图 12-12　传动系异响的故障诊断流程

表 12-4　自动变速器常见故障部位和故障原因

序号	故障部位		故障现象及危害	故障原因
1	液力变矩器	单向离合器	传递动力下降，起步困难	失效
		锁止离合器	汽车油耗增加或怠速时踩制动熄火	打滑或烧结
2	齿轮变速器		过热、异响	磨损、润滑不良
3	液压控制系统	油泵	供油不足、压力降低	磨损间隙过大、密封圈失效
		阀体	打滑，缺挡或无挡，换挡冲击	磨损、卡滞、弹簧弹力下降、球阀丢失或错位、密封不良
		离合器	打滑，不能分离，缺挡或无挡，换挡冲击，换挡困难	从动盘磨损、烧损，钢片烧损，活塞密封圈损坏、单向阀失效，间隙不当等

续表 12-4

序号	故障部位		故障现象及危害	故障原因
3	液压控制系统	制动器或制动带	打滑,不能分离,缺挡或无挡,换挡冲击,换挡困难	从动盘或带磨损、烧损,钢片烧损,活塞密封圈损坏,间隙不当等
4	电子控制系统	控制单元	缺挡或无挡,油压不正常,换挡规律失常、动力性和经济性下降	损坏
		传感器	无参数型号或信号失常	损坏
		电磁阀	缺挡或无挡,油压不正常,锁止离合器工作不正常	损坏
		各种控制开关	变速器不能正常工作,动力性、经济性下降	损坏

二、自动变速器的故障诊断方法

(一)自动变速器的故障诊断方法概述

自动变速器可采用人工经验法和现代仪器设备诊断法进行故障诊断,其机械故障需要依靠维修经验进行人工检测和分析,但人工经验法对电子控制系统的诊断准确性差,效率低,而现代仪器设备诊断法往往只能对电子控制系统进行检测,因此自动变速器的最佳诊断方法是二者的结合,即现代仪器设备诊断法+人工经验诊断法。

电子控制自动变速器的控制单元内部有一个自诊断电路,它能在汽车行驶过程中不断监测自动变速器控制系统的故障,并将故障以代码的形式记录在控制单元内。维修人员可以采用特定的方式将故障代码从控制单元中读出,为自动变速器电控系统的检修提供依据。

自动变速器的检测仪器很多,有专用仪器和通用仪器两种形式。专用故障检测仪是汽车制造公司为本公司生产的汽车专门设计和生产的,这种检测仪只用于指定车型,如美国通用公司的 Tech 2 和德国大众公司的 V.A.G1551/1552 等。通用型检测仪可以检测不同车型的电脑,如美国 Snap-on 公司生产的 Scanner MT2400、MT2500 汽车电脑解码器,美国 LAE 公司生产的 OTL 汽车电脑解码器,元征公司生产的 431ME 汽车故障电脑分析仪,美国 TranX2000 自动变速器检测仪等。大部分故障检测仪能够读出自动变速器的故障代码。

(二)自动变速器故障代码的读取方法

自动变速器电控系统出现故障后,可利用汽车故障检测仪读取故障代码。汽车电脑检测仪读码较为简单,只需将通用或专用诊断检测仪与汽车上的专用故障检测连接器相连,按仪器提示操作即可读出故障码。

(三)自动变速器电子控制元件的检测方法

自动变速器电子控制元件出现故障后,可利用万用表等简单仪表直接进行人工检测,也可利用专用检测仪读取测量数据流，分析判断电子元件的工作性能。检测方法与发动机部分元件的检测方法类似，不再赘述。

三、自动变速器的性能检测

自动变速器出现故障后应首先观察故障指示灯的闪烁情况，然后读取故障代码，并按故障代码提示进行检测和维修。若故障指示灯正常或无故障代码，但自动变速器仍然有故障，则应进行性能检测，以确定故障范围，为进一步检修提供依据。

自动变速器的性能检测包括基础检测、失速试验、时滞试验、油压试验和道路试验。

（一）自动变速器的基础检测

自动变速器的基础检测包括油质和液面高度的检查、节气门拉线和选挡杆的检查、怠速的检查、空挡启动开关及强制降挡开关的检查等。

1. 发动机怠速的检查

发动机怠速过低，自动变速器换挡时，将引起车身振动，甚至导致发动机熄火；而怠速过高，汽车"爬行"现象严重，且易产生换挡冲击。因此，当自动变速器选挡杆置于"P"或"N"位时，发动机怠速应正常，否则应进行调整和检修，然后再做进一步的检测。

2. 自动变速器油质和液面高度的检查

自动变速器液面高度和油液品质的检查是自动变速器最基本的检查项目，也是决定自动变速器是否进行拆检的主要依据之一。

（1）液面高度的检查。

自动变速器液面过低将造成液压控制系统供油不足，汽车颠簸时还可能吸入空气，油压降低，使离合器、制动器烧损或打滑，还会造成润滑不良。而液面过高又会被旋转零件剧烈搅动而产生泡沫，使系统渗入空气，导致油压降低；液面过高还会阻滞阀体内排泄孔排油，导致换挡迟滞和换挡冲击。因此，各种型号的自动变速器对液面高度都有明确的规定：在液力变矩器及各换挡执行元件的活塞都充满油后，通常液面高度应在行星排等旋转零件的最低位置之下，但必须高于阀体总成与变速器壳体的安装接合面。

大部分自动变速器的液面高度可利用油尺来进行检查，操作方法是：将汽车停放在水平路面上，拉紧驻车制动；让发动机怠速运转，踩住制动踏板，将选挡杆分别拨至各个挡位，并在每个挡位上停留几秒，使液力变矩器和所有换挡执行元件都充满自动变速器油，最后再将选挡杆拨至停车挡"P"位；拔出油尺并擦干净，将擦干后的油尺全部插入加油管后再拔出，检查液面高度，自动变速器液面应位于油尺标定范围之内。注意，自动变速器冷态（低于 25 ℃）与热态（70～80 ℃）时油尺刻度范围不同。

（2）自动变速器油的更换。

各种型号的自动变速器对换油行驶里程或运行时间均有明确规定，必须定期更换。自动变速器可采用循环换油机换油，也可采用人工换油。采用人工换油时，应将油底壳中的油放净,用压缩空气将散热器中的残余油液吹出,从加油管加入规定牌号的自动变速器油,然后启动发动机,将选挡杆从"P"位变换到所有挡位后,再换回"P"位,检查自动变速器油面高度,应位于"COOL"的范围内;使发动机和自动变速器达到正常工作温度(70~80 ℃),再次检查油面高度,应位于"HOT"范围内。注意:按上述方法换油时,变矩器内的油是无法放出的,当油液污染严重时,应让汽车做短时间运行后再次换油。

3. 节气门拉线的检查与调整

节气门拉线调整不当,对液控自动变速器会导致换挡时刻的改变,造成换挡过早或过迟,使汽车加速性能变差或产生换挡冲击;对电控自动变速器将导致主油路压力异常,使换挡执行元件打滑或产生换挡冲击。

调整节气门拉线时,将加速踏板踩到全开位置,松开调整螺母,调整拉线,使防尘套与限位块的距离为 0~1 mm,然后拧紧调整螺母,并重新检查调整是否正确,如图 12-13 所示。

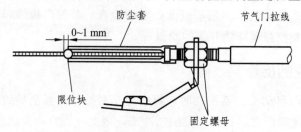

图 12-13 节气门拉线的调整

4. 选挡杆和挡位开关的检查与调整

选挡杆及挡位开关调整不当,会使选挡杆的位置与自动变速器阀体中手控阀的实际位置不符,易造成选挡错乱,并使选挡杆位置与仪表盘上挡位指示灯的显示不符,甚至造成在空挡或停车挡时无法启动发动机,因此必须进行检查和调整。

自动变速器型号不同,选挡杆的调整方法也不同。捷达车通过调整选挡杆锁止电磁铁来保证选挡杆的功能。调整时,在长孔内移动电磁铁,直至调整压杆和杠杆之间的间隙 $a=0.3$ mm,如图 12-14 所示。调整完成后,应检查选挡杆的功能:

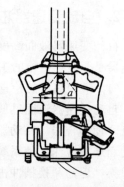

图 12-14 捷达车选挡杆的调整

(1)选挡杆置于"P"或"N"位,并打开点火开关,未踩下制动踏板时,选挡杆锁止;踩下制动踏板,锁止解除,选挡杆可挂入任一挡位。

(2)发动机只能在"P"或"N"位启动,选挡杆位于"1、2、3、D 和 R"位时,启动机均不能启动。

(3)将选挡杆拨至各个挡位,挡位指示灯和选挡杆位置应当一致;置于"R"位时倒挡灯应亮起。

(二)自动变速器失速试验

失速试验是检查发动机、液力变矩器及自动变速器中有关的换挡执行元件的工作是否正常的一种常用方法。

1. 失速试验的准备

行驶汽车，使发动机和自动变速器均达到正常工作温度，检查汽车的行车制动和驻车制动系统，并确认其性能良好，且自动变速器的油面高度应正常。

2. 失速试验步骤

（1）将汽车停放在宽阔的水平地面上，前后车轮用三角木块塞住。

（2）拉紧驻车制动，左脚用力踩住制动踏板。

（3）启动发动机，将选挡杆拨入"D"位。

（4）在左脚踏紧制动踏板的同时，用右脚将加速踏板踩到底，迅速读取此时发动机的最高转速。读取发动机转速后，立即松开加速踏板。

（5）将选挡杆拨入"P"或"N"位，使发动机怠速运转 1 min 以上，以防止自动变速器油因温度过高而变质。

（6）将选挡杆拨入"R"位，做同样的试验。

在选挡杆位于"D"或"R"位时，同时踩下制动踏板和加速踏板，发动机处于最大转矩工况，行星齿轮变速器的输入、输出轴静止不动，因而变矩器涡轮也静止不动，只有变矩器壳及泵轮随发动机一起转动，这种工况属于失速工况，此时的发动机转速称为失速转速。由于在失速工况下，发动机的动力全部消耗在液力变矩器油液的内部摩擦损失上，油液温度会急剧上升，因此，在失速试验中，加速踏板从踩下到松开整个过程的时间不得超过 5 s，否则会使自动变速器油因温度过高而变质，甚至损坏密封圈等零件。在一个挡位试验完成之后，不要立即进行下一个挡位的试验，要等油温下降以后再进行。试验结束后不要立即熄火，应将选挡杆拨入空挡或停车挡，让发动机怠速运转几分钟，以使自动变速器油温度正常。如果在试验中发现驱动轮因制动力不足而转动，应立即松开加速踏板，停止试验。

不同车型的自动变速器都有其失速转速标准，若失速转速与标准值不相符，说明自动变速器有故障。如果"D"、"R"位的失速转速均过高，可能是主油路油压过低、前进离合器打滑、倒挡执行元件打滑等；若失速转速均过低，可能是发动机动力不足、变矩器导轮单向离合器打滑等。如果仅在"D"位失速转速过高，可能是前进挡油路油压过低、前进离合器打滑等；如果仅在"R"位失速转速过高，可能是倒挡油路油压过低、倒挡执行元件打滑等。

（三）自动变速器时滞试验

在发动机怠速运转时，将选挡杆从空挡拨至前进挡或倒挡后，需要有一段短暂时间的迟滞或延时才能使自动变速器完成挡位的变换（此时汽车会产生一个轻微的振动），这一短暂的时间称为自动变速器换挡的迟滞时间。时滞试验就是测出自动变速器换挡的迟滞时间，根据迟滞时间的长短来判断主油路油压及换挡执行元件的工作是否正常。其试验步骤如下：

（1）行驶汽车，使发动机和自动变速器达到正常工作温度。

（2）将汽车停放在水平地面上，拉紧驻车制动。

（3）将选挡杆分别置于"N"位和"D"位，检查、调整怠速。

（4）将自动变速器选挡杆从"N"位拨至"D"位，用秒表测量从拨动选挡杆开始到感觉汽车振动为止所需的时间，该时间称为 N-D 迟滞时间。

（5）将选挡杆拨至"N"位，使发动机怠速运转 1 min 后，再做一次同样的试验。共做 3 次试验，取平均值作为 N-D 迟滞时间。

（6）按上述方法，将选挡杆由"N"位拨至"R"位，测量 N-R 迟滞时间。

大部分自动变速器的 N-D 迟滞时间小于 1.0～1.2 s，N-R 迟滞时间小于 1.2～1.5 s。若 N-D 迟滞时间过长，说明主油路油压过低，前进离合器、制动器磨损过甚或间隙过大；若 N-R 迟滞时间过长，说明倒挡油路油压过低，倒挡离合器、倒挡制动器磨损过甚或间隙过大。

（四）自动变速器油压试验

油压试验是在自动变速器工作时，测量控制系统各个油路中的油压，为分析自动变速器故障提供依据，以便有针对性地进行检修。自动变速器正常工作的先决条件是控制系统的油压正常，油压过高，会使自动变速器出现严重的换挡冲击，甚至损坏控制系统；油压过低，会造成换挡执行元件打滑，加剧其摩擦片的磨损，甚至会烧毁换挡执行元件。油压试验的内容取决于自动变速器的类型及测压孔的设置，主要测试前进挡和倒挡的主油路油压，液控自动变速器还需测量调速阀油压。

（1）行驶汽车，使发动机和自动变速器均达到正常工作温度，然后将汽车停放在宽阔的水平地面上，前后车轮用三角木块塞紧。

（2）拆下自动变速器壳体上主油路测压孔或前进挡油路测压孔螺塞，接上高量程油压表。

（3）启动发动机，将选挡杆拨至前进挡"D"位，读出发动机怠速运转时的油压。该油压即为怠速工况下的前进挡主油路油压。

（4）用左脚踩紧制动踏板，同时用右脚将加速踏板完全踩下，在失速工况下读取油压。该油压即为失速工况下的前进挡主油路油压。

（5）将选挡杆拨至空挡或停车挡，使发动机怠速运转 1 min 以上。

（6）将选挡杆拨至各前进低挡"S、L"或"2、1"位置，重复操作，读出各前进低挡在怠速工况和失速工况下的主油路油压。

（7）将选挡杆拨至倒挡"R"位，在发动机怠速和失速工况下读取倒挡主油路油压。不同车型自动变速器的主油路油压各不相同，若主油路油压过低，可能是油泵供油不足，主调压阀卡死或弹簧过软，节气门拉线或节气门位置传感器调整不当，节气门阀卡滞、油压电磁阀损坏或线路故障，制动器或离合器活塞密封不良，油路密封圈破损等。

（五）自动变速器的道路试验

道路试验是诊断、分析自动变速器故障的最有效手段之一，试验内容主要为：检查换挡车速、换挡质量及换挡执行元件有无打滑现象。在道路试验之前，应先让汽车以中低速行驶 5～10 min，使发动机和自动变速器都达到正常工作温度。在试验中，如无特殊需要，通常应将超速挡开关置于"ON"位（即超速挡指示灯熄灭），并将模式开关置于普通模式或经济模式位置。

1. 升挡过程和升挡车速的检查

将选挡杆拨至前进挡"D"位，踩下加速踏板，使节气门保持在 1/2 开度左右，让汽车起步加速，检查自动变速器的升挡情况。自动变速器在升挡时发动机会有瞬时的转速下降（转速表指针迅速回摆），同时车身有轻微的闯动感。一般四速的自动变速器在节气门开度保持在 1/2 开度时，一挡升至二挡的升挡车速为 25～35 km/h，由二挡升至三挡的升挡车速为 55～70 km/h，由三挡升至四挡的升挡车速为 90～120 km/h。若升挡车速过低，一般是控制系统的故障所致；若升挡车速过高，可能是控制系统有故障，也可能是换挡执行元件有故障。

2. 升挡时发动机转速的检查

正常情况下，若自动变速器处于经济模式或普通模式，节气门保持在低于 1/2 开度范围内，则在汽车由起步加速直至升入高挡的整个行驶过程中，发动机转速都将低于 3 000 r/min。通常在即将升挡时，发动机转速可达到 2 500～3 000 r/min，在刚刚升挡后的短时间内，发动机转速将下降至 2 000 r/min 左右。如果在整个行驶过程中发动机转速始终过低，加速至升挡时仍低于 2 000 r/min，则说明升挡时间过早或发动机动力不足；如果在行驶过程中发动机转速始终偏高，升挡前后的转速在 2 500～3 000 r/min 之间，而且换挡冲击明显，则说明升挡时间过迟；如果在行驶过程中发动机转速过高，经常高于 3 000 r/min，在加速时达到 4 000～5 000 r/min，甚至更高，则说明换挡执行元件（离合器或制动器）打滑。

3. 换挡质量的检查

换挡质量的检查主要是检查有无换挡冲击。正常的自动变速器只能有不太明显的换挡冲击，特别是电子控制自动变速器的换挡冲击应十分微弱。若换挡冲击过大，可能是油路油压过高、换挡执行元件打滑、蓄压器或缓冲阀失效等，应做进一步的检查。

4. 锁止离合器工作状况的检查

让汽车加速至超速挡，以高于 80 km/h 的车速行驶，并让节气门开度保持在低于 1/2 开度的位置，使变矩器进入锁止状态。此时，快速将加速踏板踩下至 2/3 开度，同时检查发动机转速的变化情况。若发动机没有太大变化，则说明锁止离合器处于接合状态；反之，若发动机转速升高很多，则表明锁止离合器没有接合，其原因通常是锁止离合器控制系统有故障。

5. 发动机制动作用的检查

将选挡杆拨至前进低挡"S、L"或"2、1"位置，在汽车以二挡或一挡行驶时，突然松开加速踏板，若车速立即随之而降，说明有发动机制动作用，否则说明控制系统或相关的离合器、制动器有故障。

6. 强制降挡功能的检查

将选挡杆拨至前进挡"D"位，保持节气门开度为 1/3 左右，在以二挡、三挡或超速挡行驶时突然将加速踏板完全踩到底，检查自动变速器是否被强制降低一个挡位。在强制降挡时，发动机转速会突然上升至 4 000 r/min 左右，并随着加速升挡，转速逐渐下降。若踩下加速踏板后没有出现强制降挡，则说明强制降挡功能失效。若在强制降挡时发动机转速异常升高达5 000 r/min 左右，并在升挡时出现换挡冲击，则说明换挡执行元件打滑，应检修自动变速器。

7. "P" 位制动效果的检查

将汽车停在坡度大于 9% 的斜坡上，选挡杆拨入 "P" 位，松开驻车制动，检查机械闭锁爪的锁止效果。

四、自动变速器的常见故障分析

自动变速器的常见故障主要为汽车不能行驶、加速无力、换挡冲击过大、不能升挡、无超速挡、无倒挡、挂挡后发动机易熄火、锁止离合器不能锁止及自动变速器油易变质等。导致自动变速器故障的原因很多，情况也比较复杂，可能是调整不当或电控系统故障，也可能是油泵、变矩器、控制阀、换挡执行元件等有故障。因此在诊断过程中，应先对电控系统进行检测，然后对有关部位进行相应调整，最后再进行分解检修，切忌盲目拆卸。

（一）汽车不能行驶

1. 故障现象

发动机运转正常，但无论选挡杆位于任何前进挡或倒挡，汽车都不能行驶。

2. 故障原因

（1）无油、油面过低或自动变速器油严重变质。
（2）进油滤网堵塞、油泵损坏或主油路严重泄漏。
（3）油压电磁阀、控制单元或线路有故障。
（4）选挡杆和手控阀摇臂间的连接杆或拉线松脱，手控阀保持在空挡或驻车挡位。
（5）前进第一挡和倒挡离合器、制动器严重打滑。
（6）变矩器故障或其传动板折断。
（7）停车闭锁机构或汽车其他部位有故障。

3. 故障诊断与排除

（1）首先排除汽车其他总成的故障，如制动能否正常解除，有无严重拖滞等。
（2）若故障指示灯闪亮，则应先读取故障代码，再按故障代码的提示排除故障。电控系统主要故障部位在主油路调压电磁阀，若电控系统故障排除后仍不能行驶，则继续下列检查。
（3）检查油面高度和油质。若油面过低或无油，则应检查自动变速器油底壳、散热器、油管等部位有无泄漏，视情修复并按规定补充自动变速器油。若油液呈乳胶状，则为散热器损坏或混入了发动机冷却液，应维修或更换散热器。若自动变速器油变黑，且油液中含有黑色渣粒，则可能是离合器或制动器烧损。
（4）检查选挡杆与手控阀摇臂之间的连接杆或拉线，如有松脱，则应予以装复，并重新调整选挡杆的位置。

（5）进行失速试验，若失速转速过高，则说明离合器或制动器烧损打滑；若失速转速过低，则说明液力变矩器失效而导致动力不足，应更换变矩器。

（6）检测主油路油压。若主油路没有油压，则可能是油泵不工作；若主油路油压过低，则可能是油泵进油滤网堵塞、油泵损坏、安全阀失效或主油路严重泄漏，应拆检自动变速器。

（7）若主油路油压正常，且变速器油变黑、有渣粒，则应拆检自动变速器，检测离合器与制动器间隙、摩擦片的磨损情况及活塞、油路的密封性。

（二）换挡冲击过大

1．故障现象

（1）汽车起步时，由停车挡或空挡挂入倒挡或前进挡时振动较为严重。

（2）行驶中，在自动变速器升挡的瞬间汽车有较明显的"闯"动。

2．故障原因

（1）发动机怠速过高。

（2）自动变速器油型号不符合规定。

（3）单向节流阀漏装、蓄压器活塞卡滞，不能起减振缓冲作用。

（4）蓄压器调压阀、各相关调压阀有故障。

（5）主油路油压电磁阀、蓄压器油压电磁阀等油压电磁阀或线路有故障。

（6）节气门拉线调整不当、真空式节气门阀的真空膜片、软管破裂或松脱。

（7）油路泄漏，换挡执行元件打滑。

（8）节气门位置传感器、车速传感器或线路有故障。

（9）锁止阀或锁止电磁阀有故障（锁止时换挡冲击过大）。

（10）控制单元及线路有故障或汽车其他部位（如传动系）有故障。

3．故障诊断与排除

（1）首先排除汽车其他部位的故障，确诊换挡冲击过大是由自动变速器原因所致。在诊断过程中，必须根据故障车的具体故障征兆（如所有挡位升挡时换挡冲击过大，或仅在某一挡位升挡瞬间换挡冲击较大等），检测不同故障的相关故障部位。

（2）若故障指示灯闪亮，则应读取故障代码，按提示检修并排除故障。主要排除调压电磁阀故障。

（3）检查发动机怠速，若过高则应进行调整。

（4）若刚刚更换过自动变速器油，则应询问或检查油的牌号是否符合规定。

（5）检查、调整节气门拉线。

（6）检测油压，并检查升挡瞬间油路压力的变化情况。如有异常，则应拆检阀体，检查蓄压器、相关调压阀等，尤其要注意检查单向节流阀是否错装或漏装，同时要检查密封圈的质量、油道的密封性等。

（7）若油压正常，则应进行时滞试验和路试，检测是否升挡过迟、有无迟滞现象、各换挡执行元件是否打滑等；若有，则应拆检自动变速器，检查换挡执行元件的间隙、磨损及元件油路的密封情况，做相应调整，必要时换件。

（三）汽车加速无力

1. 故障现象

（1）起步加速无力：发动机运转正常，选挡杆挂入任何前进挡位，都起步困难，加速无力，当车速达到一定值后，汽车在各挡运行正常。

（2）行驶中加速无力：汽车在行驶中能够正常换挡，但加速无力，或在某个挡位时加速无力，加速时发动机转速明显升高而车速上升缓慢。

2. 故障原因

汽车起步加速无力的主要故障原因为液力变矩器导轮单向离合器打滑，不再具有增扭作用，使液力变矩器变成了耦合器；而行驶中加速无力的主要故障原因是主油路油压过低或换挡执行元件打滑。具体原因如下：

（1）油面过低，油液变质。

（2）液力变矩器导轮单向离合器打滑。

（3）进油滤网堵塞，油泵损坏。

（4）主油路油压过低。

（5）离合器、制动器打滑或其油路泄漏。

（6）调压电磁阀有故障。

3. 故障诊断与排除

诊断时，应试车确诊是起步加速无力还是行驶加速无力。

（1）若故障指示灯亮，则提取故障码，并按故障码提示排除相应故障。多为调压电磁阀故障，视情排除。

（2）检查油面高度，若过低则需检查有无漏油之处，密封并按规定加油。若油变黑且有黑色颗粒，则可能是执行元件摩擦片烧损。

（3）试车，若只是起步加速无力，可能是变矩器导轮单向离合器打滑，也可能是前进一挡执行元件打滑。做失速试验，若失速转速过低，则为液力变矩器导轮单向离合器打滑，应拆检变矩器。检查导轮单向离合器，如果两个方向均能旋转，即可确认单向离合器失效，应更换变矩器。若失速转速过高，则可能是前进挡离合器或制动器打滑。

（4）如果汽车行驶加速无力，要确认是所有挡位加速无力还是仅在某一挡位加速无力。若汽车在所有挡位均加速无力，可能是主油路油压过低所致。检测主油路油压，若油压过低则应拆检油泵。清洗滤网，检查主油道的密封性，检修或更换阀体。

若汽车仅在某一挡位加速无力，则应拆检变速器，检查该挡位离合器或制动器是否磨损过甚，其活塞及油道密封圈有无破损，并视情维修或换件。

（四）汽车不能升挡

1. 故障现象

（1）汽车行驶中自动变速器始终保持在一挡，不能升入二挡及高速挡。

（2）行驶中自动变速器可以升入二挡，但不能升入三挡、超速挡或最高挡。

2. 故障原因

自动变速器不能升挡的主要原因在电子控制系统。

（1）节气门位置传感器、车速传感器或线路有故障。

（2）换挡电磁阀或线路有故障。

（3）换挡阀卡滞。

（4）二挡或高挡制动器、离合器及其油路有故障。

（5）强制降挡开关、制动开关、挡位开关、控制单元或线路有故障。

（6）液控变速器调速阀及其油路有故障。

3. 故障诊断与排除

进行故障诊断时，应试车观察汽车是只有一挡还是在某一挡位不能升挡，根据具体故障现象查找相关的故障原因，检修相关故障部位。

（1）若故障指示灯亮，则应先读码并按提示进行检修。可能是车速传感器、节气门位置传感器、强制降挡开关、制动开关、换挡电磁阀、控制单元及线路有故障，应根据检测结果排除相应故障。

（2）若无论节气门开度多大，汽车都只能以某一特定挡位运行，可能是因为电子控制系统出现故障或控制单元存在故障码，使控制系统执行了锁挡，应排除控制系统故障或消除故障码。

（3）按规定重新调整节气门拉线。

（4）若变速器为液控，则应测量调速阀油压。如果车速升高后调速阀油压仍为零或很低，则为调速阀有故障或调速阀的油路严重泄漏，应拆检调速阀，视情维修或更换。

（5）检查油面、油质及主油路油压，若不正常，则应拆检阀体或变速器。

（6）清洗滤网，检修油泵；分解阀体，检查相应换挡阀是否卡滞，如不能修复，则应更换阀体。

（7）分解自动变速器，检查相关离合器或制动器的磨损情况，并用压缩空气检查其油路或活塞有无泄漏，视情修复或更换。

（五）自动变速器无超速挡

1. 故障现象

（1）汽车行驶中，车速已升至超速挡范围，但自动变速器仍不能升入超速挡。

（2）车速达到超速挡工作范围后，采用提前升挡（即松开加速踏板几秒后再踩下）的方法也不能使自动变速器升入超速挡。

2. 故障原因

（1）超速挡开关、超速挡电磁阀或线路有故障。

（2）节气门位置传感器、车速传感器、自动变速器油温传感器、发动机水温传感器有故障。

（3）超速制动器、超速离合器严重打滑或超速单向离合器失效。

（4）超速离合器、制动器油路泄漏。

（5）3—4挡换挡阀卡滞。

（6）挡位开关、制动开关或线路、控制单元或线路有故障。

3. 故障诊断与排除

（1）若故障指示灯亮，则应首先进行仪器检测或人工读码，按提示查找故障部位，并检修或更换相关电子元件。故障点在水温传感器、油温传感器、车速和节气门位置传感器、O/D开关、挡位开关、制动开关或控制单元及其相关线路。

（2）用举升机将汽车举起或悬空驱动轮，运转发动机，让自动变速器在前进挡运行，检查在空载状态下自动变速器的升挡情况。如果在无负荷状态下仍不能升入超速挡，说明液压控制系统有故障，可能是超速挡（3—4挡）换挡阀卡滞。如果在空载状态下能够升入超速挡，且升挡车速正常，说明液压控制系统工作正常，不能升挡的原因为超速执行元件打滑。如果能够升入超速挡，但升挡后车速提不高、发动机转速下降，说明超速离合器或超速单向离合器卡死，应检修自动变速器。

（3）拆卸并分解阀体，检查3—4挡换挡阀，若不能修复，则更换阀体。

（4）拆检变速器，检查超速挡单向离合器是否失效，超速离合器、制动器是否磨损过度，其活塞及油道密封圈有无破损漏油，视情维修或更换。

（六）自动变速器无倒挡

1. 故障现象

选挡杆在任何前进挡位时，汽车均能向前行驶，且能正常换挡，但选挡杆在"R"位时，汽车不能向后行驶。

2. 故障原因

倒挡时，部分变速器的电子控制系统没有工作，有的变速器的电子控制系统仅进行调压控制。倒挡的液压控制也比较简单，主调压阀和节气门阀进行调压，液压油不经过换挡阀，由手控制阀控制直接进入倒挡离合器和制动器。因此，无倒挡的主要故障原因是倒挡制动器、离合器烧损或其油路油压过低，其具体原因如下：

（1）自动变速器油变质。

（2）倒挡油压过低。

（3）倒挡离合器、制动器打滑，单向离合器失效。

（4）选挡杆与手控制阀的连接和调整不当。

3．故障诊断与排除

（1）检查油质，若变黑，可能是倒挡离合器和制动器烧损。

（2）检查选挡杆与手控制阀的连接情况，若松动或位置不当，则应重新调整。

（3）检查"R"位时的油压，若油压过低，则应检查倒挡油道的密封情况。

（4）拆检变速器，检查倒挡离合器、制动器是否烧损或磨损过度，其活塞及油道是否漏油，并更换损坏的摩擦片、压盘或密封圈。

（七）挂挡后发动机怠速易熄火

1．故障现象

（1）汽车起步时，踩下制动踏板，将选挡杆由"P"位或"N"位换入任何前进挡或倒挡时，发动机易熄火。

（2）在前进挡或倒挡行驶中，踩下制动踏板停车时，发动机易熄火。

2．故障原因

此故障的主要原因是液力变矩器锁止离合器一直处于接合或半接合状态，其具体原因如下：

（1）锁止电磁阀或线路有故障。

（2）锁止阀或锁止信号阀卡在锁止位置。

（3）锁止离合器不能分离或分离不彻底

（4）车速传感器、挡位开关、控制单元或线路有故障。

（5）发动机怠速过低。

3．故障诊断与排除

（1）在空挡或停车挡时，检查、调整发动机怠速。

（2）若故障指示灯闪亮，则应先读取故障码，并根据提示检修锁止电磁阀、车速传感器、控制单元及线路等。

（3）若电控系统正常，则应拆检阀体，检查锁止阀和锁止信号阀，若不能修复则更换。

（4）若上述情况均正常，则为变矩器锁止离合器故障。拆卸变速器，将行星齿轮变速器的输入轴插入变矩器，锁住输入轴，转动变矩器壳，若不能转动或转动阻力非常大，说明锁止离合器不能正常分离，应更换液力变矩器。

（八）锁止离合器无锁止作用

1．故障现象

汽车行驶中，车速、挡位已满足了锁止离合器的锁止条件，但在迅速踩下加速踏板时，发动机转速先升高，车速滞后上升，且汽车油耗较大，即锁止离合器没有产生锁止作用。

2．故障原因

（1）锁止电磁阀或线路有故障。

（2）锁止阀、锁止信号阀及油路有故障。

（3）自动变速器油温传感器、车速传感器、节气门位置传感器或线路有故障。

（4）锁止离合器损坏、锁止油路严重泄漏。

（5）强制降挡开关、制动开关等工作不正常。

（6）控制单元或线路有故障。

3. 故障诊断与排除

（1）若故障灯亮，则应先读取故障代码，并按提示检测锁止电磁阀、强制降挡开关、制动开关、油温传感器、节气门位置传感器、车速传感器、控制单元及有关线路等。

（2）检查并调整节气门拉线。

（3）拆检阀体，检修锁止阀和锁止信号阀，并检查锁止油路有无泄漏，密封圈是否良好。

（4）若控制系统正常，说明锁止离合器损坏或严重打滑，应更换变矩器。

（九）自动变速器油易变质

1. 故障现象

（1）更换后的新自动变速器油使用不久即变质。

（2）自动变速器温度太高，从加油口处向外冒烟。

2. 故障原因

（1）自动变速器油牌号不符合规定。

（2）换油不彻底，仅仅更换油底盘内的油，而未更换变矩器和散热器中的油。

（3）发动机冷却液进入自动变速器冷却油路。

（4）汽车使用不当，经常超负荷或不正常行驶。

（5）自动变速器散热器或管路堵塞、散热器的限压阀卡滞等。

（6）离合器或制动器间隙过大、过小，运动件配合间隙过小。

（7）主油路油压过低，致使离合器或制动器在接合过程中打滑。

（8）液力变矩器有故障。

3. 故障诊断与排除

（1）查问汽车行驶情况。若汽车经常超负荷运行或不正常驾驶，如经常拖车或经常急加速、超速行驶等，应改变汽车行驶状况，按规定要求行车。

（2）若行驶正常，则应检查油面和油质。若油面过低，则应按规定补充加油。若油液呈乳胶状，则可能是变速器散热器破裂以致发动机冷却液进入自动变速器冷却系统，对此，应检修或更换散热器。若混有黑色固体颗粒，则为换油不彻底或离合器、制动器烧片所致。对于前者，应进行循环换油；对于后者，应拆检自动变速器。

（3）若油面高度和油质正常，则应检测油温。让汽车以中速行驶 5～10 min，待自动变速器达到正常工作温度后，在发动机运转过程中检查自动变速器散热器的温度。在正常情况下，散热器的温度可达 60 ℃ 左右。

（4）若油温正常，应检测主油路油压。若主油路油压过低，则应检查调压电磁阀及线路，调整节气门拉线，检修油泵、阀体及相应油路。

（5）若油温过高，则应检查自动变速器冷却系统。拆下进油管、中速运转发动机或自动变速器，若散热器无油流出或流量较小，说明散热器或管路堵塞，也可能是散热器限压阀（旁通阀）卡滞在常开位置。

（6）若冷却系统正常，则可能是运动件配合间隙过小，使油温升高；也可能是离合器或制动器间隙过小或过大，使压盘和摩擦片经常处于摩擦状态而导致油温过高。对此，应拆检自动变速器，调整各间隙，如有必要，应更换相应零部件。

（7）若以上检查均正常，则可能是变矩器损坏，应更换变矩器。

模块三　转向系和行驶系的故障诊断

一、转向系和行驶系的常见故障部位

转向系用来改变或恢复汽车的行驶方向，它有机械转向系和动力转向系之分。轿车机械转向系主要由转向操纵机构、齿轮齿条式转向器和转向传动机构组成；动力转向系则是在机械转向系的基础上，增加了一套由转向油泵、转向控制阀和转向动力缸组成的转向助力装置，其组成如图 12-15 所示。

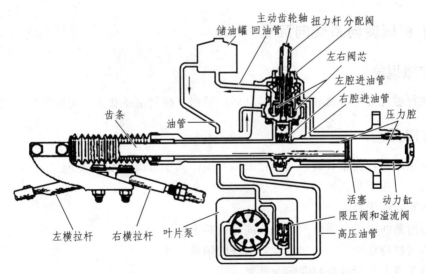

图 12-15　奥迪 100 轿车动力转向系的组成

行驶系由车架、车桥、车轮及悬架等组成，它接受发动机经传动系传来的转矩，通过驱动轮产生汽车牵引力，并缓和路面对车身的冲击和振动。转向系和行驶系出现故障，不仅影响汽车行驶方向和行驶稳定性，还直接关系到汽车的行驶安全，必须及时诊断与排除。转向系和行驶系的常见故障部位和故障原因见表 12-5。

表 12-5　转向系和行驶系常见故障部位和故障原因

故障部位		故障现象及危害	故障原因
转向系	转向盘	转向沉重、转向不灵敏、摆振	自由行程过大、过小
	转向器	转向沉重、转向不灵敏、摆振	啮合间隙不合适，轴承损坏、调整不当
	传动机构	转向沉重、转向不灵敏、摆振、轮胎异常磨损	球铰磨损松旷、拉杆与支架配合松旷
	转向油泵	助力不足，转向沉重	皮带过松、油压低
	转向控制阀	助力不足，转向沉重	损坏、失效
	动力缸	助力不足，转向沉重	漏油
行驶系	车轮	转向沉重、行驶跑偏、轮胎异常磨损、车轮摆振，汽车行驶不平顺	前轮定位失准，轮胎气压不正常，车轮动平衡超标，轮毂轴承过紧或过松
	悬架	行驶跑偏、轮胎异常磨损、车轮摆振、车身横向倾斜，汽车行驶不平顺	悬架弹簧过软或损坏，减震器损坏
	车架	行驶跑偏、轮胎异常磨损、车轮摆振	变形

二、转向系和行驶系的故障诊断

转向系和行驶系的常见故障为转向沉重、转向不灵敏、行驶跑偏、前轮摆振、车身横向倾斜、轮胎异常磨损等。

（一）机械转向系转向沉重

1. 故障现象

汽车在行驶过程中，驾驶员左右转动转向盘时，感到沉重费力，无回正感，甚至打不动。

2. 故障原因

转向沉重既与转向系有关，又与行驶系有关，其主要故障原因如下：
（1）轮胎气压不足。
（2）前轮定位失准。
（3）转向器润滑不良或轴承、啮合间隙调整不当。
（4）转向柱弯曲变形，转向器或转向柱的轴承损坏。
（5）齿条弯曲变形或与衬套配合过紧。
（6）横、直拉杆球头销润滑不良或调整不当。
（7）转向主销、转向节润滑不良。

3. 故障诊断与排除

（1）首先检查轮胎气压，并按规定要求充气。

（2）悬空转向轮，转动转向盘，若仍感转向沉重，则故障在转向系；若沉重感消失，则故障在转向轮。给转向主销、转向节加注润滑脂，若仍有沉重感，则故障为前轮定位失准，应对前轮定位参数进行检查和调整。

（3）拆下横（直）拉杆，使横拉杆与转向器（齿条）脱开，再转动转向盘检查。若转向盘转动灵活，表明拉杆球头销运动卡滞、润滑不良或传动轴外万向节卡滞、润滑不良等；若转向仍然沉重，则故障在转向器和转向操纵机构。

（4）拆下凸缘管与转向器主动齿轮间的夹紧箍，再转动转向盘检查，若转向仍然沉重，则应对转向柱的弯曲程度进行检修，并检查其支承轴承是否损坏卡滞等；若转向盘转动灵活，则故障在转向器，应检查转向器润滑油是否充足、轴承是否过紧，啮合间隙是否过小，有无卡滞等，应视情予以加油、调整或换件。

（二）动力转向系转向助力不足或转向沉重

1. 故障现象

装有液压助力式转向器的车辆，转向时转向盘转动沉重或存在忽轻忽重现象。

2. 故障原因

动力转向系转向助力不足的主要原因是转向助力装置失效。

（1）转向油泵驱动皮带松弛或损坏。

（2）转向油泵工作不良，泵油压力过低。

（3）储油罐油面过低。

（4）液压助力系统内有空气或泄漏。

（5）液压管路扭曲、折皱或破裂漏油。

（6）压力流量限制阀弹簧弹力下降或密封不严。

（7）转向控制阀、助力缸工作不良。

（8）造成机械转向系转向沉重的各种原因同样会造成动力转向沉重。

3. 故障诊断与排除

（1）检查转向油泵驱动皮带，若损坏或断裂则应更换；若皮带过松，则应调整驱动皮带张紧度。

（2）检查储油罐液面高度，若过低则应及时添加补充。

（3）检查液压管路有无扭曲、折皱或破裂，各连接部位有无漏油现象，并视情况予以修复。

（4）排除液压系统中的空气。

（5）检查液压泵的泵油压力，不符合要求时，应对液压泵及压力流量限制阀进行修复或更换。

（6）检查转向控制阀和助力缸，若工作不良或损坏，则应维修或更换转向器总成。

（7）若助力系统良好，则按"机械转向系转向沉重"排除故障。

（三）转向不灵敏

1. 故障现象

汽车行驶转向时，需用较大幅度转动转向盘才能控制汽车的行驶方向，感到转向盘松旷量很大，有明显的间隙感，且在直线行驶时汽车方向不稳定。

2. 故障原因

转向不灵敏主要是由于磨损或装配、调整不当，造成各部配合间隙过大、连接松旷所致。

（1）转向器主动齿轮与齿条（主、从副）啮合间隙过大、轴承松旷。

（2）横拉杆及各连接杆件松旷。

（3）轮毂轴承调整不当或磨损松旷。

（4）转向主销磨损松旷。

3. 故障诊断与排除

一人转动转向盘，另一人打开车前盖观察转向机构的运动情况：

（1）转动转向盘，转向器齿条不能立即随之运动，表明齿条与主动齿轮啮合间隙过大，可通过补偿机构进行调整，消除转向器的啮合间隙。

（2）若齿条随转向盘运动而横拉杆不动，则应更换横拉杆内端连接孔内的缓冲衬套，并检查齿条及连接板与转向支架的连接情况，若松动则应重新紧固。

（3）若横拉杆随转向盘运动而转向臂不动，则应对横拉杆外端球头销进行检修与调整。

（4）若转向臂能随之灵活摆动，可支起前桥晃动前轮检查，轮毂轴承松旷时，应进行调整或更换。

（5）对其他类型的转向系统，还应检查和调整转向器的轴承预紧度、啮合间隙，调整、紧固各连接杆件球头销等。

（四）车轮摆振

1. 故障现象

汽车在中、高速或某一较高车速运行时，转向轮绕主销摆振，汽车行驶不稳，严重时转向盘抖动，有震手的感觉。

2. 故障原因

（1）转向减振器失效，前悬架减振弹簧或减振器损坏。

（2）车轮不平衡或轮辋变形。

（3）前轮定位失准。

（4）转向器啮合间隙过大。

（5）转向传动机构磨损松旷或连接松动。

（6）轮毂轴承松旷。

（7）传动轴不平衡。

3. 故障诊断与排除

（1）转动转向盘，检查其自由行程，若自由行程过大，则应查明原因并予以排除。

（2）检查转向减振器，若有漏油痕迹则应更换。拆下减振器用手推拉，若阻力过小或出现空行程则应进行更换。

（3）检查前悬架减振器有无漏油现象，推压车身，检查前悬架的减振性能是否良好，前悬架连接有无松动现象。若减振器漏油或减振弹簧弹力减弱则应更换新件，连接松动则应重新紧固。

（4）检查和调整转向轮定位参数。

（5）进行车轮动平衡检测和校正。

（6）检测、校正传动轴。

（五）车辆行驶跑偏

1. 故障现象

汽车行驶时，稍松转向盘车辆就会自动偏向一侧，必须用力握住转向盘才能保证车辆的直线行驶。

2. 故障原因

车辆行驶跑偏主要是两侧车轮受力不等所致，其具体原因如下：

（1）两前轮轮胎气压不等、磨损程度不同、轮毂轴承预紧度不等。

（2）存在单边制动拖滞现象。

（3）前轮定位不一致。

（4）前悬架两侧减振弹簧弹力不等或减振器工作性能存在较大差异。

（5）车辆两侧轴距不相等。

3. 故障诊断与排除

（1）汽车行驶跑偏，停车后触摸跑偏一侧的制动鼓和轮毂轴承，若过热，说明制动拖滞或轴承过紧，应予调整或检修。

（2）检查两前轮的轮胎气压，不符合要求时按规定气压充气。

（3）悬空前桥并用手转动前轮，若车轮转动不灵活，则表明制动盘与制动蹄衬片不能完全分离，产生制动拖滞，应查明原因并予以排除（故障排除方法见后续"制动拖滞"）。

（4）观察汽车有无横向倾斜现象。若两侧高度不同，说明较低一侧悬架弹簧损坏或弹力下降，应予更换。

（5）检查减振器的工作性能。用力压下车辆前端一侧，迅速松开，若车身上、下振动 2～3 次后马上静止，表明减振器工作正常，否则应更换减振器。

（6）测量汽车两侧轴距，轴距不相同时，应查明原因并予以修复。

（7）进行前轮定位的检测与调整。

（六）轮胎磨损异常

1. 故障现象

轮胎磨损速度加快，并出现轮胎花纹磨损不均匀，局部磨损严重等现象，如图 12-16 所示。

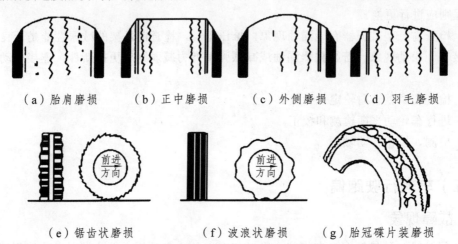

（a）胎肩磨损   （b）正中磨损   （c）外侧磨损   （d）羽毛磨损

（e）锯齿状磨损   （f）波浪状磨损   （g）胎冠碟片装磨损

图 12-16　轮胎异常磨损示意图

2. 故障原因

（1）造成轮胎异常磨损的主要原因为：

① 前轮定位不正确，前束和外倾角调整不当。

② 轮胎气压过高、过低，车轮摆差过大。

③ 车轮不平衡。

④ 制动拖滞。

⑤ 悬架零件磨损或连接松旷。

⑥ 轮毂轴承松旷、转向主销磨损松旷等。

（2）轮胎两胎肩磨损、胎壁擦伤的故障原因为轮胎气压过低或长期超载。

（3）胎冠中部磨损的故障原因为轮胎气压过高。

（4）胎冠外、内侧偏磨的故障原因为车轮外倾角过大或过小（只有转向轮才出现此现象）。

（5）胎冠成波浪状磨损或碟片状磨损的故障原因为车轮不平衡、轮毂轴承松旷、轮辋拱曲变形等。

（6）胎冠两侧成锯齿状磨损的故障原因为轮胎换位不及时、经常紧急制动或长期超载。

（7）胎冠由里向外或由外向里侧成锯齿状磨损的故障原因为前束不当。前束过大，则胎冠由外侧向内侧呈锯齿状磨损；前束过小，则胎冠由内侧向外侧呈锯齿状磨损。

3. 故障诊断与排除

根据轮胎的磨损状况检查具体故障部位，并进行相应调整、维修或更换。

（1）检查轮胎气压，按规定充气。

（2）及时进行轮胎换位，紧固车轮螺栓。

（3）检查并排除制动拖滞故障。

（4）检查、调整前轮前束和前轮外倾角。

（5）检查悬架、轮毂轴承、转向主销等，若有松旷，则应进行调整、紧固或更换。

（6）检查车轮摆差和动平衡，若超差则进行校正或更换。

（七）动力转向装置噪声

1. 故障现象

发动机启动后或车辆行驶过程中，液压助力装置发出不正常的响声。

2. 故障原因

（1）转向油泵驱动皮带松弛。

（2）转向油泵支架松动或装配不当。

（3）转向油泵皮带轮紧固螺栓松动。

（4）转向油泵轴承或其他零件损坏。

（5）储油罐油面过低。

（6）动力转向系统中存在空气。

3. 故障诊断与排除

（1）检查液压泵支架及皮带轮，若松动则应予以紧固。

（2）检查并调整转向油泵驱动皮带的张紧度。

（3）排除液压系统中渗入的空气。

（4）检修或更换转向油泵总成。

模块四 制动系的故障诊断

一、制动系的常见故障部位

汽车制动系一般包括行车制动系和驻车制动系。行车制动系在汽车行驶过程中使用，使行驶中的汽车减速或停车；驻车制动系在汽车停车后使用，防止汽车溜车。行车制动系按传力介质不同，分为液压制动系和气压制动系。图 12-17 所示为奥迪 100 轿车真空助力式液压制动系组成，图 12-18 所示为 CA1092 汽车双管路气压制动系组成。液压制动系主要由制动主缸、制动轮缸、真空助力器、制动器及液压管路等组成；气压制动系主要由空气压缩机、制动控制阀、制动气室、制动器及气压管路等组成。

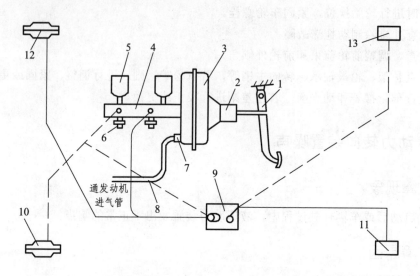

图 11-17　奥迪 100 轿车真空助力式液压制动系组成示意图

1—制动踏板；2—控制阀；3—真空助力气室；4—制动主缸；5—储液罐；6—制动灯开关；7—真空单向阀；
8—真空管路；9—感载比例阀；10—左前轮缸；11—左后轮缸；12—右前轮缸；13—右后轮缸

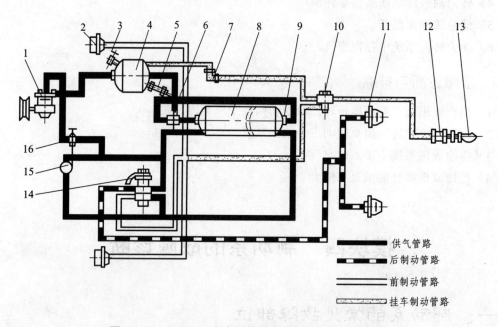

图 12-18　CA1092 汽车双管路气压制动系组成示意图

1—空气压缩机；2—前制动气室；3—放气阀；4—湿储气罐；5—安全阀；6—三通阀；7—低压报警开关；
8—储气罐；9—单向阀；10—挂车制动阀；11—后制动气室；12—分离开关；13—连接头；
14—制动控制阀；15—气压表；16—气压调节器

　　制动系的常见故障是制动失效、制动效能不良、制动拖滞、制动跑偏等，其常见故障部位和故障原因见表 12-6。

表 12-6　制动系常见故障部位和故障原因

故障部位		故障现象及危害	故障原因
液压制动系	储液罐	制动失效或效能不良	液面过低或无制动液
	制动踏板	制动失效或效能不良、拖滞	连接松脱，调整不当，自由行程过大、过小
	制动主缸	制动效能不良、拖滞	活塞磨损、皮碗老化、密封圈破裂、气孔不畅
	真空助力器	制动效能不良、跑偏	膜片破裂、阀门密封不良、真空单向阀失效、真空管漏气
	制动轮缸	制动失效或效能不良	活塞磨损、密封圈损坏
	车轮制动器	制动失效或效能不良、跑偏、拖滞、异响	制动蹄（块）摩擦片磨损、硬化、油污、铆钉外露，回位弹簧软，制动鼓（盘）磨损有沟槽、制动钳支架松动
	液压管路	制动失效或效能不良、拖滞、跑偏	堵塞、漏油，软管老化
气压制动系	制动踏板	制动失效或效能不良、拖滞	连接松脱，调节不当，自由行程过大、过小
	制动控制阀	制动失效或效能不良、拖滞	膜片破裂，平衡弹簧软，进、排气阀不良，调整不当
	空气压缩机	制动失效或效能不良	皮带过松、排气阀密封不良
	制动气室	制动失效或效能不良、跑偏、拖滞	膜片破裂、回位弹簧过软、推杆调整不当
	车轮制动器	制动失效或效能不良、跑偏、拖滞、异响	制动蹄、制动凸轮卡滞，制动间隙不当，摩擦片硬化、磨损、油污、铆钉外露，回位弹簧软，制动鼓磨损有沟槽
	气压管路	制动失效或效能不良、跑偏	通气不畅或漏气，软管老化

二、液压制动系的故障诊断

（一）制动失效

1. 故障现象

汽车行驶中，迅速将制动踏板踩到底却不能减速，连续多次踩下制动踏板，无制动作用。

2. 故障原因

（1）制动液不足或没有制动液。

（2）制动主缸或轮缸密封圈磨损严重或破损。

（3）制动管路破裂或接头松脱漏油。

（4）制动系统中有大量空气。

（5）制动踏板与制动主缸的连接松脱。

3. 故障诊断与排除

（1）检查储液罐液面。制动液液面应位于标记"Min"与"Max"之间，无制动液或制动液过少应及时添加补充。

（2）检查制动管路有无漏油现象，若管路破裂漏油则应予以更换；若各油管接头松动漏油，则需重新紧固密封。

（3）检查制动踏板与制动主缸的连接情况，若松脱则应重新连接紧固。

（4）上述检查正常时，可踩动制动踏板，检查放气螺钉的出油情况。若出油时有气泡，则应进行放气；若出油无力或不出油，则表明主缸工作不良，应予更换；若出油急促有力，则表明故障在制动轮缸，应更换轮缸密封圈。

（二）制动效能不良

1. 故障现象

汽车行驶中踩下制动踏板时，不能产生足够的制动力，制动减速度小，制动距离过长。

2. 故障现象

（1）制动踏板自由行程过大。

（2）制动系统中有堵塞或漏油现象。

（3）制动系统中有空气，制动液质量差。

（4）制动蹄摩擦片磨损严重、表面沾有油污、破损、铆钉外露等。

（5）制动间隙过大，间隙自调装置失效。

（6）制动鼓或制动盘磨损、变形、出现沟槽等。

（7）真空助力器膜片破裂，阀门密封不良，真空管漏气，真空单向阀失效等。

（8）制动主缸活塞磨损，皮碗老化、破裂等。

（9）制动轮缸密封圈损坏，活塞磨损，回位弹簧过软等。

3. 故障诊断与排除

（1）检查储液罐液面高度，若不足则应及时添加补充。

（2）检查踏板自由行程，若过大则应予调整。

（3）制动器低温工作正常，高温工作不良，说明制动液质量不符合要求，引起制动液高温汽化现象，应更换制动液。

（4）连续踩动制动踏板，观察踏板的变化情况：

① 踩下制动踏板时有弹性感，说明制动系统中混有空气，应进行放气。

② 踩下制动踏板时，感觉较硬，制动仍然无力，可检查放气螺钉出油情况。若出油无力，表明制动管路有堵塞现象或主缸活塞有卡滞现象，应检查管路或更换主缸；若出油急促有力，表明轮缸活塞卡滞或制动器有故障，应检修轮缸，拆检制动器，视情更换制动蹄和制动块，修复制动鼓和制动盘。

③ 连续踩动几次制动踏板，使踏板高度升高后，用力将其踩住。制动踏板若有缓慢或迅速下降现象，说明制动管路有渗漏部位或轮缸密封圈损坏，应检修管路，更换轮缸密封圈。

④ 连续踩动几次制动踏板，仍感觉踏板低而软，应检查并疏通主缸进油孔及储液罐空气孔。

⑤ 踩动制动踏板时出现金属撞击声，则为主缸密封圈损坏或主缸活塞回位弹簧过软及折断等，应更换制动主缸。

⑥ 踩下制动踏板时，踏板沉重发硬，阻力明显加大，表明真空助力器失效，应检修真空助力器总成及真空管路。

（三）制动拖滞

1. 故障现象

制动后抬起制动踏板，车辆行驶无力，重新起步困难，全部或个别车轮制动鼓或制动钳发热。踩下离合器踏板后，车速迅速降低，有制动感。

2. 故障原因

（1）制动踏板自由行程、制动间隙、主缸活塞与推杆间隙过小，踏板回位不良等。

（2）车轮制动器制动蹄回位弹簧弹力减弱或折断。

（3）制动主缸或轮缸活塞运动卡滞。

（4）制动管路堵塞致使回油不畅。

（5）制动主缸补偿孔堵塞或活塞回位弹簧弹力减弱。

（6）制动钳支架或制动底板松动、制动盘翘曲变形。

（7）真空助力器内部卡滞。

（8）驻车制动装置调整不当或拉索卡滞。

3. 故障诊断与排除

（1）检查制动踏板自由行程是否过小或无自由行程，并进行相关部位的调整。

（2）停车后检查各车轮制动鼓（制动钳）是否过热，或将车辆支起后检查各车轮转动是否灵活。若各车轮均过热或转动不灵活，则故障一般在制动主缸之前，应检查制动主缸及真空助力器的工作情况。若制动主缸补偿孔堵塞，则应予疏通；若制动主缸活塞运动卡滞或回位弹簧损坏，则应更换主缸；若真空助力器工作不良（存在内部卡滞等），则应更换助力器总成；若制动液过脏，则应予更换。

（3）个别车轮存在转动不灵活及过热现象，故障一般在该轮制动器及制动轮缸，应检查车轮制动器及其制动轮缸的工作性能。若为后轮制动拖滞，制动底板松动时应重新紧固，制动蹄回位弹簧弹力减弱或折断时应更换新件；驻车制动装置调整不当或卡滞时应重新调整并对相应部位进行润滑；轮缸密封圈发胀卡滞、轮缸磨损严重卡滞时应更换；制动底板或制动鼓变形严重时应予更换。若为前轮制动拖滞，制动钳支架松动时应重新紧固，轮缸活塞在缸筒中运动不灵活时应更换密封圈或制动钳总成，制动盘严重变形时应更换新件。此外，若制动管路堵塞，则应予疏通或更换。

（四）制动跑偏

1. 故障现象

制动时，左、右车轮制动效能不同，致使车辆行驶方向产生偏斜。

2. 故障原因

制动跑偏故障的实质是两侧车轮受力不等或制动生效时间不一致。

（1）两侧轮胎气压不同、磨损程度不一致。

（2）一侧制动轮缸工作不良，存在漏油或黏滞等现象。

（3）一侧制动管路漏油、凹陷堵塞使制动液流动不畅或存在空气。

（4）一侧制动蹄或制动钳摩擦片沾有油污。

（5）一侧制动蹄、制动鼓或制动盘变形，致使蹄鼓（或蹄盘）贴和不良。

（6）两侧车轮制动器制动间隙、摩擦片磨损程度不一致。

（7）一侧制动底板或制动钳支架紧固螺栓松动。

（8）压力调节器调整不当或制动压力分配阀失效。

（9）两侧轮毂轴承预紧度调整不一致。

（10）前轮定位失准，两侧主销内倾，主销后倾，车轮外倾角不一致，前束不正确，悬架固定件松动等。

3. 故障诊断与排除

出现制动跑偏现象时，应根据跑偏方向及制动时轮胎印迹确定制动效能不良的车轮。若汽车向右（左）跑偏，说明左（右）侧车轮制动力不足或制动迟缓。其中，印迹短的车轮为制动迟缓，印迹轻的为制动力不足。

（1）路试。车辆运行中减速制动时，若车辆向一侧偏斜，说明另一侧车轮制动迟缓或制动力不足，应仔细检查该轮制动管路有无凹瘪堵塞及漏油现象，并予以排除。

（2）若上述情况良好，可对该轮轮缸进行排气，并检查轮胎气压及其磨损程度。

（3）若上述均无问题，则应检查制动底板或制动钳支架是否松动，并检查、调整轮毂轴承预紧度。

（4）拆检制动器，检查摩擦片表面是否沾有油污，并查明油污来源。同时应检查制动蹄、制动鼓或制动钳、制动盘是否变形严重，制动轮缸是否工作不良等，视情维修或更换。

（5）检查压力调节器或制动压力分配阀，视情维修或更换。

（6）若汽车还存在行驶跑偏现象，则需检查前轮定位、悬架、车身等。

（五）制动器异响

1. 故障现象

车辆行驶或制动时，制动器发出不正常的响声。

2．故障原因

（1）制动蹄摩擦片磨损严重，铆钉外露。

（2）摩擦片硬化或破裂。

（3）制动鼓或制动盘变形或磨损起槽。

（4）盘式制动器制动蹄定位（防振）弹簧或鼓式制动器制动蹄保持弹簧损坏。

（5）制动底板松动、变形或制动钳支架松动，造成制动鼓与制动底板或制动钳与制动盘相碰擦。

（6）制动器滑动部位润滑不良。

3．故障诊断与排除

（1）车辆未制动时，制动器即发出不正常的响声，应检查制动底板或制动钳支架是否松动，制动底板是否明显翘曲变形，制动蹄定位弹簧是否损坏等，视情予以紧固或更换。

（2）车辆制动时制动器发响，应检查制动蹄片的损伤程度；制动鼓、制动蹄及制动盘有无明显变形，制动器各运动副润滑是否良好等，并对其运动副表面进行润滑或更换损坏的机件。

（六）驻车制动不良

1．故障现象

拉紧驻车制动手柄后，车辆仍能以低速挡起步。

2．故障原因

（1）驻车制动装置调整不当或拉锁卡滞。

（2）后轮制动器工作不良。

3．故障诊断与排除

（1）拉动驻车制动手柄，检查其自由行程及拉索是否存在运动卡滞现象，并进行必要的调整和润滑，或更换拉索。

（2）驻车制动器操纵机构工作正常时，应对后轮制动器进行检修。

（七）轿车液压制动系统的检查与调整

下面以一汽捷达轿车为例，介绍液压制动系统的检查与调整。

1．制动液液面高度的检查

制动液储液罐外壳表面刻有"Min"和"Max"标记，制动液液面应位于"Min"与"Max"之间。液面过低说明系统可能有泄漏，应检查修复，并添加制动液。

2．制动踏板的调整

（1）制动踏板与底板距离的调整。用 300 N 的力踩下制动踏板，制动踏板与底板之间的距离应不小于 80 mm。若不符合要求，则应拆下真空助力器与制动踏板的连接弹簧锁片，拔出销子，旋松锁紧螺母，调整推杆叉，直至满足要求，如图 12-19 所示。

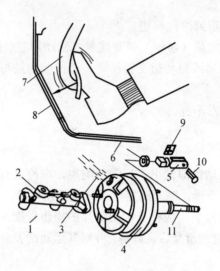

图 12-19　捷达轿车制动踏板的调整

1—螺母；2—制动主缸；3—真空管单向阀；4—真空助力器；5—推杆叉；6—锁紧螺母；
7—制动踏板；8—底板；9—弹簧锁片；10—销子；11—推杆

（2）制动踏板自由行程的调整。关闭发动机，踩几次制动踏板，放出真空助力器内存留的真空，用手压下制动踏板，当感到有阻力时，踏板下降的距离即为自由行程，其规定值为 3～6 mm。若不符合要求，则应调整真空助力器推杆与制动主缸的间隙。

3. 制动系统的排气

液压制动系的排气必须按规定顺序进行，捷达轿车制动系的排气顺序为：右后轮缸→左后轮缸→右前轮缸→左前轮缸。排气时，接通专用充液-放气装置 VW1238/1，按此顺序打开放气螺栓，并用排液瓶盛放排出的制动液。如果没有专用设备，可按以下步骤进行排气：

（1）将一根软管接到排气螺钉上，另一端插入排液瓶。

（2）一人连续踩制动踏板数次，直至踏板再也踩不下去为止，并用力踩住踏板不放；另一人将制动轮缸的排气螺钉稍稍松开，让制动系统内的空气连同一部分制动液一起排出；当制动踏板被踩到底后，立即旋紧排气螺钉。排气顺序同上。

（3）重复上述过程，直至放出的完全是制动液，排出的制动液里无气泡为止。

（4）在排气过程中，必须观察储液罐液面高度，必要时添加制动液。

4. 真空助力器的检查

（1）助力性能的检查。将发动机熄火，用力踩制动踏板数次，消除真空助力器中残留的真空，用适中的力踩下制动踏板，并保持在一定位置不动。然后启动发动机，如果感到制动踏板位置有明显的自动下沉（增力作用），说明真空助力器良好；若踏板毫无反应或感觉不明显，说明真空助力器失效，应更换真空助力器。

（2）真空助力器单向阀的检查。单向阀的工作性能可用压缩空气检查，按阀体上的箭头方向压缩空气应能通过，反向则不通。也可用嘴吸法检查其单向通过性。单向阀密封不良时，应更换真空管总成。

三、气压制动系的故障诊断

（一）制动失效

1. 故障现象

汽车行驶中踩下制动踏板无制动作用，抬起制动踏板后，排气阀无排气声；或行驶中制动突然失灵。

2. 故障原因

（1）制动踏板到制动阀的拉臂或各连接松脱。

（2）无压缩空气。

（3）制动阀排气间隙调整螺钉、最大工作气压调整螺钉调整不当。

（4）制动阀进气阀打不开或排气阀严重漏气。

（5）制动阀膜片、制动气室膜片或气压软管严重破裂。

（6）空气压缩机损坏、皮带断裂、出气管堵塞或制动管路结冰（冬季）。

3. 故障诊断与排除

（1）检查气压表，若无气压指示，则启动发动机并运转几分钟，气压表指示压力应逐渐上升。如果仍无气压指示，则拆下空气压缩机出气管，倾听有无泵气声，有泵气声说明空气压缩机到储气罐的管路漏气；无泵气声则说明空气压缩机故障，应检修或更换空气压缩机。

（2）检查制动踏板至制动阀的连接情况，若有松脱现象，则应连接紧固。

（3）踩下制动踏板，倾听制动系统有无严重漏气声，若系统漏气，则应检修漏气部位。

（4）踩下并放松制动踏板，若制动阀无排气声，说明制动阀进气阀打不开或储气罐至制动阀的管路堵塞（冬季结冰）；若有排气声，说明制动阀到制动气室的管路堵塞。应检查制动管路，调整制动阀排气间隙调整螺钉和最大工作气压调整螺钉。

（二）制动效能不良

1. 故障现象

汽车行驶中踩下制动踏板时，不能产生足够的制动力，制动速度减小，制动距离过长。

2. 故障原因

（1）制动踏板自由行程过大、连接松旷。

（2）储气罐压力不足，制动管路不畅或漏气。

（3）空气压缩机皮带过松。

（4）制动阀排气间隙调整螺钉、最大工作气压调整螺钉调整不当。

（5）制动阀膜片破裂、平衡弹簧预紧力过小。

（6）制动气室膜片破裂、推杆行程调整不当。

（7）制动蹄、凸轮轴卡滞。

（8）制动间隙调整不当。

（9）制动蹄摩擦片表面硬化、烧焦、油污、铆钉外露等。

（10）制动鼓磨损过甚或变形。

3. 故障诊断与排除

（1）检查踏板自由行程，若过大则应进行调整。

（2）启动发动机，观察气压表读数，若长时间达不到规定气压值，则应检查空气压缩机皮带是否过松，压缩机至储气罐的管路有无堵塞或泄漏，压缩机排气阀门是否关闭不严等。

（3）若气压表指示正常但发动机熄火后气压下降，则为控制阀或管路漏气。

（4）气压表指示正常时，将踏板踩到底，若气压瞬间下降过小，则故障为制动阀进气阀开度过小或平衡弹簧预紧力过小，应调整最大气压或更换制动阀，若踩下踏板后气压一直下降，且制动系统有漏气声，则故障为制动阀排气阀关闭不严，制动气室膜片破裂或管路漏气，应更换制动阀或制动气室，修复漏气部位。

（5）检查、调整制动间隙。

（6）一人连续踩制动踏板，一人观察制动气室推杆的动作情况。若推杆不动或移动量过小，则可能是制动凸轮锈蚀、卡滞。

（7）若上述均正常，则拆检制动器，更换制动蹄摩擦片，检修制动鼓等。

（三）制动拖滞

1. 故障现象

实施制动并抬起制动踏板后，制动阀排气缓慢或不排气，不能立即解除制动；或制动阀排气正常，但仍有制动作用。

2. 故障原因

（1）制动踏板自由行程过小、制动阀排气间隙调整不当，导致制动阀排气阀开度过小，排气不畅。

（2）制动踏板卡滞、回位弹簧过软，导致回位困难。

（3）制动阀排气阀黏滞或膜片回位弹簧过软。

（4）制动间隙过小或调整不当。

（5）制动气室膜片回位弹簧、制动蹄回位弹簧过软或折断等。

（6）制动凸轮、制动蹄卡滞。

（7）制动管路老化，回气不畅。

（8）轮毂轴承预紧度调整不当。

3. 故障诊断与排除

制动后抬起制动踏板时，制动阀排气缓慢或不排气，多为制动阀故障或踏板自由行程过小，表现为各个车轮均有拖滞过热现象；若排气快或断续排气，一般为个别车轮制动器故障，表现为个别车轮制动鼓过热。

（1）行驶汽车并多次实施制动，停车检查各制动鼓的温度。若各车轮制动鼓均发热，则应检查制动踏板能否彻底回位、自由行程是否过小。

（2）踩下并抬起制动踏板，若排气声小而缓慢，排气时间长，则说明制动阀排气不畅，应更换制动阀。

（3）如果只是个别车轮制动鼓发热，则一人连续踩制动踏板，另一人观察制动气室推杆的回位情况，若不能彻底回位，则为制动蹄、制动气室膜片回位弹簧过软或折断，制动蹄、制动凸轮卡滞，制动间隙过小等，应拆检制动器或更换制动气室。

（4）若轮毂轴承处发热，则为轴承过紧，应重新调整。

（四）制动跑偏

1. 故障现象

制动时，左、右车轮制动效能不同，致使车辆行驶方向产生偏斜。

2. 故障原因

（1）两侧轮胎气压不同、磨损程度不一致。

（2）一侧制动软管通气不畅或漏气。

（3）一侧制动蹄或制动钳摩擦片沾有油污。

（4）一侧制动蹄、制动鼓或制动盘变形，致使蹄鼓（或蹄盘）贴合不良。

（5）两侧车轮制动器制动间隙、摩擦片磨损程度不一致。

（6）一侧制动底板或制动钳支架紧固螺栓松动。

（7）两侧制动气室推杆外露长度不等，伸张速度不等。

（8）两侧轮毂轴承预紧度调整不一致。

（9）两侧前轮定位调整不一致，两侧钢板弹簧弹力不等。

3. 故障诊断与排除

（1）路试，根据轮胎拖印和跑偏方向，找出制动效能不良的车轮，然后按"气压制动效能不良"的故障诊断程序排除故障。

（2）若各个车轮制动效能均良好，则应检查轮胎气压、前轮定位、钢板弹簧弹力、转向拉杆的连接、车架变形等。

模块五　防抱死制动系统的故障诊断

防抱死制动系统（Antilock Brake System，ABS）是在常规制动系统的基础上增加了一套电子防抱死控制装置，使其能在汽车紧急制动或光滑路面上制动时，自动控制和调节车轮的制动力，防止车轮抱死，从而避免制动过程中的侧滑、跑偏和丧失转向操纵能力等现象，提高了汽车的操纵稳定性，同时还能获得最大制动力，缩短制动距离，提高汽车的制动性能。

一、轿车 ABS 系统的组成

现代轿车的 ABS 系统主要由液压控制单元、电动液压泵、车轮转速传感器、电子控制单元和 ABS 故障警告灯、制动装置警告灯等组成，电动液压泵和储液罐与液压控制单元常常组装在一起，如图 12-20 所示。

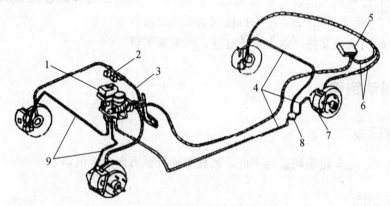

图 12-20　轿车 ABS 系统示意图

1—液压控制单元总成；2—继电器；3—前轮传感器电路；4—后制动管路；5—电子控制单元；
6—后轮传感器电路；7—盘式制动器总成；8—比例阀；9—前制动管路

整体式液压控制单元安装在制动主缸和轮缸之间，执行 ABS 电子控制单元的指令，通过控制液压控制单元内电磁阀电流的通断来自动调节制动器中的液压压力。低压储液罐暂时存储从轮缸中流出的制动液，以缓解制动系统的压力脉动。电动液压泵在压力减小的过程中，将轮缸的制动液经储液罐泵回到制动主缸，同时在增压阶段将储液罐中的部分制动液泵入液压循环系统，增加系统压力。液压控制单元内包括多个电磁阀，如捷达轿车 MK20—Ⅰ型 ABS 系统的液压控制单元有 8 个电磁阀，每个回路各一对，其中一个是常开的进油阀，另一个是常闭的出油阀；电子控制单元控制电磁阀的通断来调节系统油压：在保压阶段，进出油阀均关闭；在降压阶段，进油阀关闭，出油阀打开；在增压阶段，进油阀打开，出油阀关闭。车轮转速传感器用于测定车轮转速，并把信号输送到电子控制单元。电子控制单元是 ABS 系统的控制中心，用于接收车轮转速传感器送来的信号，并进行测量比较、分析判断，计算出制动滑移率和车轮角加速度，然后输出指令，通过液压控制单元（电磁阀和电动油泵）控制轮缸的压力。ABS 制动系统在仪表盘上设有两个故障警告灯：ABS 故障警告灯和制动装置警告灯。正常情况下，当点火开关打开至启动挡时，ABS 系统进行自检，ABS 故障警告灯点亮约

2 s；在拉起驻车制动操纵杆时，制动装置警告灯点亮，解除驻车制动后熄灭。如果上述情况灯不亮，说明故障警告灯本身或线路有故障，应予以排除。如果 ABS 故障警告灯常亮，说明 ABS 系统出现了故障；如果制动装置警告灯常亮，说明制动系统中缺少制动液。

在制动过程中，如果车轮没有抱死趋势，则 ABS 将不参加制动压力控制，此时制动过程与常规制动过程相同；如果 ABS 系统出现故障，则电子控制单元不再给液压控制单元发出指令，ABS 不参与制动力控制与调节，即 ABS 不起作用，制动过程与常规制动过程相同，此时仪表盘上的 ABS 故障警告灯亮，发出警告信息。

二、ABS 系统自诊断

ABS 系统具有自诊断功能，当电控系统发生故障时，警示灯会立即报警，系统自动关闭，返回常规制动状态。车型不同，ABS 系统的自诊断方法也不相同。下面以捷达轿车 MK20—Ⅰ型 ABS 系统为例，介绍 ABS 系统的自诊断方法和故障诊断过程。

（一）故障代码的读取

故障代码可用专用或普通解码仪读取，解码仪按设备使用说明进行使用。捷达、桑塔纳轿车的常见故障见表 12-7。

表 12-7 捷达、桑塔纳轿车的常见故障

故障代码	故障部位	故障原因
65535	电子控制单元	损坏
01276	ABS 液压泵	电动机不能工作
00283	左前轮转速传感器	
00285	右前轮转速传感器	
00290	左后轮转速传感器	电气及机械故障
00287	右后轮转速传感器	
01044	ABS 编码错误	
00668	供电端子 30	无电压或电压不正常
01130	ABS 工作异常	传感器信号不合理

（二）故障码显示故障的诊断与排除

（1）故障码"01276"：ABS 液压泵电动机不能正常工作。

当车速超过 20 km/h 时，ABS 控制单元将控制电动机工作，若此时检测到电动机工作不正常，则出现此故障码。其主要故障原因为电源线路短路或搭铁及电动机线束松脱，诊断过程如下：

① 拔下电动机线束连接器，直接给电动机提供蓄电池电压，若电动机不能正常工作，则应更换液压控制单元。

② 检查熔断器和 ABS 控制单元连接器，若损坏或腐蚀、松动，则应更换熔断器或线束。

③ 接好电动机线束，连接 V.A.G1552，打开点火开关，清除故障码（选择功能 "05"），利用 V.A.G155 作液压控制单元功能测试（驱动电动机），若电动机仍不能正常工作，则更换电子控制单元。若电动机运转正常，可能是接触不良引发的偶然性故障，应用模拟法查找故障部位，并排除故障。

（2）故障码 "00283、00285、00290、00287"：车轮转速传感器电气及机械故障在下列几种情况下，可能出现上述车轮转速传感器故障码：

① 当检查不到电路断路，而车速达到 10 km/h 以上仍没有信号输出时，即出现此故障码。

② 当检测到车速超过 40 km/h，传感器信号超出公差值时，即出现此故障码。

③ 传感器存在可识别的断路故障时，即出现此故障码。

对前两种情况，其可能的故障原因是传感器安装不当、传感器线圈或线束短路、传感器与齿圈气隙过大、齿圈损坏、轴承间隙过大、ABS 控制单元损坏等。诊断时，首先检查车轮转速传感器，若安装不正确或损坏，则应重新安装或更换；其次检查齿圈及气隙，若齿圈损坏则应更换，气隙过大则应重新安装调整；然后检查车轮轴承间隙，若不正常则应进行调整；最后检查车轮转速传感器与 ABS 控制单元间的线束和连接器，若损坏或松旷则应更换。

第三种情况可能的故障原因为传感器或线圈连接不良、传感器线圈短路、传感器连接器或线束短路或搭铁、ABS 控制单元信号处理电路有故障。诊断时，检查传感器电阻值，应为 1.0～1.3 kΩ。若阻值正确，可能是电子控制单元损坏，应更换；若阻值不正确，则检查传感器连接器，如腐蚀或松动，则应检修或更换。随后检查 ABS 控制单元与传感器之间的线束，若短路或断路则应更换线束。若上述各项均正常，则可能是偶发性故障，应用模拟法检查，确定故障部位并排除故障。

（3）故障码 "01044"：ABS 编码错误。

当电子控制单元的软件编号与 ABS 线束的硬件编号不一致时，即出现此故障码。其故障原因可能是 ABS 线束内跳针连接错误、ABS 电子控制单元编码错误。

① 使用 V.A.G1552 检查 ABS 电子控制单元，软件编码正确值为 "03604"（Jetta 5 V），否则需重新编码。

② 检查 ABS 线束跳针端子 15 和 21（Jetta 5 V）能否导通，如不导通，则应检修或更换线束。

（4）故障码 "00668"：端子 30 供电电压异常。

当供电端子 30 未提供电压或电压过高时，即出现此故障码。其可能的故障原因为 ABS 熔断器烧断、蓄电池电压过高或过低、ABS 线束连接器不良、ABS 电子控制单元损坏。

① 检查蓄电池电压是否正常。

② 检查 ABS30A 熔断器，若烧断则应更换。

③ 断开 ABS 电子控制单元连接器，打开点火开关，测量端子 8 和 9、24 和 25、8 和 23 之间的电压，应均为 9.5～16.5 V。若电压正常，则可能是控制单元损坏，应更换。

④ 如果端子电压不正常，则检查控制单元连接器，如有腐蚀、松旷现象，则应修复或更换。

⑤ 若为偶发性故障，可用模拟法检查并排除故障。

（5）故障码 "01130"：信号不合理。

当 ABS 微处理器进行车速信号比较，认为不合理时，即出现此故障码。其故障原因为高频电波干扰、车轮转速传感器损坏或连接器不良、ABS 电子控制单元损坏。

① 检查车轮转速传感器输出的信号电压，若信号正常，则为电子控制单元故障，应更换。

② 如果信号输出不正常，则检查车轮转速传感器，若损坏则应更换。

③ 如果传感器正常，则应检查电子控制单元和传感器之间的线束及连接器。

三、无故障码输出时 ABS 系统的故障诊断与排除

ABS 系统工作不正常而又无故障码输出时，可根据具体故障现象进行相应的故障诊断。

1. 发动机未启动，打开点火开关时，ABS 故障警告灯不亮

此故障的可能原因为熔断器烧断、警告灯灯泡损坏、电源电路断路或连接器损坏、ABS 警告灯控制器损坏。

（1）检查中央电器盒内的 ABS 熔断器，若烧断则应更换。

（2）检查中央电器盒熔断器插座，若损坏则应修复。

（3）断开电子控制单元连接器，打开点火开关，若 ABS 故障警告灯点亮，则为警告灯控制器一侧或电子控制单元一侧的电路断路，应检修或更换线束。若 ABS 故障警告灯仍然不亮，则应检查警告灯灯泡，若损坏则应更换。

（4）若灯泡良好，则检查警告灯电源电路、搭铁电路及其连接器，如有断路现象或腐蚀，则应更换线束。

（5）在检查过程中，轻轻晃动线束及连接器，如果故障消失，则为接触不良引起的偶发性故障，应视情排除。

（6）若上述检查均正常，则故障可能是警告灯控制器损坏所致，应更换警告灯控制器。

2. 发动机启动后，ABS 故障警告灯常亮

此故障的可能原因为警告灯控制器损坏或电路断路、ABS 电子控制单元损坏。

（1）检查电子控制单元与警告灯控制器之间的线束，如电路断路则更换线束。

（2）检查 ABS 故障警告灯控制器，若不正常则应更换。

（3）若警告灯电路及控制器均正常，则故障在电子控制单元，应进行更换。

3. ABS 系统工作异常而无故障码输出

此故障不仅和 ABS 系统有关，还与驾驶状况及路面条件有密切关系。其主要故障原因为车轮转速传感器安装不当、传感器失效或沾有异物、连接器接触不良、齿圈损坏、车轮轴承损坏、ABS 液压控制单元及电子控制单元损坏。

（1）检查车轮转速传感器的安装情况，若不正确则需重新安装。

（2）检查传感器输出信号电压，若信号电压正常，则故障在液压控制单元，用 V.A.G1552 液压单元功能测试进行检查，若不正常则应更换。

（3）检查各个传感器，若传感器损坏则应更换。

（4）检查传感器齿圈，如有损坏，则应及时更换。

（5）检查车轮轴承，若轴承过松或损坏，则应予调整或更换。

（6）在检查过程中，轻轻晃动线束及连接器，如果故障消失，则为接触不良引起的偶发性故障，应视情排除。

（7）断开电子控制单元连接器，检查线束端子 4 和 11、3 和 18、2 和 10、1 和 17 间的电阻值，应均为 1.0～1.3 kΩ。若阻值不正常，则应检修连接器或更换线束。

（8）若上述检测结果良好，则为电子控制单元有故障，应更换电控单元。

4. 行驶中进行制动时，制动踏板行程过长

导致此故障的原因为制动液泄漏或系统机械部分有故障，可能是液压系统泄漏或有空气、常闭阀关闭不严、制动盘严重磨损、驻车制动调整不当所致。

（1）检查制动管路及接头，如有泄漏，则应按要求拧紧或修复。

（2）拆检制动器，检查制动盘的磨损情况，视情修理或更换。

（3）检查驻车制动调节装置，若不正常则应更换。

（4）对液压制动系统进行排气。

（5）用 V.A.G1552 液压单元功能测试检查常闭阀的密封性能，若不正常，则应更换液压控制单元。

5. 行驶中需要用很大的力踩制动踏板才能实施有效制动

此故障原因是踏板自由行程调整不当、真空助力器失效或液压控制单元内常开阀有故障。

（1）用 V.A.G1552 液压单元功能测试检查常开阀，若不正常，则应更换液压控制单元。

（2）用传统方法检查真空助力器及踏板自由行程。

思考与练习

1. 传动系的常见故障有哪些？

2. 如何排除液压离合器系统的空气？

3. 变速器跳挡的故障现象、故障原因是什么？如何进行断与排除？

4. 变速器乱挡的故障现象、故障原因是什么？如何进行诊断与排除？

5. 变速器挂挡困难的故障现象、故障原因是什么？如何进行诊断与排除？

6. 变速杆抖动的原因是什么？

7. 传动轴振动的故障原因是什么？如何排除故障？

8. 驱动桥发响的原因是什么？如何进行诊断与排除？

9. 驱动桥哪些部位容易漏油？

10. 自动变速器的基础检测包括哪些内容？

11. 自动变速器各项试验的作用是什么？

12. 自动变速器有哪些常见故障？故障原因是什么？如何进行诊断？

13. 转向系和行驶系的常见故障有哪些？

14. 转向系和行驶系哪些部位容易出故障？

15. 轮胎不正常的磨损形式有哪些？磨损不均匀的原因是什么？如何进行诊断与排除？

项目十三 汽车电器系统的故障诊断

学习目标：

（1）掌握电源系统的常见故障和诊断方法；

（2）掌握汽车启动系统的故障诊断；

（3）了解中央门锁及防盗系统的故障诊断。

汽车电器系统包括电源系统、启动系统、中央门锁与防盗系统、照明系统、信号系统和仪表系统等。本章着重从以上几个方面分别阐述其故障常见部位及故障诊断与检测方法。

模块一 电源系统的故障诊断

一、电源系统的常见故障部位

汽车电源系统主要由蓄电池、交流发电机、电压调节器及相关线路组成。捷达轿车电源系统的电路如图 13-1 所示。

二、电源系统的典型故障分析

汽车电源系统常见故障现象有蓄电池极板硫化、蓄电池放电、发电机的报警灯不亮和发电机报警灯不熄灭等。

（一）蓄电池极板硫化

1. 故障原因

（1）初充电不足或初充电中断。

（2）放电后长期放置不用。

（3）长期充电不足或未及时充电。

（4）经常过量放电。

（5）电解液密度超标或随意加硫酸液。

（6）电解液液面过低致使极板上部硫化。

2. 故障排除

（1）全充电全放电循环往复，使活性物质复原。

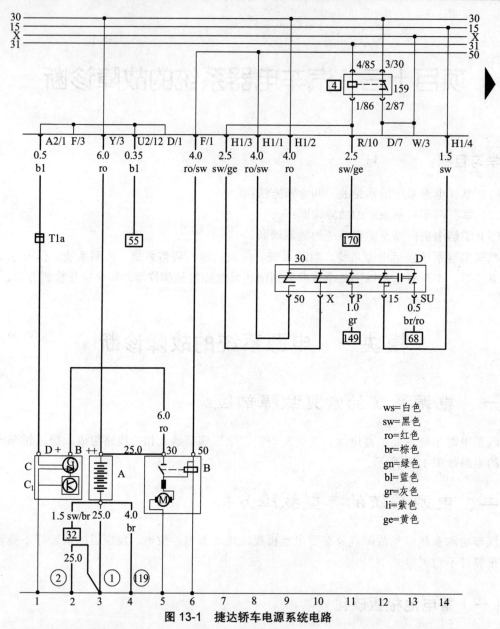

图 13-1　捷达轿车电源系统电路

A—蓄电池；B—启动机；C—发电机；D—点火开关；J59—继电器；T1a—1 孔连接器

（2）清除极板上的硫酸铅。

（3）电解液密度不应超过规定值。

（4）及时补充电解液至规定的液面高度。

（二）蓄电池放电

1. 故障原因

（1）接线柱腐蚀而导致接触不良。

（2）电线绝缘层破损。

（3）蓄电池及电气设备内部短路。

2．故障排除

（1）关闭车上所有用电设备。

（2）断开蓄电池搭铁线，将大量程电流表接在蓄电池负极与接地线之间。

（3）调节电流表量程，读取读数，如读数不超过 10 mA，则线路正常。

（4）若电流表读数超过 10 mA，则依次拆断熔丝，观察电流表读数，找出故障电路并排除故障。

（5）若在有熔丝的电路未发现故障，则应拆掉无熔丝组件的导线，如发电机、启动机、点火系统、仪表系统等，找出故障电路并排除故障。

（三）打开点火开关时，发电机报警灯不亮

1．故障现象

将点火开关打至点火挡，不启动发动机，发电机报警灯不亮。

2．故障原因

（1）报警灯被烧坏。

（2）发电机及调节器故障。

（3）继电器盒或线路断路。

3．故障诊断和排除

在蓄电池正常，皮带张紧力和接线无误的情况下，按图 13-2 所示的流程进行故障诊断。

（四）发电机报警灯不熄灭

1．故障现象

发动机运转，发电机报警灯常亮，即使提高发动机转速也不熄灭。

2．故障原因

（1）发电机或调节器故障。

（2）线路发生短路。

（3）继电器盒故障。

（4）发电机皮带断裂。

3．故障诊断和排除

先检查发电机传动带是否断裂，若皮带良好，则调好张紧力后按图 13-3 所示流程进行故障诊断。

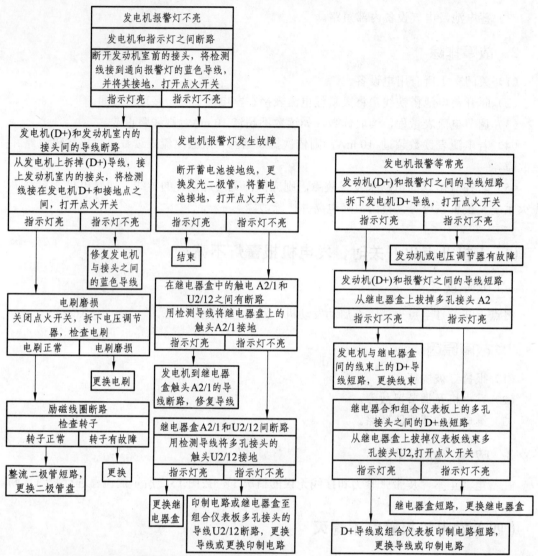

图 13-2 发电机报警灯不亮的故障诊断流程　　　图 13-3 发电机报警灯不熄灭的故障诊断流程

（五）其他常见故障

汽车电源系统的其他常见故障与排除方法见表 13-1。

表 13-1 电源系统常见故障与排除方法

故障现象	故障原因	排除方法
发电机不发电	1. 二极管损坏或二极管板烧蚀	1. 更换二极管
	2. 电刷卡死或滑环接触不良	2. 更换电刷弹簧或修理
	3. 磁场线圈断路	3. 更换转子
	4. 电压调节器损坏	4. 更换电压调节器
	5. 发电机多楔带过松	5. 调整多楔带张紧装置
	6. 定子线圈断路或短路，接线柱绝缘不良	6. 更换或修理定子线圈
	7. 转子线圈断路或短路	7. 更换转子线圈

续表 13-1

故障现象	故障原因	排除方法
发电机输出功率不足	1. 磁场线圈短路 2. 滑环或电刷接触不良 3. 定子线圈短路或断路 4. 发电机多楔带过松 5. 电压调节器损坏	1. 更换转子 2. 清洁滑环，更换电刷 3. 更换或修理定子线圈 4. 调整多楔带张紧装置 5. 更换电压调节器
充电电流过小	1. 个别二极管损坏 2. 电刷接触不良 3. 发电机多楔带过松 4. 转子、定子线圈局部短路或接头断开	1. 更换二极管 2. 修理电刷 3. 调整多楔带张紧装置 4. 更换或修理转子、定子线圈
充电电流过大	1. 电压调节器损坏 2. 蓄电池内部短路	1. 更换电压调节器 2. 修理或更换蓄电池
发电机异响	1. 发电机安装不当，紧固螺栓松动 2. 发电机轴承损坏 3. 发电机转子与定子相碰撞 4. 线圈绕组等接触不良	1. 调整、紧固发电机 2. 更换发电机轴承 3. 修理或更换发电机转子或定子 4. 修理或更换线圈绕组

模块二　　启动系统的故障诊断

一、启动系统的常见故障部位

发动机启动系统由启动机及其控制电路组成，常见故障部位有蓄电池故障、启动机故障、点火开关故障和控制电路故障等。启动系统一旦发生故障就会导致启动机不能带动发动机运转，常见故障现象有启动机不转或运转无力、启动机空转以及启动机异响等。

二、启动系统的典型故障分析

（一）启动机不运转

1. 故障现象

点火开关转至启动挡时，启动机不运转。

2. 故障原因

（1）蓄电池严重亏电。

（2）线路接触不良或断路。

（3）启动机故障。

（4）电磁开关电路故障。

（5）点火开关故障。

（6）自动变速器变速杆不在"P"或"N"位置。

3. 故障诊断与排除

检测之前保证蓄电池已充电，且电磁开关上的导线接头、发动机、车身与蓄电池之间接地线接触良好，无氧化和烧蚀。故障诊断流程如图 13-4 所示。

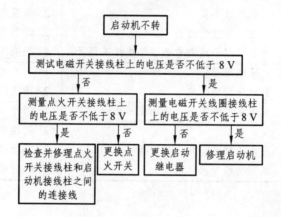

图 13-4　启动机不转的故障诊断流程

（二）启动机运转无力

1. 故障现象

启动时，启动机转速太低，发动机不能启动。

2. 故障原因

（1）蓄电池亏电。

（2）线路接触不良或接线柱被氧化。

（3）启动机故障。

（4）发动机故障导致转动阻力太大。

3. 故障诊断与排除

当排除发动机故障导致转动阻力太大时，按图 13-5 所示流程进行故障诊断。

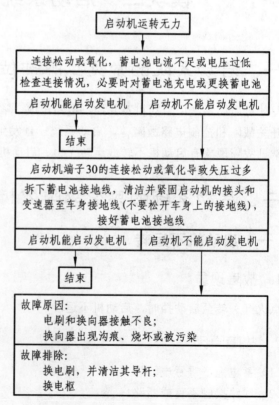

图 13-5　启动机运转无力

模块三　中央控制门锁及防盗系统的故障诊断

一、中央控制门锁及防盗系统诊断基础

1. 中央控制门锁系统的功能与结构原理

（1）中央控制门锁系统的功能。

电控门锁的作用是通过一系列电子控制来打开或锁住车门。电控门锁通常由电子控制部分和执行机构两部分组成，多数自动门锁在车速超过某一预设值或具备一定条件时，能自动锁住车门。本节以捷达轿车为例，介绍中央控制门锁的原理和故障诊断方法。

（2）中央控制门锁的结构原理。

捷达轿车采用的是双向压力泵式中央控制门锁，它主要由机械部分、空气管路和控制电路三部分组成，其控制电路如图13-6所示。电路部分的核心是中控门锁控制单元，它连同双向压力泵装在一个塑料盒内，安装在后座椅下面，用连接器与中央控制门锁线束连接。当用钥匙或拉出两前门的任一门锁操纵杆来打开车门锁时，由于门锁通过连接杆与前车门锁执行元件相连接，连接杆被向上拉起，车门锁执行元件中门锁开关的开锁触点Ⅰ闭合，中央控制门锁控制单元收到此信号后，立即控制双向压力泵转动，接通压缩空气，使系统管路中的气体呈正压，气体进入4个车门及行李舱的执行元件内，膜片推动连接杆向上运动将车门打开。相反，当连接杆被压下时，车门锁执行元件中的门锁开关的门锁触点Ⅱ闭合，中央控制门锁控制单元控制双向压力泵向另一方向运转，用以抽吸空气，系统管路中呈负压，各门锁执行元件进入真空状态，膜片带动连接杆向下运动而将车门锁住。

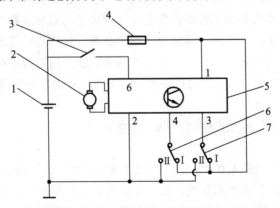

图13-6　捷达中控门锁系统控制电路

1—蓄电池；2—双向压力泵；3—点火开关；4—熔断丝；5—中控门锁控制单元；

6—左前门锁开关；7—右前门锁开关

2. 防盗系统的结构与原理

（1）防盗系统的功能

防盗系统是一种车辆止动系统，其功能是防止某人用未被授权的钥匙启动发动机，开走

车辆。本节以捷达轿车为例，介绍防盗系统的原理和故障诊断方法。

（2）防盗系统的组成和工作原理

捷达轿车采用的是变换码式防盗装置，该系统由传感器、电控单元和执行元件等组成，如图 13-7 所示。

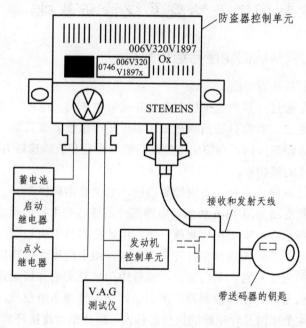

图 13-7　防盗系统元件示意图

防盗系统的工作过程为：当把带有送码器的钥匙插入装备有接收和发射天线的锁腔内时，送码器在天线所发射的电磁场中获得能量；送码器的信息由载流频率获得，防盗器控制单元通过调整发射天线的电流来调节电磁场的负荷，从而向送码器传递数据，提出质询；送码器通过内部预置的程序计算出应答值；调整电磁场的负荷，使防盗器控制单元之间进行相互识别。如果带送码器的钥匙与防盗器控制单元能够相互识别，则防盗器控制单元再与发动机控制单元进行通信，解除防盗功能，发动机能被启动工作，否则发动机将无法启动。

二、中央门锁系统的故障诊断

对捷达轿车来说，在门锁系统失灵时，应先观察是全部门锁失灵还是某个门锁失灵。如果全部门锁失灵，则一般是由电源断路、空气管路破裂、控制单元损坏所致；若打开或关闭前门锁时，双向压力泵工作时间长达 30 s，但门锁不动作，说明系统有漏气处；如果只是某个门锁失灵，则一般是该门锁机械方面的故障，只要拆检故障所在的车门即可查出。

（一）双向压力泵不工作

1. 故障现象

打开或关闭前门锁时，双向压力泵不工作，其他 3 个车门的锁扣都不动作。

2．故障原因

（1）电源熔断丝熔断。

（2）中央控制门锁控制单元或双向压力泵损坏。

（3）前门锁执行元件中的门锁开关损坏。

（4）线路故障。

3．故障诊断

双向压力泵不工作的故障诊断流程见如图 13-8 所示。

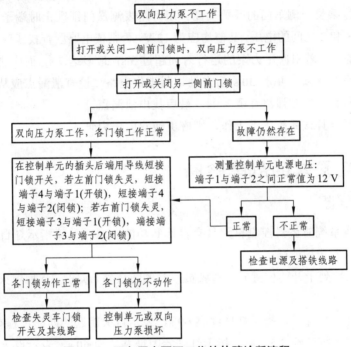

图 13-8　双向压力泵不工作的故障诊断流程

（二）中央联锁机构无法联锁

1．故障现象

各车门无法联锁。

2．故障原因

（1）管路泄漏。

（2）双向压力泵失效。

3．故障诊断

在 19 号熔断丝工作正常、蓄电池电压符合要求的情况下，拆掉后座椅，取出双向压力泵绝缘材料，断开中央控制门锁控制单元 6 孔插头后，用万用表进行测试。

（1）检查双向压力泵电压供给情况。用万用表测量插头端子 1 和 2 之间的电压，应约为

12 V。若未达到规定值，则检查线路是否断路并排除故障。

（2）检查点火开关至双向压力泵的供电电压。将点火钥匙插入点火开关，不接通点火开关，用万用表测量插头端子 6 和 2 之间的电压，应约为 12 V。若未达到规定值，则检查线束及点火开关的工作情况。

（3）检查点火开关功能。拔下点火钥匙，用万用表测量插头端子 6 和 2 之间的电压，应为 0 V，否则，说明点火开关损坏。

（4）检查驾驶员一侧车门的开关功能。用万用表测量门锁锁止时端子 1 和 4 之间以及门锁开启时端子 4 和 2 之间的电压，其值均应为 12 V，否则应检查线路及车门开关控制单元。

（5）检查前排乘员一侧车门的开关功能。用万用表测量门锁锁止时端子 1 和 3 之间以及门锁开启时端子 3 和 2 之间的电压，其值均应为 12 V，否则依电路图查找线路及车门开关单元。

（6）检查泄漏点。若双向压力泵的运行时间超过 3 s，最多达 7 s，而中央控制门锁机构还不工作，则说明系统渗漏，并于 30 s 后自动切断工作电路。检查泄漏点应从泵开始，然后逐个拔下三通真空软管，判定泄漏在哪一侧，最后找出泄漏点。

（7）若无泄漏点且该系统仍不工作，则应更换双向压力泵。

三、防盗系统的故障诊断

1. 系统自诊断

捷达轿车防盗系统防盗器控制单元具有自诊断功能，通过故障指示灯自检功能能识别一些故障。大致有以下几种情况：

（1）当点火钥匙处于开的位置时，驾驶员一侧的防盗警告灯亮 3 s 后熄灭，表示整个防盗系统工作正常。

（2）若点火开关打开后，指示灯持续亮 60 s，表示点火钥匙的匹配过程有误。

（3）若点火开关打开约 2.5 s 后，指示灯开始闪烁并持续 60 s，表示点火钥匙中无密码芯片或是使用了没有被授权的钥匙。

（4）若点火开关打开后，指示灯立即闪烁并持续 60 s，则表示读写线圈出现功能性故障或数据线出现故障。

2. 利用故障诊断仪诊断

在电器熔断丝和蓄电池电压正常的前提下，拆下中央电器盒护盖，正确连接 V.A.G1551/1552，则显示屏显示：

```
V.A.G.SELF DLAGNOSIS                                    HELP
1-Rapid data transfer
2-Flash code output
```

（1）选择功能。

① 按"1"键，进入快速数据传递模式，显示屏显示：

```
Rapid data transfer                                    HELP
Input address word ××
```

② 按 "2" 和 "5" 键，输入防盗器的地址码 25，显示屏显示：

| Rapid data transfer | Q |
| 25 Immobilizer | |

③ 按 "Q" 键确认，显示屏显示：

| IGD953257 IMMO VWZ230V1509105 V64 | → |
| Coding 09600 | WSC12345 |

说明：上屏中，1GD953257 为防盗器控制单元零件号；IMMO 为电子防盗系统的缩写；VWZ230V1509105 为防盗器控制单元 14 位数编号；V64 为防盗器控制单元软件版本号；Coding 09600 为编码号；WSC12345 为维修站代码。修理防盗器使用 V.A.G1551/1552 时，必须先输入维修站代码。

④ 按 "→" 键，显示屏显示：

| Rapid data transfer | HELP |
| Select function ×× | |

防盗系统的可选功能有：01—查询控制单元版本；02—查询故障代码；05—清除故障存储器；06—结束输出；07—控制单元编码；08—读取测量数据块；10—配制钥匙；11—安全登录。

（2）查询故障代码。

① 在选择功能界面，按下 "0" 和 "2" 键，显示屏显示：

| Rapid data transfer | Q |
| 02 Interrogate fault memory | |

② 按 "Q" 键确认，存储的故障被依次显示出来，捷达轿车防盗系统的故障代码见表 13-2。在此界面按 "→" 键，则返回功能选择界面。

表 13-2　捷达轿车防盗系统故障代码表

故障代码及含义	故障原因	排除方法
00750—警告灯对正极短路、断路或对地短路	1. 防盗器控制单元与警告灯之间连线断路 2. 防盗器警告灯损坏	1. 检查线路的断、短路情况 2. 更换警告灯
01128—防盗器天线故障	1. 3 针连接器没有与控制单元连接或天线失效 2. 防盗器控制单元实效失效	1. 检查连接器及天线，如有必要，更换天线 2. 清除故障存储器并再次查询，如有必要，更换控制单元
01176—钥匙信号电压太低	1. 天线或连线失效 2. 点火钥匙中的电子器件失踪或丧失功能 3. 机械齿吻合的点火钥匙不匹配	1. 检查天线的连线和连接器，如有必要，更换天线 2. 更换并重新匹配所有点火明匙，然后检查功能 3. 重新匹配所有点火钥匙，然后检查功能
01177—发动机控制单元没被授权	发动机控制单元不匹配	在控制单元间的 W 线正常的前提下，匹配发动机控制单元
01179—钥匙编码错误	点火钥匙匹配故障	输入密码重新匹配所有点火钥匙并检查功能
01202—诊断线短路	1. 防盗控制器单元端子 7 和 8 短接（W 线和 K 线） 2. 防盗器控制单元失效	1. 检查连线器和接头，排除线路故障 2. 清除故障再次查询，如有必要，更换控制单元

续表 13-2

故障代码及含义	故障原因	排除方法
65535—控制单元失效	1. 防盗控制器单元端子 7 和 8 短接（W 线和 K 线） 2. 防盗器控制单元不能识别正确波频率，防盗器控制单元失效	1. 检查连接器，排除线路故障 2. 更换防盗器控制单元

③ 按下"0"和"6"键，显示屏显示：

④ 按"Q"键确认，结束输出；关闭点火开关，拆除仪器。

Rapid data transfer 06 End output	Q

（3）读取测量数据块。

① 在前述仪器选择功能的界面下，输入"08"使用读取测量数据块功能，显示屏显示：

Read measuring value block Enter display group number ××	Q

② 输入显示组号"22"，按"Q"键确认，显示屏显示：

Read measuring value block 22 1　　2　　3　　4	Q

"1"位显示为是否允许启动发动机，若显示代码"1"则为允许启动；若显示代码"0"则为不允许启动，可能是钥匙匹配错误或发动机控制单元与防盗器控制单元匹配错误造成的。"2"位显示是发动机控制单元的回答，"1"为正确，"0"为不正确，可能是发动机控制单元或连接线路有故障。"3"位显示为钥匙状态，"1"表示钥匙转发正确，"0"表示钥匙匹配错误，或转发器无效。"4"位显示为钥匙的实际数量。

（4）配制钥匙。

捷达轿车防盗系统最多可以记忆 8 把不同钥匙。钥匙配制操作后，原来储存在防盗器控制单元中的旧钥匙设置将被清除，只有在新配制过程中配制的钥匙有效。配制钥匙的操作过程如下：

① 在前述仪器选择功能的界面下，输入"11"使用安全登录功能，显示屏显示：

Login procedure Enter code number ×××××	

② 键入防盗器控制单元的 PIN 码，进行安全登录，显示屏显示：

Rapid data transfer Select function ××	HELP

③ 按"1"和"0"键并确认，显示屏显示：

Adaptation Feed in channel number ××	Q

④ 按"0"和"1"键，显示屏显示如下，并开始配置程序：

Channel 1 Adaptation × Old no. of　　　　2	<-1　　3->	Q

⑤ 直接输入原有钥匙数，或按"3"键增加数值，按"1"键减少数值，显示屏显示：

Channel 1 Adaptation 2 Enter Adaptation value ×××××	Q

⑥ 按要配置的钥匙数，输入 0000×并确认，显示屏显示：

Channel 1 Adaptation × Store Changed value?	Q

⑦ 按"Q"键确认，显示屏显示：

Channel 1 Adaptation × Changed value is stored?	→

⑧ 按"→"键返回功能选择界面，输入"0"和"6"结束输出。

此时，指示灯将被接通 3 s，第一把钥匙被预置和记忆，同时，60 s 的初始化计时器启动，关闭点火开关，拔出钥匙，快速依次插入其余钥匙，分别打开点火开关 1 s 以上，所有钥匙将被自动记忆。需要注意的是，匹配所有钥匙的操作过程不得超过 60 s，只是插入钥匙，而没有打开点火开关，那么这把钥匙匹配无效。

3. 发动机控制单元的更换

更换发动机控制单元后，防盗器控制单元必须记忆新的控制单元码，防盗器控制单元中已生效的钥匙无需进行重新匹配。更换发动机控制单元后的匹配过程如下：

（1）在前述仪器选择功能的界面下，输入"1"和"0"使用匹配功能，显示屏显示：

Adaptation Feed in channel number ××	Q

（2）输入"00"频道号，按"Q"键确认，显示屏显示：

Adaptation Erase learned values?	Q

（3）按"Q"键确认，显示屏显示：

Adaptation learned values have been erased	→

（4）按"→"键，完成匹配程序，发动机控制单元的随机代码即被防盗器控制单元读入并储存起来。

4. 防盗器控制单元的更换

防盗器控制单元是防盗系统的核心部件，它像其他控制单元一样具有信息采集、信号转换与处理、发出指令、识别并存储故障信息等功能；此外，它还有本身的密码，即前述配制钥匙时用的安全登录码。若更换新的防盗器控制单元，其本身密码会自动被发动机控制单元读入并存储，但需要重新进行一次所有钥匙的匹配程序；若更换从其他车上拆下来的防盗器控制单元，应先进行一次发动机控制单元与防盗器控制单元的匹配程序，再重新进行一次所有钥匙的匹配程序。

模块四　汽车其他电器系统的故障诊断

一、照明系统的故障诊断

大众汽车照明系统主要由前照灯、雾灯、倒车灯、室内灯、行李厢照明灯、牌照灯及各控制电路组成，电路图如图13-9、图13-10、图13-11所示，其常见故障诊断及排除方法见表13-3。

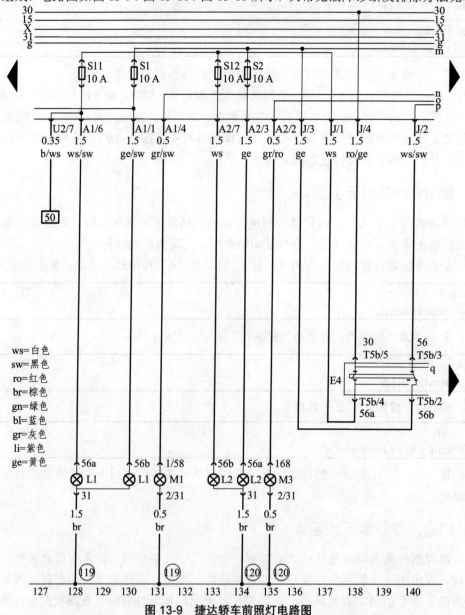

图13-9　捷达轿车前照灯电路图

S1、S11—左前照灯熔丝；S2、S12—右前照灯熔丝；E4—变光及转向灯开关；L1—左前照灯双丝灯；

L2—右前照灯双丝灯；M1—左停车灯；M3—右停车灯；T5b—5孔连接器，转向柱开关后面；

119—接地点，前照灯线束内；120—接地点，前照灯线束内

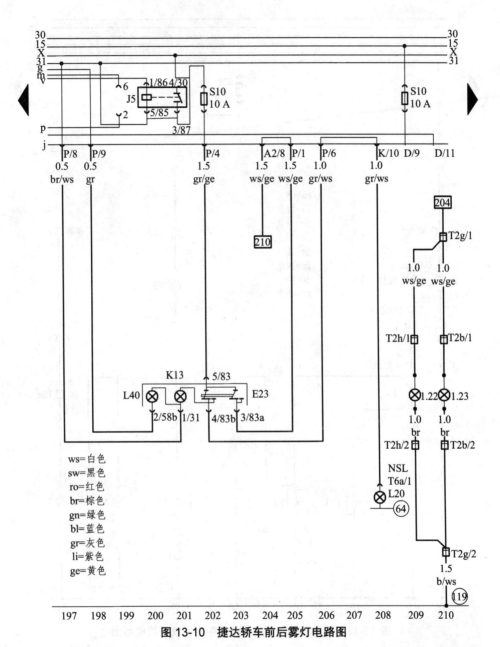

图 13-10　捷达轿车前后雾灯电路图

S10—熔丝；E23—前后雾灯开关；J5—雾灯继电器；K13—后雾灯指示灯；L22—左前雾灯；
L23—右前雾灯；L20—后雾灯；L40—前后雾灯开关照明灯；T2b—2 孔连接器，右前照灯附近；
T2g—2 孔连接器，左后悬架上；T2h—2 孔连接器，左前照灯附近；
119—接地点，前大灯线束内；64—接地点，左尾灯上

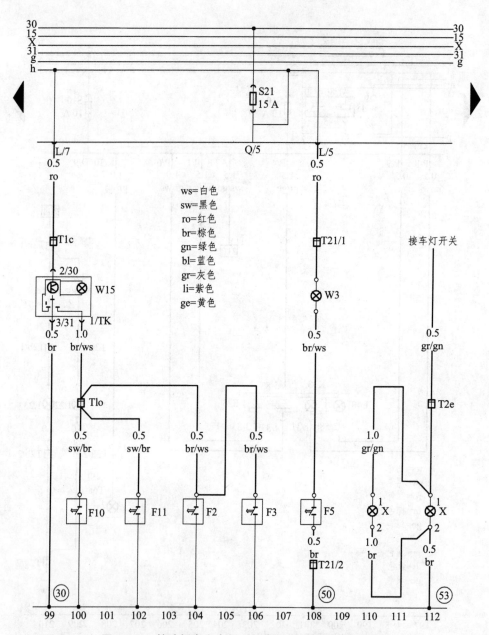

图 13-11　捷达轿车室内灯、行李厢灯、牌照灯电路图

S21—熔丝；F2—左前门锁联锁开关；F3—右前门锁联锁开关；F5—行李厢照明灯开关；
F10—左后门锁联锁开关；F11—右后门锁联锁开关；T21—2 孔连接器，行李厢左侧；
W3—行李厢灯；W15—室内灯；X—牌照灯；T1e—单孔连接器，继电器盒上部；
T1o—单孔连接器，继电器盒下部；T2e—2 孔连接器，行李厢左后部；
30—接地点，继电器盒旁；50—接地点，行李厢左侧；
53—接地点，行李厢左侧

表 13-3　照明系统常见故障诊断及排除方法

故障现象	故障原因	排除方法
前照灯不亮	1. 电路连接处松脱 2. 电路断路 3. 灯光开关老化或损坏	1. 检查并卡紧仪表板连接器和前照灯开关处的连接 2. 检查灯光开关的供电和输出情况 3. 如有必要，更换灯光开关
一个前照灯不工作	1. 电路连接处松脱 2. 封闭式灯泡损坏 3. 插座端子腐蚀	1. 可靠地连接好前照灯和搭铁 2. 更换灯泡 3. 按要求修复或更换
两只小灯均不亮	1. 车灯开关到小灯接线板的导线断路 2. 灯丝烧断	1. 重新接好 2. 更换灯泡
一只小灯不亮	1. 小灯接线板到小灯的导线断路 2. 灯丝烧断 3. 搭铁不良	1. 重新接好连线 2. 更换灯泡 3. 使搭铁良好
顶灯总亮	1. 门控开关老化或损坏 2. 灯光主开关老化或损坏	1. 更换开关 2. 更换主开关
阅读灯不亮	1. 灯泡烧坏 2. 熔断器熔断 3. 电路断路 4. 灯总成内的开关损坏或老化	1. 更换灯泡 2. 更换熔断器 3. 检查电路并修复 4. 更换灯总成

二、信号系统的故障诊断

汽车信号系统可分为灯光信号装置和音响信号装置，主要包括转向信号灯和危险警告信号灯、制动信号灯、倒车信号灯、喇叭等，其电路图如图 13-12～图 13-15 所示，信号系统常见故障诊断及排除方法见表 13-4。

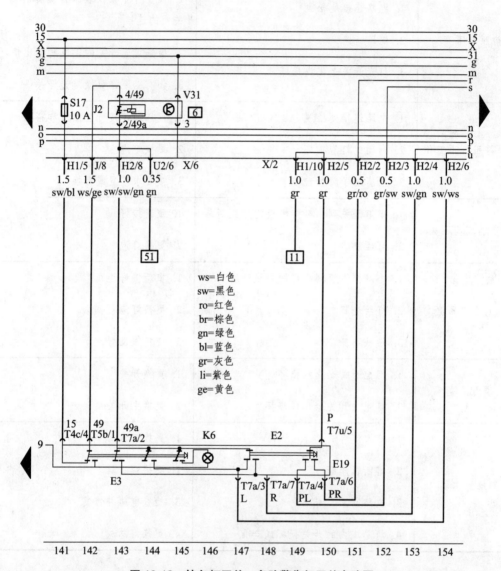

图 13-12　转向灯开关、危险警告灯开关电路图

S17—熔丝；E2—转向灯开关；K6—遇险报警灯；E3—遇险报警开关；T4c—4 孔连接件，转向柱开关后；
E19—驻车灯开关；T5b—5 孔连接件，转向柱开关后；J2—遇险报警灯继电器；
T7a—7 孔连接件，在转向柱开关后

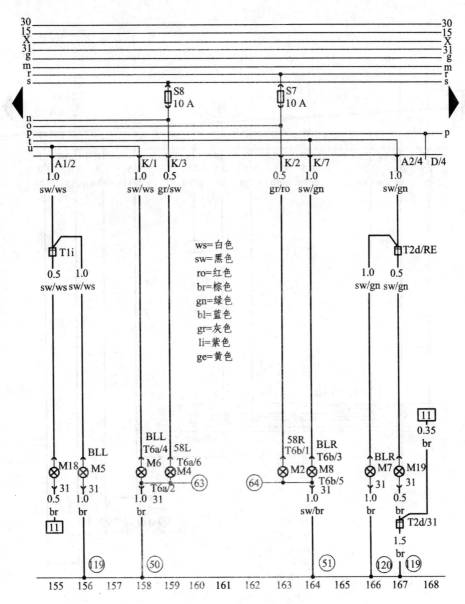

图 13-13　转向灯电路图

S7—右尾灯熔丝；S8—左尾灯熔丝；M2—右尾灯；T6a—6 孔连接件，左尾灯上；M4—左尾灯；
T6b—6 孔连接件，右尾灯上；M5—左前转向灯；50—接地点，行李厢锁下端；M6—左后转向灯；
51—接地点，行李厢锁下端；M7—右前转向灯；63—接地点，左尾灯灯架处；M8—右后转向灯；
64—接地点，右尾灯灯架处；M18—左侧停车转向灯；119—接地连接点，前照灯线束内；
M19—右侧停车转向灯；120—接地连接点，前照灯线束内；
T1i—单孔连接件，左减振器支柱后；T2d—2 孔连接件，左减振器支柱后

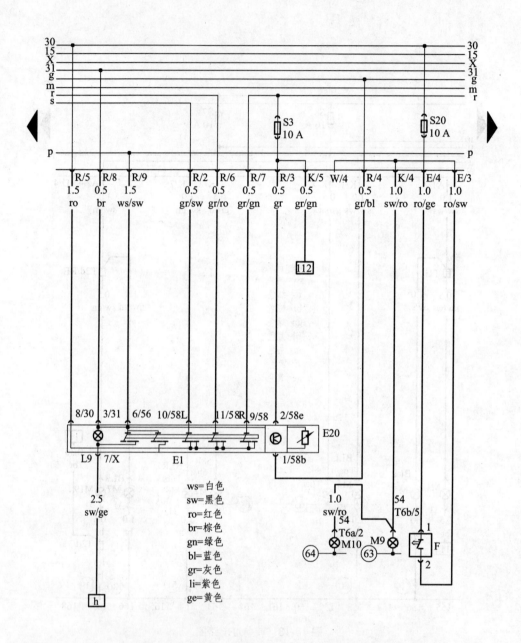

图 13-14　制动信号灯电路

S3—车灯熔丝；S20—制动灯熔丝；E1—车灯开关；T6a—6 孔连接件，左尾灯上；
E20—车灯控制开关和仪表；T6b—6 孔连接件，右尾灯上；F—制动灯开关；
63—接地点，右尾灯灯架处；L9—车灯开关照明灯；
64—接地点，左尾灯灯架处；M9—右制动灯；
M10—左制动灯

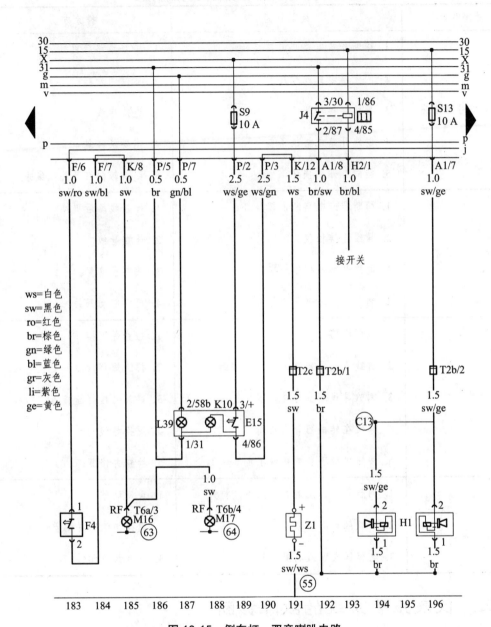

图 13-15　倒车灯、双音喇叭电路

S9—加热开关熔丝；S13—喇叭熔丝；E15—后风窗加热开关；T2e—2 孔连接件，行李厢左后侧；
F4—倒车灯开关；T6a—6 孔连接件，左尾灯上；H1—双音喇叭；T6b—6 孔连接件，右尾灯上；
J4—双音喇叭继电器；Z1—后风窗加热；K10—后风窗加热指示灯；55—接地点，行李厢右侧；
L39—后风窗加热开关照明灯；63—接地点，左尾灯灯架上；M16—左倒车灯；
64—接地点，右尾灯灯架上；M17—右倒车灯；
C13—电源线连接点，双音喇叭线束内；
T2b—2 孔连接件，继电器盒后面

表 13-4　信号系统常见故障诊断与排除方法

故障现象	故障原因	排除方法
转向信号灯不亮	1. 熔断器或电路断电器烧断 2. 闪光器老化或损坏 3. 导线连接松脱 4. 电路开路或搭铁不良 5. 转向灯开关损坏	1. 检查线路后更换 2. 更换闪光器 3. 连接导线 4. 按要求修复 5. 更换转向灯开关或线束
制动灯不亮	1. 熔断器或电路断电器烧坏 2. 导线连接松脱 3. 电路开路或搭铁不良 4. 制动灯开关老化或损坏	1. 检查线路后更换 2. 连接导线 3. 按要求修复 4. 更换制动开关
喇叭不响	1. 线路断路 2. 过载或电路短路，使熔丝烧断 3. 喇叭导线端头与转向器的连接器脱开 4. 导线在转向器管内扭断 5. 按钮接触不良或搭铁不良	1. 检查并连接 2. 排除短路故障并更换熔丝 3. 修复并接好连接器 4. 更换导线 5. 检查并修复
按下按钮，喇叭不响，耗电量过大	1. 调整不当，使喇叭触点不能打开 2. 喇叭触点间短路 3. 电容器或灭弧电阻短路	1. 重新调整 2. 更换绝缘垫并调整触点 3. 更换故障元件

三、仪表报警系统的故障诊断

汽车仪表板上多安装组合仪表装置，以及时有效地监测发动机等汽车各系统的运转情况，组合仪表上一般设有燃油表、冷却液温度表、车速里程表等常用仪表、指示灯、报警灯及数字钟表等，图 13-16、图 13-17、图 13-18 所示为捷达轿车仪表报警系统电路图，仪表报警系统常见故障诊断及排除方法见表 13-5。

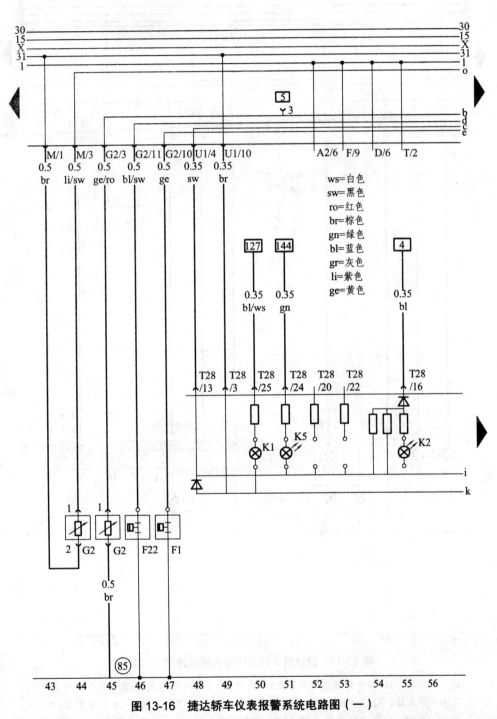

图 13-16　捷达轿车仪表报警系统电路图（一）

F1—右油压开关；F22—左油压开关；K1—远光报警灯；K2—发电机报警灯；K5—转向报警灯；
G—燃油表传感器；G2—冷却液温度表传感器；T28—28孔连接器，在仪表板上；
85—搭铁点，在发动机室线束内

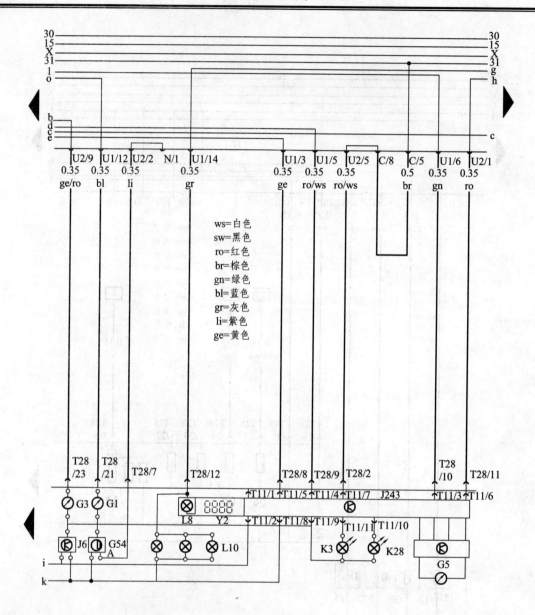

图 13-17　捷达轿车仪表报警系统电路图（二）

G1—燃油表；G3—冷却液温度表；G5—转速表；G54—速度传感器，在仪表板内；
J6—稳压器；J243—油压和冷却液报警及转速表控制单元；K3—油压报警灯；
K28—冷却液温度报警灯；L8—时钟照明灯；L10—仪表板照明灯；
T11—11 孔连接器，在控制器 J243 上；
T28—28 孔连接器，在仪表板旁；
Y2—数字式时钟

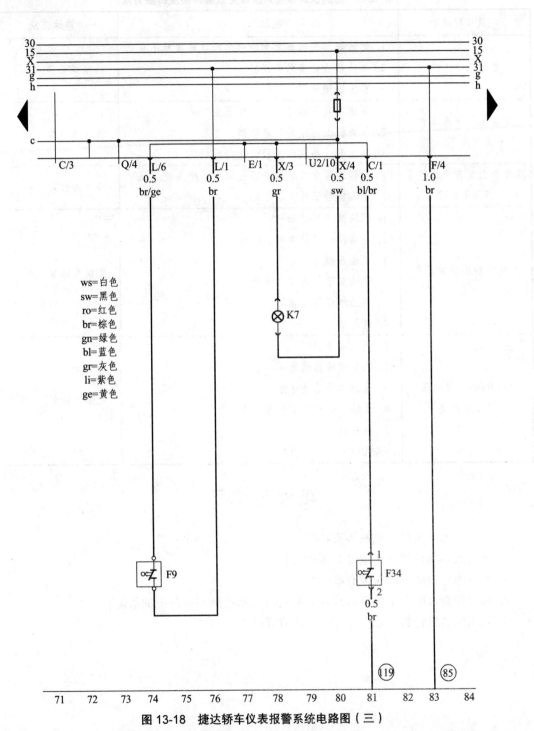

图 13-18 捷达轿车仪表报警系统电路图（三）

F9—手制动指示灯开关；F34—制动液面报警开关；K7—双管路制动及手制动指示灯；
85—搭铁点，在发动机室线束内；119—搭铁点，在前照灯线束内

表 13-5　捷达仪表报警系统常见故障诊断及排除方法

故障现象	故障原因	排除方法
燃油表不工作	1. 燃油表与传感器之间的线路断路或接触不良 2. 燃油箱油位传感器损坏 3. 稳压器损坏	修理或更换
发动机转速表工作不正常或不工作	1. 转速表背面的连接器接触不良 2. 仪表板上的印刷线路断路 3. 转速表连接导线过松或连接器损坏	修理或更换
冷却液温度表不工作或指示不正确	1. 冷却液温度传感器表面有水垢，接头被腐蚀 2. 导线接触不良	检查并修理
怠速时油压报警灯亮	1. 机油滤清器堵塞 2. 曲轴及连杆轴承磨损过大 3. 机油泵损坏 4. 机油泵限压阀卡在开启位置 5. 机油低压开关损坏 6. 线路故障	更换或修复
2 000 r/min 时油压报警器灯亮	1. 机油泵磨损 2. 机油滤清器堵塞 3. 气缸体的油道堵塞 4. 曲轴与连杆轴承间隙过大 5. 线路故障 6. 机油高压开关损坏	更换或修复

思考与练习

1. 汽车电源系统的常见故障有哪些？
2. 蓄电池容易出现什么故障？原因是什么？
3. 蓄电池亏电的故障原因有哪些？
4. 如何检查诊断汽车电器及线束有漏电致使蓄电池不断放电的故障？
5. 造成发动机警告灯常亮不灭的原因有哪些？

项目十四　汽车空调系统的故障诊断

学习目标：

（1）掌握汽车空调系统故障诊断；

（2）掌握对汽车空调系统的性能测试；

（3）了解捷达轿车空调系统的检查与故障诊断方法。

汽车空调是汽车空气调节的简称，即采用人工制冷和采暖的方法，调节车内的温度、湿度、气流速度、洁净度等参数指标，为人们创造清新舒适的车内环境。汽车空调按控制方式不同分为手动控制的汽车空调和电子控制的自动空调。手动控制的汽车空调只能按驾驶员设定的鼓风机空气温度和鼓风机转速不断运行，系统出现故障时需要根据人工经验或利用仪器设备进行检测和诊断。自动空调可以自动调节鼓风机空气温度和鼓风机转速，从而将车内温度控制在驾驶员设定的温度，由于采用电子控制，因而系统故障可以利用自诊断系统进行检测和诊断。

模块一　汽车空调系统故障诊断基础

一、汽车空调系统的组成和工作原理

（一）汽车空调系统的组成

汽车空调系统由制冷系统、采暖装置、通风装置、操纵控制系统及空气净化装置等组成。

1. 制冷系统

制冷系统一般由压缩机、冷凝器、蒸发器、膨胀阀或孔管、储液干燥器、高低压管路、控制系统等组成，如图 14-1 所示。它采用蒸汽压缩式制冷原理对空气进行冷却，还具有除湿和净化空气的作用。

2. 采暖装置

采暖装置是汽车冬季运行时车内取暖设备的总成，可将新鲜空气或液体介质送入热交换器，吸收热源的能量，提高车内空气温度或液体介质温度，并将热空气或被加热的液体送入车内，直接或通过热交换器（散热器）供车内取暖，同时还可对前挡风玻璃进行除霜。

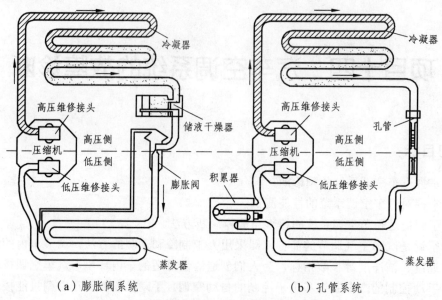

（a）膨胀阀系统 （b）孔管系统

图 14-1　汽车空调制冷系统组成示意图

3. 通风装置

通风装置包括暖风电机、风道、风门和出风口等，它把车外的新鲜空气引入车内，通过排风口把车内的污浊空气排出车外。

4. 操纵控制系统

操纵控制系统一般由电气系统、真空系统和操纵装置组成，可对制冷系统和采暖装置的工作进行控制，同时对车内温度、风量及空气流动方向进行调节，保证空调系统能够正常工作。

5. 空气净化装置

空气净化装置通常由空气过滤器、排风口、电气集尘器和阴离子发生器等组成，可对引入车内的空气进行过滤，并不断排出车内的污浊气体，保证车内空气洁净。

（二）汽车空调系统的工作原理

在汽车空调系统中，空调制冷系统的结构、原理和控制最为复杂，本章仅介绍汽车空调制冷系统的工作原理及故障分析。汽车空调制冷系统的制冷循环包括 4 个基本过程，如图 14-2 所示。

1. 压缩过程

制冷剂 R134a 在蒸发器中吸收车内热量而气化为低压低温的制冷剂蒸汽，然后被吸入空调压缩机。

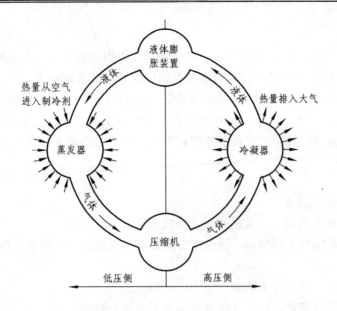

图 14-2 汽车空调制冷系统的工作原理

2. 放热过程

压缩机在发动机驱动下旋转，将制冷剂 R134a 蒸汽压缩成高压高温的气体送入冷凝器；制冷剂被环境空气冷却，在冷凝器中放出热量后，由气态冷凝成液态。

3. 节流过程

液态制冷剂经储液器过滤除去水分后，高温高压的制冷剂通过节流装置（膨胀阀或孔管）的节流、减压作用，体积突然变大，成为低温、低压的液雾状混合物进入蒸发器。

4. 吸热过程

低温、低压的制冷剂在蒸发器内吸收周围空气中的大量热量，由液态变成气态，又被吸入压缩机，开始下一个循环的工作。如此周而复始地循环，使车内温度降低。

二、汽车空调系统的故障诊断方法

汽车空调系统是一个封闭的系统，系统密封性的要求较高，制冷剂在系统内的工作状态不易判断，且系统中存有高压制冷剂，因此，空调系统出现故障时不能随意拆检。

（一）人工经验检测法

空调系统的人工经验检测法是利用看（查看各部件的表面情况）、摸（用手触摸零件的温度）、听（主要听机械运转声音）、测（借助压力表测量系统高、低压侧压力值）等方法进行系统检测，并分析故障原因，最终确定故障部位。

1. 听

听有两方面的含义：一是听取驾驶员对故障形成原因的说明，二是监听空调系统有无不正常噪声。如倾听电磁离合器，若有刺耳噪声则可能是电磁线圈吸力不足导致电磁离合器打滑而产生噪声，也可能是离合器片因磨损间隙过大打滑而产生噪声；倾听压缩机，若有液击声，可能是系统制冷剂过多或膨胀阀开度过大，导致制冷剂在未被完全汽化的情况下吸入压缩机。当接通空调开关，压缩机开始工作时，发动机声音稍微增大，可视为正常。

2. 看

看即目测整个空调系统。

（1）观察仪表盘上的压力、水温、油压等指示灯的工作状况。

（2）观察压缩机安装是否牢固、驱动皮带是否歪斜或过松，用两个手指压皮带中间部位，压下 7～10 mm 为正常。

（3）检查冷凝器、蒸发器表面是否脏污、变形。

（4）检查制冷系统管路、接头及组件表面有无油迹、渗漏。

（5）通过储液干燥器观察窗口查看制冷剂是否适量。

3. 摸

开启空调开关，使压缩机运转 15～20 min，在触摸系统高压区域时，应特别小心，避免烫伤。

（1）利用手感比较车厢冷气栅格吹出的冷风凉度及风量大小。

（2）用手触摸压缩机的进、排气管，两者应有明显的温差。前者发凉，后者发烫。

（3）利用手感比较冷凝器的进管和出管两者温度，后者温度低于前者为正常，且冷凝器上部应比下部温度高；若两者温度相差不大，甚至相同，说明冷凝器有故障。

（4）用手触摸储液干燥器前后管道，两者温度一致为正常，否则说明干燥过滤器堵塞。

（5）膨胀阀前面的管道与出口应有很大的温差；否则说明膨胀阀有故障。

4. 测

通过看、听、摸这些过程，只能发现不正常的现象，对于一些较为复杂的故障，还要借助于仪器进行检测。

（1）用检漏仪检查系统有无泄漏。

（2）用万用表检查电气控制系统。

（3）用温度计检查冷凝器、蒸发器、储液干燥器。正常情况下，冷凝器的入口温度为 70℃，出口温度为 50℃左右；蒸发器表面温度在不结霜的情况下越低越好；储液干燥器的温度为 50℃左右，若其上下温度不一致，则说明干燥器堵塞。

（4）用压力表组检测高低压侧的压力值。

（二）空调系统自诊断

汽车自动空调系统具有自诊断功能，不同车系的自动空调系统，其自诊断检查操作及故障码的读取方式也不相同。

模块二　汽车空调系统的性能测试

一、检查制冷剂的数量

制冷剂数量及工作状态可利用储液干燥器玻璃观察窗口来进行检查。检查前，关闭所有车门，温度控制开关在最冷（COOL）位置，鼓风机控制开关在最高（HI）位置，进气控制开关在内循环（REC）位置，打开空调（A/C）开关，发动机在 1 500 r/min 速度下下运转。观察窗迹象如图 14-3 所示。

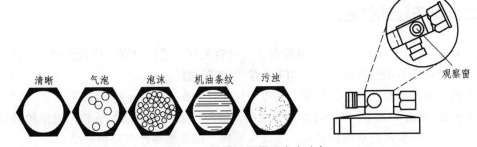

图 14-3　储液干燥器观察窗迹象

（1）清晰、无气泡。交替开、关空调时，若开、关的瞬间制冷剂出现泡沫，然后变澄清，说明制冷剂适量；交替开、关空调时，若观察不到任何现象，且出风口不冷，压缩机进出口没有温度差，说明制冷剂漏光；若出风口冷度不够，而且关闭压缩机后无气泡、无流动现象，说明制冷剂过多。

（2）有气泡且气泡不断流过，说明制冷剂不足；如果泡沫很多，则可能有空气。

（3）偶尔出现气泡，且时而伴随有膨胀阀结霜，说明系统中有水分；若无膨胀阀结霜现象，则可能是制冷剂略少或有空气。

（4）有长串油纹，观察窗也有条纹状的油渍，说明润滑油过多。

二、空调系统检漏

（一）试漏灯检漏

1. 试漏灯的调整

（1）打开节气门，点燃气体，调节火焰，高度应在反应板上 12.7 mm 左右为宜。

（2）火焰高度应烧至铜反应板变成樱红色为止。

（3）降低火焰高度，使其在反应板上 6.35 mm 或与反应板平齐。

2. 泄漏程度的判定

如有制冷剂出现，反应板上火焰的颜色将发生变化，故可以根据火焰颜色来判定泄漏程度。

（1）若火焰呈淡蓝色，则表明无制冷剂泄漏。

（2）若火焰边缘呈淡黄色，则表明制冷剂有轻微泄露。

（3）若火焰呈黄色，则表明有少量泄漏。

（4）若火焰由红紫色变成蓝色，则表明制冷剂有大量泄漏。

（5）若火焰呈紫色，表明制冷剂严重泄漏，则其泄漏量过大时，可使火焰熄灭。

3. 漏点的查找

移动导漏软管，使其开口依次放在系统各接头、密封件和控制装置下部，检查其密封性。断开和系统连接的真空软管，检查真空软管接口处有无制冷剂蒸汽出现。若发现漏点，则予以修复。

（二）电子检漏仪检漏

电子检漏仪如图 14-4 所示，应遵照制造厂家有关规定进行检查。检查步骤如下：

（1）转动控制器敏感性旋钮至"OFF"或"ON"位置。

（2）接入电源，打开开关。如果不是电池供电，则应有 5 min 的升温期。

（3）升温期结束后，将探头放置在疑点处，调整控制器和敏感性旋钮，直至检漏仪有新反应为止。移动探头，反应应当停止，若继续反应，则是敏感性调整得过高。

（4）移动导漏软管，依次在各接头、密封件和控制装置处进行检查。

（5）断开和系统连接的真空软管，检查各真空软管接头处有无制冷剂蒸汽。

（6）如果发生漏点，检漏仪就会出现反应，发出警报。

（7）探头和制冷剂的接触时间不应过长，不要把制冷剂气流或严重泄漏的地方对准探头，否则会损坏探测仪敏感元件。

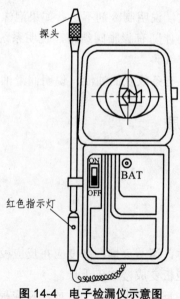

图 14-4　电子检漏仪示意图

（三）皂泡检漏

有些漏点局部凹陷，试漏灯或电子检漏仪很难进入，要确定泄漏的确切位置，应用皂泡检漏。

（1）调好皂泡溶液（用肥皂粉加水即可），溶液的浓度要黏稠到用刷子一抹就可形成气泡的程度。

（2）将全部接头或可疑区段抹上皂液，观察皂泡是否出现，皂泡形成处就是漏点所在。

（四）染料检漏

把黄色或红色的颜料溶液引入空调系统，可以确定泄漏点和压力漏点，也就是染料检漏。染料能指出漏点的准确位置，在漏点周围有红色和黄色两种染料积存，并且不会影响系统的正常运行。有的制冷剂中含有染料。

1. 准备工作

将压力表组接入系统，放掉系统中的制冷剂；拆下表座中间软管，换接一根长 152 mm、两端带坡口螺母的铜管；铜管的另一端和染料容器相接，中间软管的一端也接在染料容器上，而另一端则和制冷剂罐接通。

2. 使染料进入系统

启动发动机并怠速运转，调整控制器到最凉位置；缓慢地打开低压侧手阀，使染料进入系统；向系统充注制冷剂，应为实际量的一半。让发动机连续运行 15 min，然后关闭发动机和空调系统。

3. 观察系统

观察软管和接头是否有染料溶液泄漏现象，如果发现漏点，应按要求修理。染料可以保留在系统内，对系统无害。

（五）真空检漏

真空检漏是对制冷系统抽真空，然后保持一段时间，观察检测系统中真空压力表的指针变化，判断空调系统有无泄漏。抽真空与检漏操作如下：

（1）将歧管压力表上的高、低压软管分别与压缩机高、低压阀的接口相连，将歧管压力表的中间软管与真空泵相连，如图 14-5 所示。压缩机高、低压阀处于微开位置，歧管压力表座上的手动高、低压阀处于闭合位置。

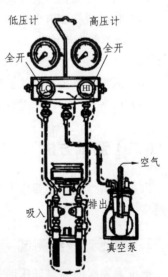

图 14-5　汽车空调制冷系统抽真空

（2）打开歧管压力表的手动高、低压阀，启动真空泵，观察压力表，将系统压力抽真空至 98.70～99.99 kPa。

（3）关闭歧管压力表的手动高、低压阀，观察压力表指针指示的压力是否回升，如有回升说明系统泄漏，应进行检漏修复。若压力表指针保持不动，则打开手动高、低压阀，启动真空泵继续抽真空 15～30 min，使压力表指针稳定。

（4）关闭歧管压力表手动高、低压阀，然后关闭真空泵。

三、压缩机冷冻机油量的检查

通过压缩机上安装的玻璃镜可以观察压缩机冷冻机油量。如果压缩冷冻机油油面达到视镜高度 80%的位置，一般认为是合适的。如果油面在此界限以上，则应放出多余的机油；若油面在此界限之下，则应添加。

未装观察镜的压缩机，可用量油尺检查其油量，油面应在上下限之间。这种压缩机有的只有一个油塞，油塞下面装有油尺，有的油塞没有油尺，需另外用专用油尺插入检查。

四、空调系统的性能试验

空调系统检修之后，应进行性能试验，以检查其制冷性能是否恢复、故障是否排除等。

（一）冷气系统性能检测程序

性能试验是为了检验冷气系统的效率，其试验程序如下：
（1）将车辆停放在阴凉处，关闭汽车所有门窗。
（2）将压力表组与压缩机上的高、低压检修阀或充排气阀相连。
（3）启动发动机，使发动机转速维持在较高转速。
（4）将温度控制开关调整到最冷（COOL）位置，把冷气窗口全部打开。
（5）当车厢内温度为 25～35℃时，压力表读数应为高压侧 1.37～1.57 MPa，低压侧 0.15～0.25 MPa。
（6）测量冷气出口处的温度，用干湿球温度计求相对湿度。
（7）观察玻璃窗口，进行分析判断。

（二）测试方法

汽车空调性能测试通常是用压力表测量其高、低压力值和用温度计测量空调器吹出的空气温度。

1. 用压力表组测试

把压力表组的高、低压两侧分别接在压缩机的检修阀或高低压管路的充、排气阀上，发动机预热后，在下列特定条件下，从压力表组读取压力值（由于环境的影响，表上指示值可能有轻微的变化）：将开关设定在内循环状态，空气进口处温度为 30～35℃、发动机在

1 500 r/min 转速下运转，鼓风机转速控制开关位于最高挡，温度控制开关处于最冷位置。R134a 空调系统低压侧压力值应为 0.15～0.25 MPa，高压侧应为 1.37～1.57 MPa。

（1）若高、低压侧的压力都偏低，从玻璃观察窗看到有连续的气泡出现，高压管路温热、低压管路微冷，则可能是制冷剂不足或系统某些部位发生渗漏。

（2）若低压侧压力有时正常，有时指示真空；高压侧压力指示正常，有时稍高；间歇性制冷甚至不制冷，则可能是因为系统有水分，干燥剂吸湿能力达到饱和，膨胀阀（或孔管）处结冰，阻塞了制冷剂的流动，当冰融化后，系统又恢复到正常状态。

（3）若高压侧和低压侧压力都偏低，从储液干燥器到主机组的管路都结霜，制冷不足，则可能是储液干燥器堵塞，阻滞了制冷剂的流动。

（4）若低压侧压力指示真空，高压侧压力指示太低，膨胀阀或储液干燥器前后管路上有露水或结霜，不制冷或间歇制冷，则可能是因为系统中有水分或污物或膨胀阀感温包破裂导致阀门关闭，使制冷剂无法流动。

（5）若低压侧和高压侧压力均偏高，即使发动机转速快速升高或降低，通过观察窗也见不到气泡，且制冷不足，则可能是因为系统中制冷剂过量、冷凝器散热不良。

（6）若高压侧和低压侧压力都过高，低压管路发热，在储液器的观察窗中出现气泡，制冷效果差，则可能是由于抽真空作业时不彻底，使系统中残存部分空气。

（7）若高压侧和低压侧压力都太高，在低压侧管路结霜或有大量露水，且制冷不足，则可能是由于膨胀阀存在故障或感温包安装不正确。

（8）若低压侧压力过高，高压侧压力过低且无冷气吹出，则可能是由于压缩机磨损严重，阀门渗漏或损坏。

2. 用玻璃温度计和干湿球温度计测试

高、低压值检测之后，再检测车厢内的降温效果。将干湿球温度计放在冷气系统进风口处，把玻璃棒温度计放在冷气的出口处。

（1）测量车厢内的相对空气湿度。测出制冷系统空气进口处（蒸发器进口）干湿球温度计的干球和湿球温度，利用湿空气曲线图，求出在蒸发器进口处的空气相对湿度，如图 14-6 所示。例如：设蒸发器进口处的干球温度和湿球温度分别为 25℃和 19.5℃，图 14-6 中虚线的交叉点即为相对湿度，此时的相对湿度为 60%。

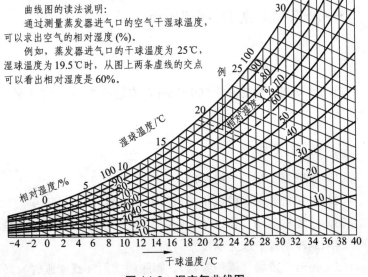

曲线图的读法说明：

通过测量蒸发器进气口的空气干球温度，可以求出空气的相对湿度 (%)。

例如，蒸发器进气口的干球温度为 25℃，湿球温度为 19.5℃时，从图上两条虚线的交点可以看出相对湿度是 60%。

图 14-6　湿空气曲线图

（2）测量制冷系统进气口和排气口的温度差。读出制冷系统冷气出口处的玻璃棒温度计的指示值和进气口处干湿球温度计的指示值，二者之差即为所求之温差。

（3）评定制冷性能。若空气相对湿度和进、排气口的冷气温差的交叉点在标准性能图 14-7 的两条线的包围范围之内（两条阴影线之间），说明制冷性能良好；如果交叉点在这两条线的区域外，说明所检测的空调系统制冷性能不良，还需进一步检修和调整。

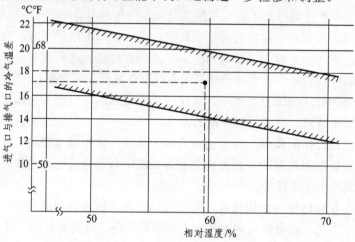

图 14-7　标准性能曲线图

模块三　汽车空调系统常见故障诊断

汽车空调系统故障包括电气故障、功能部件的机械故障、制冷剂和冷冻机油引起的故障等。这些故障集中表现为系统不制冷、制冷不足或异响等。

一、空调系统不制冷

1. 故障现象

启动发动机并稳定在 1 500 r/min 左右运行 2 min，打开空调开关及鼓风机开关，冷气口无冷风吹出。

2. 故障原因

（1）熔断器熔断，电路断路。

（2）鼓风机开关、鼓风机电机或其他电器元件损坏。

（3）压缩机驱动皮带过松、断裂，密封性差或其电磁离合器损坏。

（4）制冷剂过少或无制冷剂。

（5）储液干燥器（或积累器）、膨胀阀滤网（或膨胀管）、管路或软管堵塞。

（6）膨胀阀感温包损坏。

（7）膨胀阀不能关闭，低压表读数太高，蒸发器流出液体制冷剂。

3. 故障诊断与排除

空调系统不制冷的故障诊断流程如图 14-8 所示。

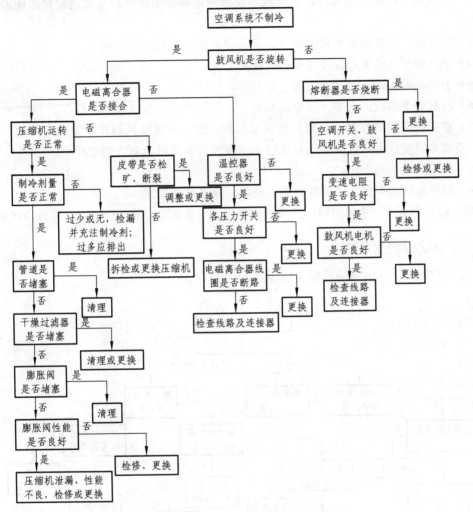

图 14-8　空调系统不制冷的故障诊断流程

二、空调系统制冷不足

1. 故障现象

空调系统长时间运行，车厢内温度能够下降，但吹风口吹出的风不冷，没有清凉舒适的感觉。

2. 故障原因

当外界温度为 34 ℃左右，出风口温度为 0～5 ℃，时车厢内温度应达到 20～25 ℃。若达不到此温度，说明空调系统有问题。凡是引起膨胀阀出口制冷剂流量下降的一切因素，均可以导致系统制冷不足。此外，系统高低压侧压力、温度超过或低于标准值也会引起制冷不足。

所以，空调制冷不足主要是制冷剂、冷冻机油和机械方面的原因所致。

（1）制冷剂注入量太多，引起高压侧散热能力下降。

（2）制冷剂和冷冻机油脏污，使储液干燥器膨胀阀发生堵塞，导致通向膨胀阀的制冷剂流量下降。

（3）制冷剂和冷冻机油中水分过多，导致膨胀阀节流孔出现冰堵。

（4）系统中空气过多，使冷凝器散热能力下降。

（5）驱动皮带松弛打滑、电磁离合器打滑、压缩机密封不良等。

（6）冷凝器表面积污太多、冷凝器变形等，导致冷凝器散热能力降低。

（7）膨胀阀开度调整过大，蒸发器表面结霜，膨胀阀感温包包扎不紧或外面的隔热胶带松脱，造成开启度过大；或膨胀阀开度过小，使流入蒸发器的制冷剂量减少。

（8）送风管堵塞或损坏。

（9）温控器性能不良，使蒸发器表面结霜，冷风通过量减少。

（10）鼓风机开关、变速电阻、鼓风机电机、继电器、线路等工作不良，导致冷风量减少。

3. 故障诊断与排除

空调系统制冷不足的故障诊断流程如图14-9所示。

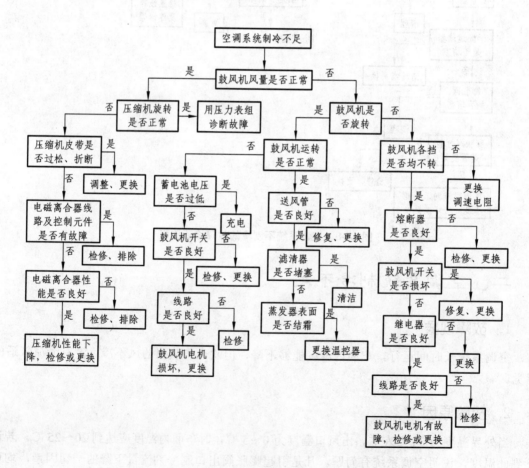

图14-9 空调系统制冷不足的故障诊断流程

三、空调系统异响或振动

1. 故障现象

空调系统进行工作时，发出异常的声响或出现振动。

2. 故障原因

（1）压缩机驱动皮带松动、磨损过度，皮带轮偏斜，皮带张紧轮轴承损坏等。

（2）压缩机安装支架松动或压缩机损坏。

（3）冷冻机油过少，使配合副出现干摩擦或接近干摩擦。

（4）由于间隙不当、磨损过度、配合表面油污、蓄电池电压低等原因造成电磁离合器打滑。

（5）电磁离合器轴承损坏，安装不当。

（6）鼓风机电机磨损过度或损坏。

（7）系统制冷剂过多，工作时产生噪音。

3. 故障诊断与排除

空调系统异响或振动的故障诊断流程如图 14-10 所示。

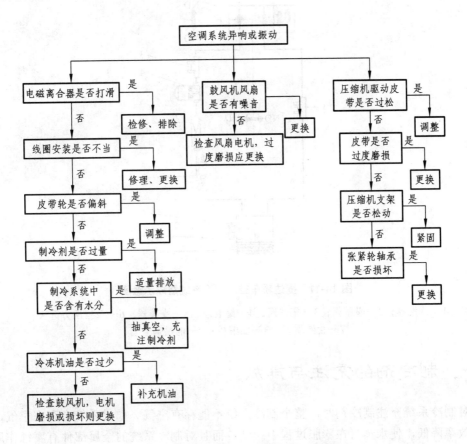

图 14-10　空调系统异响或振动的故障诊断流程

模块四　捷达轿车空调系统的检查与故障诊断

　　捷达轿车手动空调制冷系统主要由压缩机、冷凝器、蒸发器、膨胀阀、储液罐等组成，如图 14-11 所示。系统采用了摇摆斜盘式变排量压缩机，冷凝器为管带式，膨胀阀采用 H 型内平衡热力膨胀阀，蒸发器装在车厢内副驾驶员侧仪表盘内的空调器总成内，有管带式和管片式两种形式。低压开关安装在压缩机的出口处，当系统中的制冷剂由于泄漏或膨胀阀和低压管路堵塞造成压缩机抽真空状态时，低压开关切断压缩机电路，防止因高压端无制冷剂造成压缩机无油而烧损。高压开关安装在压缩机的出口处，用以调节冷却风扇的转速；打开空调后，风扇以一挡运转，制冷系统的正常压力在 1.2～1.4 MPa，当制冷系统的压力上升到 1.6 MPa 以上时，高压开关接通风扇二挡，使风扇高速运转，增大冷却能力。1℃开关安装在蒸发器外壳上，其传感器插入深度为 330 mm。当蒸发器周围温度低于 1℃时，1℃温度开关断开，使压缩机电磁离合器断开，压缩机停止工作，避免因蒸发器温度过低造成结冰而损坏蒸发器。

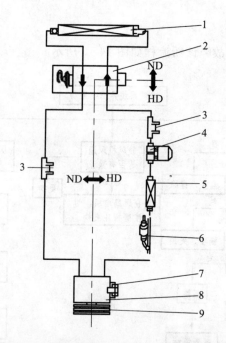

图 14-11　捷达轿车空调制冷系统组成示意图

1—蒸发器；2—膨胀阀；3—充注阀；4—储液灌；5—冷凝器；6—三挡压力开关；
7—放液螺塞；8—压缩机；9—电磁离合器

一、制冷剂的充注与排放

　　在对制冷系统充注制冷剂时，整个制冷系统不能存有空气。如果系统中存在空气，会使热交换效率降低，使水蒸气在膨胀过程中凝结，而且对制冷系统的金属部件有腐蚀作用。因此，在充注制冷剂前应先抽真空。

（一）对制冷系统抽真空

（1）按图 14-12 所示结构连接歧管压力表。

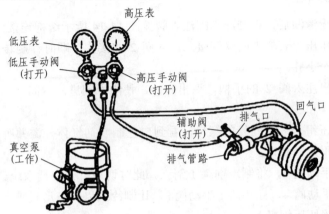

图 14-12 压力表连接

（2）打开歧管压力表的高、低压阀，启动真空泵。

（3）使真空泵至少工作 15 min，低压表值在 7 kPa 以下。

（4）关闭歧管压力表的高、低压阀，其表针在 10 min 内不得有回升。

（5）如果 10 min 内表针没有明显回升，即可充注制冷剂，使低压表值达 0.1 MPa。

（6）再次启动真空泵，打开歧管压力表的低压阀继续抽真空 15 min，然后关闭低压阀，可向系统充注制冷剂。

（二）制冷剂的充注

1. 制冷剂罐充注阀的使用方法

（1）如图 14-13 所示，将制冷剂罐注入阀手柄 1 逆时针旋转，直至阀针 5 完全缩回为止。

（2）逆时针方向旋转螺柄 3，使其旋至最高位置。

（3）使制冷剂罐注入阀 2 的螺柄与制冷剂罐螺栓结合，将注入阀固定在制冷剂罐上。

（4）顺时针方向拧紧制冷剂罐注入阀螺柄 3。

（5）顺时针旋转注入阀手柄 1，使注入阀阀针 5 顶穿制冷剂罐。

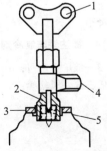

图 14-13 制冷剂罐充注阀的使用方法

1—手柄；2—制冷剂罐注入阀；3—螺柄；4—注入阀接头；5—阀针

（6）将高、低压压力表的中间软管接入注入阀接头4。暂时不充注时，不要将制冷剂罐注入阀手柄逆时针退出，以免泄漏。

2. 制冷剂的充注

（1）确认系统无渗漏后，将制冷剂罐注入阀按图14-14所示结构连接到制冷剂罐上。

（2）将高、低压压力表的中间软管接入注入阀2的接头，顺时针旋转注入阀2的手柄，使制冷剂罐顶开一个小孔。

（3）逆时针旋出注入阀2的手柄，退出阀针，使制冷剂进入中间注入软管。此时不能打开高、低压手动阀4和3。

（4）拧松高低压组合表中间管的螺母，看到白色制冷剂气体外溢并听到"嘶嘶"声，排除中间管空气后，再旋紧螺母。

（5）旋开高压手动阀4，将制冷剂罐1倒立。此时切忌打开空调系统。

（6）关上高压手动阀4，打开低压手动阀3，让制冷剂以气态形式进入系统，以免对压缩机造成液击现象，损坏压缩机。

（7）缓慢注入制冷剂后，启动发动机，使压缩机在最大制冷状态下运转，以便加速注入制冷剂。此时一定不能旋开高压手动阀，否则会引起爆炸，损坏压缩机。

（8）当充注的制冷剂达1 100 g时，关闭高、低压手动阀及制冷剂罐上的注入阀2。注意，制冷剂加注过多会使压力过高。

（9）制冷剂充满以后，启动发动机，使压缩机运转5～10 min。

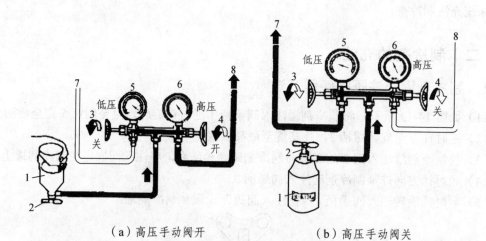

（a）高压手动阀开　　　　　（b）高压手动阀关

图14-14　捷达轿车制冷剂的充注

1—制冷剂罐；2—注入阀；3—低压手动阀；4—高压手动阀；5—低压表；
6—高压表；7—接低压维修阀软管；8—接高压维修阀软管

（三）制冷剂的排放

如果要拆开空调系统管路中的零件，而且管路中的制冷剂量不明确，则应根据安全防护措施的要求，排空制冷剂管路。

1. 制冷剂的排放

关闭点火开关，将专用 V.A.G1691 连接到制冷剂循环管路中，按 V.A.G1691 使用说明中的操作要求，排放制冷循环管路。在排放前拔下压缩机电源连接器，以免在排空制冷剂管路时，无意间接通压缩机而将其损坏。

2. 注意事项

（1）由于加注量和环境温度都会影响抽吸过程，因此应通过多次接通来延长抽吸过程，观察压力表的显示值。

（2）如果在抽吸过程结束后，观察孔中还存在制冷剂，则再一次接通来延长抽吸过程。

二、空调系统主要部件的检查

1. 空调压缩机的检查

（1）检查空调压缩机的密封性。关闭压力表高、低压开关，将高、低压侧的软管分别接压缩机的检修阀，使压缩机以高于 2 000 r/min 的速度运转，高压表的指示值应比正常值低 1.421～1.470 MPa，低压表的指示值应比正常值低 0.147～0.196 MPa。

（2）检测压缩机电磁离合器的电阻值。用万用表测量电磁离合器线圈的电阻值，标准值为 3.7±0.2 Ω，若电阻值小于 3.5 Ω 则为短路。

2. 空调膨胀阀的检查

（1）将歧管计量装置与膨胀阀及制冷剂罐相连，再将膨胀阀感温包浸泡在可调水温的容器中，如图 14-15 所示。

（2）关闭歧管压力表高低压手动阀。

（3）转动制冷剂罐开启阀，将管路中的空气排净。

（4）拧开高压阀手柄，并将高压侧的压力调到 0.49 MPa，记录低压表读数和水温。将两个实测值与图 14-16 所示膨胀阀的压力和温度曲线进行比较，如绘出的曲线落在两条曲线之间，说明膨胀阀工作正常，否则应进行调整或更换。

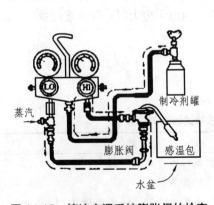

图 14-15　捷达空调系统膨胀阀的检查

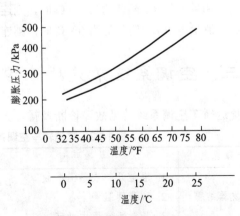

图 14-16　膨胀阀的压力与温度曲线

3. 空气分配箱的检测

启动发动机，将空气鼓风机调到四挡运行，按表 14-1 的要求，检测空气分配箱的工作状况，同时观察空气进口及各出风口真空阀的位置，正常情况应与此表对应，否则应调整或维修空气分配箱。

表 14-1　捷达轿车空调系统空气分配箱工作状况

项目		OFF 关	A/C MAX 空调最大	A/C NORM 空调正常	A/C BI-LEV 空调双向	VENT 通风	HEAT 加热	DSFROST 除霜
空气进口	循环空气	打开	打开	关闭	关闭	关闭	关闭	关闭
	新鲜空气	关闭	打开	打开	打开	打开	打开	打开
出风口	仪表盘	关闭	打开	打开	打开	打开	打开很小	打开很小
	下出风口	关闭	关闭	关闭	打开	关闭	打开	打开很小
	除霜	关闭	关闭	关闭	打开很小	关闭	打开很小	打开

4. 压缩机传动带的检查

用 50 N 的力垂直压下传动带，传动带向下挠曲 5～10 mm 为正常，否则应调整传动皮带。

5. 鼓风机串联电阻的检测

用万用表检测温度熔丝电阻可得到鼓风机串联电阻，如图 14-17 所示。

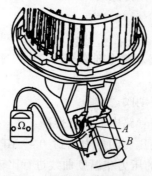

图 14-17　鼓风机串联电阻的检测

（1）测量电阻 A，阻值约为 3.3 Ω 时，则连接板正常；阻值无穷大时，则为连接板出现故障。

（2）测量电阻 B，阻值约为 0.8 Ω 时，则连接板正常；阻值无穷大时，则为连接板出现故障。

三、空调系统常见故障诊断

捷达轿车空调系统常见故障诊断及排除方法见表 14-2。

表 14-2　捷达轿车空调系统常见故障的诊断与排除

故障现象	故障原因	排除方法
蒸发器结霜	1. 温控开关或感温头故障 2. 膨胀阀阻滞 3. 长时间使用内循环	1. 更换温控开关或感温头 2. 更换膨胀阀 3. 在条件允许时，使用外循环

续表 14-2

故障现象	故障原因	排除方法
车内有水滴	1. 排水管堵塞或位置不当 2. 隔板脱落或位置不当	1. 清理凝水管并检查安装位置 2. 更换膨胀阀和软管上的隔板
低压管压力低 高压管压力低	1. 制冷剂不足 2. 膨胀阀堵塞	1. 抽真空、检查和充注制冷剂 2. 更换膨胀阀
低压管压力高 高压管压力低	1. 压缩机内部泄露 2. 压缩机缸盖密封不良 3. 压缩机传动带打滑	1. 检修或更换压缩机 2. 更换缸盖密封垫 3. 调整传动带张紧力
低压管压力高 高压管压力高	1. 冷凝器翅片堵塞 2. 膨胀阀损坏 3. 风扇传动带松旷或磨损 4. 系统中有空气 5. 制冷剂充注过量	1. 清洁冷凝器翅片 2. 更换膨胀阀 3. 调整或更换风扇皮带 4. 更换干燥剂、抽真空、检漏并充注制冷剂 5. 排除一部分制冷剂
低压管压力低 高压管压力高	1. 膨胀阀损坏 2. 储液干燥器堵塞 3. 冷凝器堵塞	1. 更换膨胀阀 2. 更换储液干燥器 3. 更换冷凝器
无冷气	1. 压缩机皮带松动打滑 2. 蒸发器结霜 3. 压缩机内部泄漏 4. 制冷剂管路及系统有泄漏 5. 鼓风机不工作	1. 检查、调整或更换压缩机皮带 2. 更换温控开关或使用外循环 3. 检修或更换压缩机 4. 检修或更换 5. 检修或更换鼓风机
冷气不足	1. 制冷剂不足 2. 制冷剂过多 3. 冷凝器有故障 4. 系统中有空气 5. 鼓风机不转或转速过低 6. 膨胀阀开度过大	1. 检漏、修复并补充制冷剂 2. 排出多余制冷剂 3. 清洁冷凝器，调节风扇皮带张紧度 4. 更换干燥剂，抽真空、检漏并充注制冷剂 5. 检查鼓风机开关和电阻，必要时更换 6. 调整膨胀阀开度，检查或更换感温元件

思考与练习

1. 试说明汽车空调制冷系统的常见故障部位。
2. 如何进行空调系统的人工检测？
3. 如何利用歧管压力表判断故障部位？
4. 通过观察窗如何确定制冷剂量？
5. 空调系统检漏方法有几种？
6. 简述造成空调系统不制冷的故障原因和故障诊断过程。
7. 简述造成空调系统制冷不足的故障原因和故障诊断过程。
8. 捷达轿车空调系统的常见故障有哪些？故障原因是什么？

参考文献

[1] 王大伟，董训武．捷达电喷系列轿车维修手册．北京：机械工业出版社，2005．

[2] 王秀贞．汽车故障诊断与检测技术．北京：人民邮电出版社，2003．

[3] 闵永军，万茂松，周良．汽车故障诊断与维修技术．北京：高等教育出版社，2004．

[4] 尹万建．轿车发动机电控系统原理与检修实用教程．北京：机械工业出版社，2003．

[5] 仇雅莉．汽车检测诊断技术与设备．北京：电子工业出版社，2005．

[6] 孙凤英．宝来轿车维修手册．北京：机械工业出版社，2004．

[7] 林平．汽车电喷发动机故障速查快修．北京：电子工业出版社，2005．

[8] 肖东．捷达轿车电气与电控系统维修实例．北京：电子工业出版社，2002．

[9] 孙越，张大勇．一汽宝来轿车维修手册．北京：人民交通出版社，2002．

[10] 嵇伟．自动变速器故障诊断与检测．北京：机械工业出版社，2003．

[11] 陈立辉，宋年秀．汽车空调．北京：人民交通出版社，2004．

[12] 潘伟荣．汽车空调．北京：机械工业出版社，2004．

[13] 李世雄，等．捷达/捷达王轿车使用与维修．北京：国防工业出版社，2002．

[14] 李玉茂．宝来捷达轿车故障实例与分析．北京：机械工业出版社，2005．

[15] 黄凌，等．安全气囊系统维修：从入门到精通．北京：国防工业出版社，2005．

[16] 李东江，张大成．国产轿车 ABS 系统检修手册．北京：机械工业出版社，2003．

[17] 马东宵，曹景升．汽车维修实训教程．北京：人民邮电出版社，2002．

[18] 尹万建．轿车自动变速器结构原理与检修．北京：人民交通出版社，2002．

[19] 鲁民巧．汽车构造．北京：机械工业出版社，2003．

[20] 张建俊．汽车检测与故障诊断技术．北京：机械工业出版社，2001．

[21] 汪立亮，等．现代汽车中央门锁及防盗系统原理与检修．北京：电子工业出版社，2000．

[22] 夏辉．IVECO 依维柯轻型汽车的维修与保养．北京：人民邮电出版社，1997．

[23] 董正身．汽车检测与维修．北京：机械工业出版社，2001．